GRUNDLAGEN DER MAGNETISCHEN SIGNALSPEICHERUNG

I

ELEKTRONISCHES RECHNEN UND REGELN

Herausgegeben von

Prof. Dr. HANS FRÜHAUF · Prof. Dr. WILHELM KÄMMERER
Prof. Dr. KURT SCHRÖDER · Prof. Dr. HELMUT WINKLER

Sonderband 7

GRUNDLAGEN DER MAGNETISCHEN SIGNALSPEICHERUNG

I

bearbeitet
von

HORST VÖLZ

A K A D E M I E - V E R L A G · B E R L I N
1 9 6 8

GRUNDLAGEN DER MAGNETISCHEN SIGNALSPEICHERUNG

BAND I

GRUNDLAGEN UND MAGNETKÖPFE

VON

CHRISTIAN KORISTKA, ZOLTAN VAJDA,
HORST VÖLZ

Mit 136 Abbildungen und 17 Tabellen

AKADEMIE-VERLAG · BERLIN
1968

Erschienen im Akademie-Verlag GmbH, 108 Berlin, Leipziger Straße 3—4

Lizenznummer: 202 · 100/437/68
Gesamtherstellung: VEB Druckerei „Thomas Müntzer", 582 Bad Langensalza
Bestellnummer: 5583/I · ES 20 K 2, 3, 6, 20 C 3

VORWORT

Mit der Informationsexplosion der letzten Jahre hat auch die Speicherung dieser Information immer größere Bedeutung gewonnen. Damit wuchs die Menge des bedruckten bzw. beschriebenen Papieres erheblich. Es stellt zumindest zur Zeit noch das bedeutendste Speichermaterial dar. Nebenher entstanden und entwickelten sich aber, und zwar mit viel steilerem Anstieg, andere Verfahren, die vor allem den Vorteil der möglichen automatischen Datenverarbeitung besitzen. Ohne Zweifel überwiegen hier die magnetischen Verfahren, und sobald große Datenmengen notwendig sind, übertrifft das Magnetbandverfahren alle anderen. Nach den verschiedensten Einschätzungen ist seine führende Rolle auch für die nahe und etwas ferne Zukunft gesichert.

Die auf diesem Gebiet vorhandenen Bücher und Broschüren berücksichtigen nun leider diese Zusammenhänge wenig und sind auch teilweise durch die schnelle Entwicklung veraltet. Mit dem vorliegenden ersten Band einer Folge von sechs Bänden soll der Versuch unternommen werden, so etwas wie ein Handbuch der Magnetbandspeicherung vorzulegen. Es soll hauptsächlich die Grundlagenprobleme zusammentragen. Auf Probleme der Elektronik soll dabei so gut wie nicht eingegangen werden. Sie sind, wenn auch nicht speziell hierfür, in anderen Werken zu finden. Die Schwerpunkte der sechs Bände werden dabei auf allgemeinen Grundlagen (Speichertheorie, Magnetismus, gerichtliche Fragen), Magnetköpfe, Magnetbänder, Transportwerke und Theorie der Aufzeichnung und Wiedergabe liegen. Ein Abschnitt geschichtlicher Entwicklung dient der Information und Systematisierung. Da in allen vorhandenen Büchern die Transportwerke bisher sehr kurz behandelt wurden, erwies es sich als notwendig, sie hier besonders ausführlich zu gestalten. Ihre Probleme werden etwa einen Umfang von zweieinhalb Bänden ausmachen.

Bei dem Umfang der vorhandenen Kenntnisse war es nicht mehr möglich, das Buch von einem Autor schreiben zu lassen. Der Herausgeber möchte jedoch betonen und herzlich dafür danken, daß er bei allen beteiligten Autoren stets großes Verständnis für seine Wünsche fand. So dürfte ein ausgewogenes Niveau zwischen den einzelnen Teilen entstanden sein. Gleichzeitig dürften auch doppelt behandelte Probleme weitgehend vermieden sein und andererseits nur wenig Lücken auftreten. Für alle kritischen Hinweise ist der Bearbeiter den Lesern dankbar.

Horst Völz

VORWORT ZUM ERSTEN BAND

Im vorliegenden ersten Band wurden die Grundlagen einer Theorie der Speicherung und einige Anwendungen der Informationstheorie zusammengestellt. Hiermit dürfte erstmals für die magnetische Signalspeicherung eine allgemeine Grundlage gegeben sein.

Im zweiten Kapitel wird ein kurzer Abriß der magnetischen Voraussetzungen gegeben. Dieser Abriß mag für viele Anwendungen der magnetischen Speicherung ausreichen. Er soll und kann infolge seiner Kürze aber nicht das Studium der einschlägigen magnetischen Fachliteratur ersetzen.

Das dritte Kapitel wurde von Herrn Dr. Chr. Koristka bearbeitet. Infolge der längeren erfreulichen Zusammenarbeit mit ihm ist es hier hoffentlich auch gelungen, eine gemeinsame Sprache zwischen dem Juristen und dem Physiker zu finden. Sein Beitrag beleuchtet deutlich, an welche juristischen Voraussetzungen unsere Arbeiten mit dem Magnetbandspeicher gebunden sind. Diese betrifft sowohl die urheberrechtliche Seite (nur sie wurde bisher in unserer Fachliteratur behandelt), wie auch die Fragen der Urkunde und des Protokolls, die immer mehr in unser tägliches Leben eindringen.

Das vierte Kapitel behandelt die Fragen der Magnetköpfe, es wurde in seinen wesentlichen Teilen von dem ungarischen Physiker Z. Vajda verfaßt. Die Übersetzung besorgte Frau Elinore Steinke. Im Einverständnis mit Herrn Vajda erfolgte dann vom Bearbeiter eine Überarbeitung, bei der auch einige neuere Teile ergänzt wurden.

Horst Völz

INHALTSVERZEICHNIS

1. Informationstheoretische Grundlagen

Von Horst Völz

1.0. Einleitung

Besonders in den letzten Jahrzehnten nahmen die Kenntnisse von unserer Umwelt und das Wissen, wie sie zu verändern ist, sehr schnell zu. Hierdurch hat auch der eng damit zusammenhängende Begriff der Information eine scharf umrissene Form angenommen, und es konnte eine allgemeine Informationstheorie entstehen. Sie erklärt die theoretischen Grundlagen der Informationsübertragung, -verarbeitung und -speicherung.

Die hier vor allem interessierende *Informationsspeicherung* hat dafür zu sorgen, daß die Kenntnisse von und das Wissen um unsere Umwelt auch außerhalb unseres Gehirns aufzubewahren und dennoch ständig verfügbar sind. So kann unser Gehirn teilweise vom „Auswendiglernen" zugunsten komplizierter „Denkarbeit" entlastet werden.

Die *Informationsübertragung* soll es ermöglichen, vorhandene Informationen schnell an beliebige, gewünschte Orte zu vermitteln. Vielfach geschieht dies, indem materiell gespeicherte Informationen (Bücher, Akten usw.) versandt werden. Weitaus wirkungsvoller ist es jedoch, die Information bei der Übertragung an energiearme, aber dafür vergängliche Signale (z. B. elektromagnetische Wellen) zu binden. Sie ermöglichen nämlich eine wesentlich schnellere Kommunikation. Diese eigentliche Informationsübertragung aber muß ihre Information aus einem Speicher entnehmen und vielfach am Empfangsort wieder einem Speicher zuführen.

Die *Informationsverarbeitung* dient ebenfalls zur Entlastung unseres Gehirns, allerdings von einfacher, routinemäßiger Denkarbeit. Mittels vorgegebener (gespeicherter) Algorithmen werden aus vorhandenen (gespeicherten) Informationen neue Erkenntnisse erzeugt, die ebenfalls zu speichern sind. Die Informationsverarbeitung ist also als ständiges Wechselspiel zwischen Speichern interpretierbar.

Hiernach tritt nur die Informationsspeicherung mit einer gewissen Selbständigkeit auf, und gleichzeitig stellt sie eine Grundlage für die Informationsübertragung und -verarbeitung dar. Unter diesem Gesichtspunkt ist es erstaunlich, daß die Übertragung als Grundlage die Kommunikationstheorie besitzt, die Verarbeitung auf die Kybernetik zurückgreifen kann, während der Speicherung eine allgemeine Theorie fehlt. Sie wurde bisher auch kaum in den beiden anderen Disziplinen berücksichtigt [1] bis [3].

1.1. Einteilung der Speicherung

1.1.1. Dimensionen einer Information

Alle physikalischen sinnvollen Informationen sind maximal Funktionen von drei Orts- und einer Zeitkoordinaten [1], [3], [4]. Je nach den wirksam ausgenutzten Dimensionen ist eine Unterscheidung gemäß Tabelle 1 möglich. Die wichtigste Form der Information ist hierbei das Signal, welches speziell als $f(t)$ definiert sei.

Aus verschiedenen physikalischen Gesetzen und der Praxis ist bekannt, daß es keine fortwährend extrem plötzlichen, zeitlichen oder örtlichen Änderungen gibt. Innerhalb endlicher Intervalle Δx, Δy, Δz und Δt kann daher jede Funktion $f(x, y, z, t)$ als Konstante betrachtet werden. Zu ihrer vollständigen Beschreibung genügen daher abzählbar viele Werte. Sie sind als zeitliche Folge, d. h. als Signal $f(t)$ darstellbar. Diese Betrachtung entspricht einer Verallgemeinerung des Probensatzes (Sampling-theorem) und ist für die Speicherung von grundlegender Bedeutung. Die meisten Speicher reagieren nämlich auf Signale. Einige speichern endlich viele Festwerte (z. B. Matrixspeicher). Nur ganz wenige vermögen unmittelbar zweidimensionale Informationen aufzunehmen (Fotografie). Dreidimensionale Speicher sind kaum bekannt, lediglich Modelle könnten hierzu gerechnet werden [1].

1.1.2. Aufzeichnungsvorgang

Ohne wesentliche Einschränkung kann die Information vor der Speicherung als Aufzeichnungssignal $S_A(t)$ betrachtet werden. Sie existiert zu diesem Zeitpunkt an irgendeine kinetische Energieform gebunden. Als bleibende, jederzeit verfügbare Information muß die Zeitabhängigkeit verschwinden. An ihre Stelle kann nur die Ortsabhängigkeit $Z_0(\mathfrak{x})$ treten. Die Speicherung muß deshalb mit Feldenergie oder Materie, also statischer Energie oder Strukturänderungen verknüpft sein. Dieser Übergang von $S_A(t)$ nach $Z_0(\mathfrak{x})$ sei Aufzeichnungsvorgang genannt. Er ist abgeschlossen, sobald $Z_0(\mathfrak{x})$ vorliegt. Die Transformation von der zeitabhängigen in die ortsabhängige Funktion benötigt als Transformationsparameter eine Geschwindigkeit, die zeit- oder ortsabhängig sein kann. Wird sie auf die Zeitabhängigkeit des Signals bezogen, so ist es günstiger, $\mathfrak{v}_A(t)$ zu schreiben. Wird sie auf die Funktion $Z_0(\mathfrak{x})$ bezogen, ist $\mathfrak{v}_A(\mathfrak{x})$ sinnvoll. Da die Geschwindigkeit aber gerade zwischen diesen Parametern (t und $\mathfrak{x}$) vermittelt, gilt die Differentialgleichung

$$\frac{d\mathfrak{x}}{dt} = \mathfrak{v}(\mathfrak{x}) = \mathfrak{v}(t) \,. \qquad (1)$$

1.1.3. Speicherzustand

Beim Aufzeichnungsvorgang wird die Information ortsgebunden als $Z_0(\mathfrak{x})$ mittels des Geschwindigkeitsvektors längs eines Weges verteilt. Dieser Speicherzustand soll möglichst unveränderlich, d. h. unabhängig von der Zeit sein. Vielfach treten jedoch unerwünschte, d. h. störende Änderungen ein. Ein

Tabelle 1

Zur Dimension einer Information [1]

Dimension	Eigenschaften der Information	Beispiele	Informationsangabe beim Beispiel
0	ein bis endlich viele Festwerte	Baukosten für ein Gebäude Druck an drei Meßstellen einer Dampfleitung	27000,— M 1; 1,2; 1, at
1	eindimensionales Kontinuum von einem oder endlich vielen Festwerten	Druckverlauf längs einer Dampfleitung Druck-, Temperatur- und Querschnittsverlauf einer Dampfleitung	$F = F(x)$; $F = F(x)$; $T = T(x)$; $Q = Q(x)$
	zeitliche Änderung von einem bis endlich vielen Werten	Schalldruckverlauf an einem oder mehreren Mikrofonorten	$P_\nu = P(t)$ $\nu = 1...5$
2	zweidimensionales Kontinuum von einem oder endlich vielen Festwerten	Ortsabhängigkeit der Schwärzung eines Bildes oder Stereobildpaares	$S_{1,2} = S_{1,2}(x, y)$
	zeitliche Änderung eines eindimensionalen Kontinuums von einem oder endlich vielen Werten	zeitliche Änderung des Druck- und Temperaturverlaufes in einer Dampfleitung	$F = F(x, t)$ $T = T(x\,t)$
3	dreidimensionales Kontinuum von einem oder endlich vielen Festwerten	Konzentrationsverteilung einer Legierung in einem Festkörper	$\eta = \eta(x, y, z)$
	zeitliche Änderung eines zweidimensionalen Kontinuums von einem oder endlich vielen Werten	Wellenbewegung auf der Oberfläche eines Gewässers	$Z = Z(x, y, t)$
4	zeitliche Änderung eines Kontinuums von einem oder endlich vielen Werten	Vektor einer elektromagnetischen Welle im Raum	$\mathfrak{E} = \mathfrak{E}(x, y, z, t)$

Beispiel hierfür ist der Kopiereffekt bei der Magnetbandspeicherung. Zuweilen erfolgt aber auch eine bewußte Beeinflussung des Speicherzustandes. In der Fotografie ist der Aufzeichnungsvorgang mit der Belichtung, d. h. dem latenten Bild abgeschlossen. Meist erfolgt erst viel später die chemische Entwicklung, die den Speicherzustand optisch erkennbar macht. Aus diesen Gründen existiert zu einer Zeit T nach dem Aufzeichnungsvorgang allgemein ein eventuell veränderter Speicherzustand $Z_T(\mathfrak{x})$.

1.1.4. Wiedergabevorgang

Wird zum Zeitpunkt T der Informationsinhalt der Speicherung benötigt, so ist ein Wiedergabevorgang notwendig. Er überführt die Ortsfunktion $Z_T(\mathfrak{x})$ in die Signalfunktion $S_w\,(t - T)$. Bei der zerstörenden Wiedergabe wird die Energie des Speicherzustandes in die Energie des Wiedergabesignals überführt. Der Speicherzustand ist dann nur das eine Mal wiedergebbar. Mittels einer Hilfsenergie ist es aber auch möglich, den Speicherzustand ohne Zerstörung beliebig oft festzustellen. In beiden Fällen ist wiederum eine Geschwindigkeit $\mathfrak{v}_w(\mathfrak{x})$ bzw. $\mathfrak{v}_w(t)$ notwendig. Im Speicherzustand existiert genau genommen keine erkennbare Information. Hierzu ist die Kenntnis des Aufzeichnungsvorganges insbesondere von $\mathfrak{v}_A$ notwendig, und zusätzlich muß der Wiedergabevorgang erfolgen.

1.1.5. Ergänzungen zur zeitlichen Dreiteilung

Einen Überblick zur Einteilung der Speicherung in den Aufzeichnungsvorgang, Speicherzustand und Wiedergabevorgang mit den zugehörigen mathematischen Relationen zeigt Tabelle 2 [1]. Aus ihr ist vor allem zu entnehmen, daß für ähnliche Aufzeichnungs- und Wiedergabesignale $\mathfrak{v}_A(\mathfrak{x}) \approx \mathfrak{v}_w(\mathfrak{x})$ und $Z_0(\mathfrak{x}) \approx Z_T(\mathfrak{x})$ gelten muß.

Interessant ist, daß diese Einteilung weitgehend verallgemeinert werden kann. Sie wurde inzwischen bereits in der Kriminalistik angewendet [5], [6]. Danach kann ein kriminalistisch relevantes Ereignis der Vergangenheit als $S_A(t)$ angesehen werden. Mittels eines Aufzeichnungsvorganges hat es Spuren (Fingerabdrücke, Schriftstücke usw.) hinterlassen, die jetzt Speicherzustände $Z_T(\mathfrak{x})$ darstellen. Bei ihrer Interpretation (Versuch des Wiedergabevorganges) muß der Aufzeichnungsvorgang geklärt werden, um auf das Ereignis zurückschließen zu können.

Eine andere Verallgemeinerung bietet sich in dem Beobachten von Gegenständen unserer Umwelt. Werden diese Gegenstände als gespeicherte Information angesehen, so existiert ein Wiedergabevorgang. Steht dagegen das „Im Gedächtnis-Behalten" dieser Eindrücke im Vordergrund, so erfolgt im Gehirn ein Aufzeichnungsvorgang. Schließlich kann die bewußte Änderung von in unserem Gehirn gespeicherten Informationen, z. B. durch Abstraktion oder Verarbeitung auch als Übergang von $Z_0(\mathfrak{x})$ nach $Z_T(\mathfrak{x})$ aufgefaßt werden.

Erst diese Bemerkungen zeigen, wie weit prinzipiell der Begriff der Speicherung faßbar ist. Im folgenden sollen aber wieder die technischen Anwendungen bevorzugt bleiben.

Tabelle 2

Stufen der Speicherung [1]

K_1 bis K_4 und T_0 sind konstante Größen; g_A, g_T und g_W sind Funktionen verschiedener Abhängiger, wobei die Fraktur halbfett gedruckten Größen $\mathfrak{x}$ und $\mathfrak{t}$ unerwünschte oder meist unvermeidbare Einflüsse erfassen

Übergänge Bezeichnungen	$S_A(t) \xrightarrow{\mathfrak{v}_w} Z_0(\mathfrak{x})$ Aufzeichnungsvorgang	$\xrightarrow{T} Z_T(\mathfrak{x})$ Speicherzustand	$\xrightarrow{\mathfrak{v}_w} S_W(t-T)$ Wiedergabevorgang
Kennlinienfunktion	$g_A[S_A(t);\, \mathfrak{x};\, \mathfrak{t}] = Z_0(\int \mathfrak{v}_A\, dt)$	$g_T[T, Z_0(\mathfrak{x});\, \mathfrak{x};\, \Delta\mathfrak{x}] \cdot Z_0(\mathfrak{x}) = Z_T(\mathfrak{x})$	$g_W\{Z_T[\int \mathfrak{v}_W\, d(t-T);\, \mathfrak{x};\, \mathfrak{t}]\} = S_w(t-T)$
Gesamtfunktion	$g_W\big(g_T\{T;\, g_A[S_A(\mathfrak{x});\, \mathfrak{x};\, \mathfrak{t}];\, \mathfrak{x};\, \Delta\mathfrak{x}\}\big) \cdot g_W[S_W(\mathfrak{x});\, \mathfrak{x};\, \mathfrak{t}] = S_W(t-T)$		
Forderung für ideale Rückgewinnung	$S_A(t) = S_W(t-T)$		
abgeleitete Bedingungen	$\mathfrak{v}_A(\mathfrak{x}) = \mathfrak{v}_W(\mathfrak{x})$ $g_W\{K_1 \cdot g_A[S_A(t)]\} = S_A(t)$	$g_T = g_{T1}(T) \cdot g_{T2}[Z_0(\mathfrak{x})]$	$g_{T1} = K_2$ für $T = T_0$ oder $g_{T1} = K_3\left(1 \pm \frac{T}{T_0}\right)$
technisch angestrebte Bedingungen	$\lvert\mathfrak{v}_A(\mathfrak{x})\rvert = \lvert\mathfrak{v}_W(\mathfrak{x})\rvert = \text{const}$ konstante Geschwindigkeit	$g_A[S_A(t)] = K_4 \cdot S_A(t)$ $\quad g_A[Z_T(\mathfrak{x})] = \frac{1}{K_4} Z_T(\mathfrak{x})$ lineare Aufzeichnungs- und Wiedergabekennlinie	$g_T = 1$ unveränderlicher Speicherzustand

1.1.6. Bedeutung der Geschwindigkeit

Für den Aufzeichnungs- und Wiedergabevorgang wurde die Geschwindigkeit als unbedingt notwendig hervorgehoben. Bei der Fülle der schon bekannten und noch denkbaren Speicherarten scheint dies nicht allgemein genug zu sein. So existiert für die Festwert- und Flächenspeicher (z. B. Matrix-Speicher, Photographie und Buchdruck) keine Zeit-Ortsumwandlung. Bei ihnen genügt eine Orts-Ortstransformation, die natürlich ebenfalls mit einer endlichen Geschwindigkeit erfolgt. Dabei hat die Geschwindigkeit aber eine andere Bedeutung. Sie entspricht noch am ehesten der später zu behandelnden Zugriffszeit. Sind bei derartigen Speichern mehrere Festwerte oder Bilder nacheinander aufzuzeichnen oder wiederzugeben, so existiert auch bei ihnen im Transformationssinne $t \to \mathfrak{x} \to t$ die obige Geschwindigkeit. Dadurch ist dann Tabelle 3 für die möglichen Bewegungsarten verständlich (vgl. auch Abb. 1). Ferner ist

Tabelle 3

Einteilung der Speicher nach Bewegungsarten

Speicherart	Mittel der Bewegung	Beispiele
Matrixspeicher	Leitungen Schalter magnetischer Fluß	Ferritkerne Twistoren Multivibratoren dünne Schichten
motorische Speicher	mechanische Bewegung von Wandlern oder/ und Informationsträgern	Magnetband Lochband Schallplatte Spielfilm (Kino)
Strahlenspeicher Focusspeicher	Strahlablenkung und/ oder Focussierung	Speicherröhren magneto-optische Wiedergabe (Lesen eines Buches)
Laufzeitspeicher	Wellengeschwindigkeit	Magnetostriktion Quarz

die häufig gebrauchte Einteilung in statische und dynamische Speicher erklärbar. Der statische Speicher (Matrixspeicher, Fotografie und Buchdruck) ist bei der Aufzeichnung und Wiedergabe weitgehend zeitunabhängig, während der dynamische Speicher Signale verarbeitet und daher Zeit und Geschwindigkeit wesentlich zur Transformation benötigt.

1.1.7. Arten der Speichermedien

Der Speicherzustand ist eines der wesentlichen Kennzeichen der Speicherung. Je nach der in ihm verwendeten Energie ergibt sich eine Einteilung gemäß Tabelle 4 und Abb. 1. Die meisten Speichermedien sind noch mechanischer Art, viele moderne, insbesondere schnelle verwenden dagegen magnetische Verfahren [1].

In allen Fällen ist eine hohe Speicherdichte erwünscht. In der Praxis sind dabei auch der Aufzeichnungs- und Wiedergabevorgang von Einfluß. Aber sofern bei dem Aufzeichnungsvorgang die Energie auf ein extrem kleines Volumen konzentrierbar und beim Wiedergabevorgang auch aus ihm die Information störfrei heranzubekommen ist, gibt es Grenzen, die nur durch das Speichermedium gegeben sind. Hierbei sind technische Größen und physikalische Gegebenheiten zu unterscheiden. Die Abmessungen von Bauelementen zählen zu der ersten und die BROWNsche Molekularbewegung, Atom- oder Molekülabmessungen zur zweiten Gruppe.

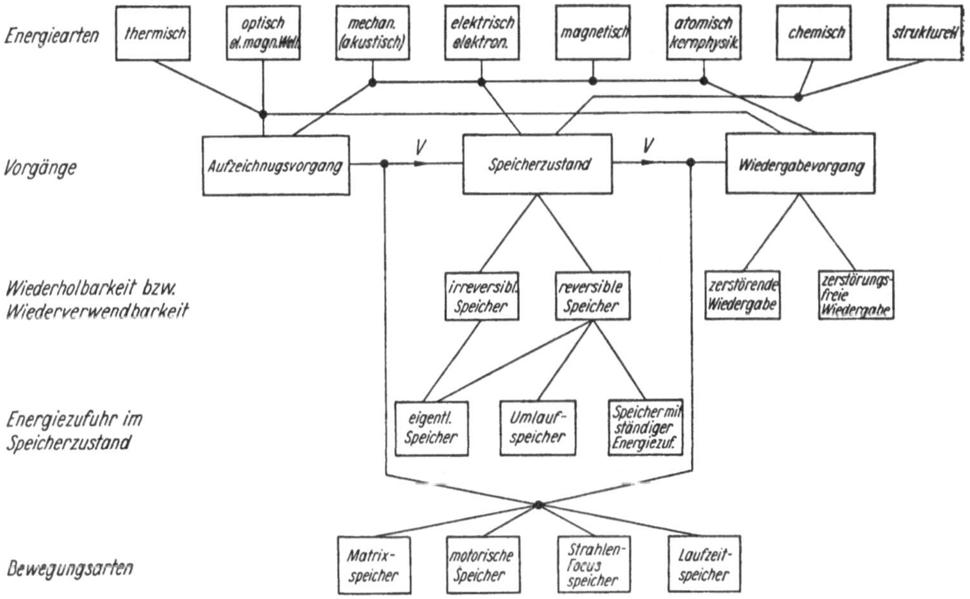

Abb. 1. Zusammenhänge zwischen den verschiedenen Speichereigenschaften

Die Speichermedien können auch bezüglich ihrer Reversibilität unterschieden werden (Abb. 1). Es gibt reversible Medien, wie das Magnetband, die nach einer Löschung immer wieder gut zu verwenden sind. Bei irreversiblen Medien, wie z. B. der Fotografie, ist keine Wiederverwendung möglich. Beide Arten haben für verschiedene Anwendungen ihre Vorteile. Als Extreme mögen dazu möglichst unverfälschbare Urkunden und leicht korrigierbare Adreßbücher oder Lohntabellen genannt werden.

Für den normalen Speicherzustand werde vorausgesetzt, daß er während der Speicherzeit keiner Energie bedarf. Dieses gilt jedoch nicht für Speicher, die z. B. aus Multivibratoren bestehen. Ihr Speicherzustand geht sofort verloren, wenn die Betriebsspannung ausfällt. Sie benötigen also eine ständige Energiezufuhr und sind daher meist wenig ökonomisch. Infolge der auftretendenWärmemengen dürfte prinzipiell keine sehr hohe Speicherdichte erreichbar sein. Eine

Tabelle 4
Einteilung des Speicherzustandes nach der Energieart

materielle oder energetische Veränderung	Art der Veränderung	Grenze für die Speicherdichte	Technische Beispiele
mechanisch	Material entfernen Material auftragen Material verformen	mechanische Festigkeit Oberflächenspannungen und -rauhigkeit Inhomogenitäten BROWNsche Molekularbewegung	Lochkarte Schallplatte Buchdruck Tinte — Papier thermoplastische Aufzeichnung
elektrisch, elektronisch	Ladung Dielektrizitätskonstante Polarisation Widerstand Leitfähigkeit	Bauelementgröße Durchschlagsfestigkeit Isolation Inhomogenitäten	Kondensatoren Gasentladungsröhren Flip-Flop-Schaltung Tunneldiode Ladungsspeicher (Ikonoskop) Elektrete
magnetisch	Magnetisierung Permeabilität	Bauelementgröße Inhomogenitäten Korngröße WEISSsche Bezirke Wechselwirkung der Domänen	Ferritkerne dünne Schichten Magnettrommel Magnetband
chemisch	Bildung oder Abbau einer Verbindung	Inhomogenitäten Korngröße Molekül	Fotochemie ?
strukturell	Isomerie Allotropie Polymorphie Polymerisation Gitterstörung Überstruktur Kristallform	Inhomogenitäten Kristallite Molekül	? (Elektrolytische Zelle) (Biologie-Vererbung)
atomisch	Isotope Quantenzustand	Atom	?

Zwischenstufe bilden die Umlaufspeicher. In ihnen wird, wie bei Laufzeitkabeln, das Signal nur um eine Zeit T verzögert. Die direkte Speicherzeit ist dann gleich dieser Verzögerungszeit. Werden längere Zeiten benötigt, so wird das Ausgangssignal immer wieder regeneriert auf den Eingang gegeben. Die Information läuft also um. Sie erscheint in einem mit der Wellengeschwindigkeit bewegten System örtlich fixiert.

1.1.8. Energieeinteilung der Vorgänge

Ähnlich wie beim Speicherzustand können auch der Aufzeichnungs- und Wiedergabevorgang nach der Energieart eingeteilt werden. Da in beiden Fällen

Tabelle 5

Versuch einer Gliederung des Aufzeichnungsvorganges

Energie während des Speichervorganges	Wirkungsart	Grenzen für die ereichbare Speicherdichte	Grenze der übertragbaren Frequenz	technische Lösungsbeispiele
mechanisch	Orts- und Lageveränderungen durch Kraft, Drehmoment Impuls usw.	Werkzeugabmessungen aufgetragenes Material Reproduzierbarkeit der Änderungen	Geschwindigkeit der Bewegung mechanische Eigenschwingung	Schneidstichel Lochstanzer Schreib- und Druckgeräte Schalter Schiebewiderstand
akustisch (Ultraschall)	Ausnutzung der Schallenergie für Bewegungen oder Energiewandlungen	Wellenlänge Beugung Bündelung mechanische Abmessungen	Schallgeschwindigkeit Schallabsorption	Membran. Heute nur über Wandlung
elektrisch	Elektronen- oder Ionenbewegung in Festkörper Flüssigkeit Gas und Vakuum Ladung, Strom Spannung	Energiekonzentration	Geschwindigkeit der Elektronen oder Ionen elektrische Resonanzen Laufzeiteffekte	Leiter Elektroden
magnetisch	Wirkung magnetischer Felder Feldstärke	Feldkonzentration	Lichtgeschwindigkeit Wirbelströme Hystereseverluste magnetische Resonanzen Schaltzeiten	Magnetkopf magnetische Verformung magnetisch bewirkte Bewegung Ablenkung durch Magnetfelder
thermisch	Verdampfen Verflüssigen Einfrieren CURIE-Punkt	Energiekonzentration Wärmeleitung	Wärmekapazität Wärmeleitung	Elektronenstrahl- und Laserbearbeitung supraleitende Elemente
optische und elektromagnetische Felder und Wellen	optische Abbildung gebündelte Strahlen Strahlungsvektor	Energiekonzentration Beugung Wellenlänge	Wellengeschwindigkeit Dispersion Eigenfrequenz der Welle	Fotoapparat Laserstrahl Modulation Resonanzeffekte
atom- und kernphysikalisch	Teilchenbewegung Quanten-Zustand	HEISENBERG-Relation DE BROGLIE-Wellenlänge Teilchengröße	Teilchengeschwindigkeit	Kernumwandlung Atomanregung

Tabelle 6

Versuch einer Gliederung des Wiedergabevorganges

rückgewonnene oder Hilfs- energie	ausgenutzte Veränderung	Grenzen für die erreichbare Speicherdichte	Grenze der übertragbaren Frequenz	Beispiele für Wiedergabeart oder -prinzip
mechanisch (akustisch) (Ultraschall)	Abstand Krümmung Weg Geschwindigkeit Beschleunigung Gewicht	Abtastfläche (Volumen) Energiemenge	mechanische Eigenschwin- gungen Geschwindig- keit (Schallge- schwindigkeit)	direkt: sehen, fühlen elektrische Mes- sung mechanischer Größen (hören, heute nur noch indirekt)
elektrisch	Ladung Leitfähigkeit Dielektrizitäts- konstante Ablenkung gela- dener Teilchen	Abtastfläche Energiemenge Energiekonzen- tration	Geschwindig- keit Resonanzen eventuell be- nutzte Träger- frequenz	elektrisches Signal oder Wandlung (Oszillograph)
magnetisch	Induktion Permeabilität magnetischer Widerstand Ablenkung gela- dener Teilchen	Abtastfläche Energiemenge Energiekonzen- tration	Geschwindig- keit magnetische Resonanzen	meist magneto- elektrische Wandlung
thermisch	Auftauen Erhitzen	Abtastfläche Energiemenge Wärmeleitung	Wärmeleitung Wärmekapazi- tät	Umwandlung
optisch und elektromagne- tische Felder und Wellen	Absorption Reflexion Farbe (Fre- quenz) Polarisation Lumineszenz Beugung Schlierenoptik Resonanzmetho- den, wie Schwingkreis-, Kern- und Spinresonanz	Abtastfläche Beugung Wellenlänge Energiekonzen- tration Bündelung	Wellenge- schwindigkeit Dispersion Eigenfrequenz der Welle	direkt: sehen Wandlung: über Fotoeffekte, Bolometer, Feld- stärkemessung usw.
atom- und kernphysika- lisch	Masse Teilchen- bewegung	HEISENBERG- Relation DE BROGLIE- Wellenlänge Teilchengröße	Teilchenge- schwindigkeit	nur indirekt, meist mit kompli- zierter Elektronik

aber häufig mehrere Energieumwandlungen nacheinander erfolgen und zuweilen auch Verstärker- bzw. Servoeffekte ausgenutzt werden, sind die Betrachtungen nicht ganz so zwangsläufig (Tabellen 5 und 6). Wesentlich für die Einteilung ist diejenige Energie, die den Speicherzustand erzeugt oder bei der erstmalig ein Signal zur Verfügung steht. Hierbei können für eine Speicherung die Energieformen in den drei Hauptstadien unterschiedlich sein: Durch thermische Aufzeichnungsenergie (Erhitzen über den CURIE-Punkt oder die Inversionstemperatur) kann ein magnetischer Speicherzustand geschaffen werden, der dann optisch mittels FARADAY-Effekt wiedergebbar ist. Bei der induktiven Wiedergabe erzeugt die mechanische Energie ein elektrisches Signal.

Die Speicherdichte wird beim Aufzeichnungs- und Wiedergabevorgang in zweierlei Hinsicht begrenzt. Zunächst gibt es eine kleinste Länge λ für die Konzentration der Aufzeichnungs- und Wiedergabeenergie. Gemäß den Tabellen ist sie durch technische und physikalische Parameter begrenzt und sollte kleiner oder von derselben Größenordnung wie die entsprechende Grenze des Speicherzustandes sein. Die andere Grenze des Auflösungsvermögens liegt in der Zeit-, d. h. Frequenzachse. Hierbei hat die Geschwindigkeit gemäß der Relation $\mathfrak{v} = \lambda \cdot f$ entscheidenden Einfluß. Zuweilen begrenzen aber auch andere Effekte die übertragbaren Frequenzen schon früher. Hierzu gehören Wirbelstrom-, Hystereseverluste, Resonanzerscheinungen usw. Infolge ihrer spezifischen Eigenschaften sind die zugehörigen Größen in der vorletzten Spalte der Tabellen 5 und 6 getrennt aufgeführt.

1.1.9. Optische und akustische Reproduktion

Die gespeicherten Informationen werden meist irgendwie dem Menschen dienen sollen. Zu diesem Zweck müssen sie über seine Sinnesorgane zu ihm gelangen. Für einen ausreichend hohen Informationsfluß haben nur Auge und Ohr Bedeutung. Heute scheint es so, als ob auch künftig die optische Reproduktion der akustischen überlegen sei. Sehr wahrscheinlich ist aber die z. Z. überwiegende optische Reproduktion entwicklungsgeschichtlich bedingt. Hierbei ist zu berücksichtigen, daß für das menschliche Speichern die Wiederholung wichtig ist. Sie kann einmal aktiv, d. h. nach Wunsch erfolgen, indem ein Gegenstand fortlaufend betrachtet oder ein Ton wiederholt erzeugt wird. Die passive, d. h. durch uns unbeeinflußbare Wiederholung von Ereignissen ist meist weitaus weniger wirksam. Durch die Speicherung ist immer eine aktive Wiederholung möglich. Die optisch reproduzierbare Speicherung ist nun bereits z. B. in Form von Felszeichnungen viele Jahrtausende vorhanden, während die akustisch reproduzierbare gerade 50 Jahre alt ist. Andererseits erscheint bereits heute vom rein technischen Gesichtspunkt die Schrift aus aneinandergereihten Schriftzeichen, musikalischen Noten usw. als leider technisch notwendig gewesener Umweg. Er hat unter anderem den Nachteil, zusätzlich zur Sprache und ohne wesentlichen Nutzen langwierig gelernt werden zu müssen. Zahlen- und Formelzeichen sind sicher anders zu bewerten. Da die akustisch reproduzierbare Speicherung gewiß noch wesentlich perfektionierter werden dürfte, ist es wahrscheinlich, daß sie dann einige Gebiete der jetzt optischen Reproduktion vorteilhaft übernehmen wird. Erste Ansätze sind bereits bei den Diktiergeräten, Tonbandbriefen, Schulmagnetbandgeräten, klingenden Illustrierten und Anwendungen für die Blinden zu erkennen. Abgesehen von der recht schwierigen Redundanzfrage könnte sich vielleicht die folgende Abgrenzung ausbilden: Alle zeitabhängigen Signale oder betont eindimensionalen „Funktionen" dürften vorteilhaft akustisch zu reproduzieren sein, während für die mehrdimensionalen, d. h. flächigen oder räumlichen (auch mathematischen Zusammenhänge), die optische Reproduktion vorteilhaft sein sollte.

1.2. Grundlagen der Informationstheorie

Die Speicherung als Summe aus dem Aufzeichnungsvorgang, Speicherzustand und Wiedergabevorgang entspricht bezüglich des Signalverlaufs einem Vierpol. Das Eingangssignal $S_A(t)$ gelangt mit der Verzögerung T an den Ausgang als $S_W(t - T)$. Unter diesem Gesichtspunkt sind alle Betrachtungen der Informationstheorie auf die Speicherung anwendbar.

1.2.1. Amplitudenstufen

Für jeden elektrischen Kanal existiert ausgangsseitig eine obere Spannungs- oder Leistungsgrenze. Sie kann durch maximal zulässig Verzerrungen, durch Erwärmungsgrenzen oder andere Bedingungen festgelegt sein. Die zu ihr gehörende Amplitude werde mit u_g (Größtspannung) bezeichnet.

Ebenso besitzt jeder Kanal auch ohne Eingangssignal eine unerwünschte Ausgangsspannung. Sie kann von verschiedenen Rauschquellen im Kanal oder durch Einstreuung von außen entstehen. Ihre Amplitude sei mit u_{st} (Störspannung) bezeichnet. Der Einfachheit halber möge sich dieser Wert zunächst nicht durch ein Eingangssignal verändern. Die Störspannung überlagert sich dann additiv der Ausgangsspannung des Signals. Weiter sei der Momentanwert der Störspannung u_{st} trotz des statistischen Verhaltens durch eine positive Schwellenspannung u_s einzugrenzen:

$$-u_s < u_{st} < u_s \,. \tag{2}$$

Zwei Gleichspannungen des Signals u_1 und u_2 bleiben dann unterscheidbar, solange

$$|u_2 - u_1| \geqq 2\,u_s \tag{3}$$

gilt (Abb. 2). Bei einem Spannungsbereich des Signals von plus bis minus u_g sind dann

$$n_{AS} = \frac{2\,u_g}{2\,u_s} = \frac{u_g}{u_s} \tag{4}$$

Eingangssignale unterscheidbar [4], [7]. Diese Anzahl wird häufig als Anzahl unterscheidbarer Amplitudenstufen interpretiert. Hierbei ist vorausgesetzt, daß der Vierpol für positive und negative Spannungen gleichartiges Verhalten besitzt und mit Wechselstrom betrieben wird. Dann sind nur die positiven Amplituden von Null bis u_g und die positive Schwellenspannung u_s zu betrachten. Eine Amplitudenstufe hat dabei die Breite

$$\Delta u = u_s \,. \tag{5}$$

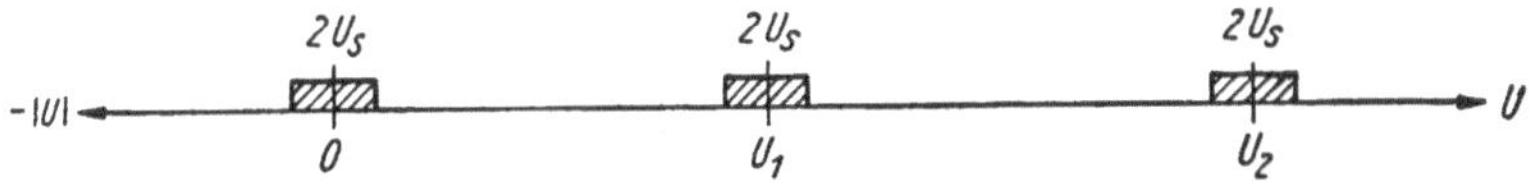

Abb. 2. Zur Einführung der Amplitudenstufen

1.2.2. Zweierschritte

Eine bestimmte Anzahl von Gegenständen oder dergleichen wird meist im üblichen Dezimalsystem angegeben. Für logische Operationen ist das Zweiersystem jedoch wesentlich vorteilhafter, da es auf den Alternativen „falsch — richtig" oder nachrichtentechnisch „Strom — kein Strom" basiert.

Beim Dezimalsystem werden die Zeichen 0 bis 9, beim Zweiersystem nur 0 und L benötigt. Die Zahl 197 des Dezimalsystems lautet im Zweiersystem LL000L0L. Statt 3 Stellen werden also 8 benötigt.

Das Produkt aus Zeichenzahl (10 bzw. 2) mal der Stellenzahl ist der Bezeichnungsraum (30 und 16). Er ist beim Zweiersystem besonders klein, da er dem theoretischen Minimum von $e \approx 2{,}71$ Zeichen sehr nahe liegt.

Im Zweiersystem kann die Anzahl von Amplitudenstufen durch die erforderliche Stellenzahl angegeben werden. Sie ist gleich den alternativen Schritten, die notwendig sind, um eine bestimmte Amplitude aus allen möglichen herauszufinden. Gewöhnlich wird dieser Vorgang baumartig mit Verzweigungen dargestellt [8]. Den entsprechenden Ausschnitt um die 197. Amplitudenstufe zeigt Abb. 3.

Allgemein ist die Anzahl der notwendigen Zweierschritte n_z mittels des binären Logarithmus aus den Amplitudenstufen zu bestimmen:

$$n_z = \mathrm{lb}\, n_{AS} \,. \tag{6}$$

Die Anzahl der Zweierschritte wird in bit (binary digit) gemessen.

1.2.3. Kanalkapazität

Gemäß KÜPFMÜLLER [9] besteht zwischen der Bandbreite B eines Kanals und seiner Einschwingzeit T_e die Relation

$$2\, B\, T_e \approx 1 \,. \tag{7}$$

Da nach der Einschwingzeit ein Signalwert ausreichend genau bestimmbar ist, sind während der Zeit T

$$n_{\mathrm{sign}} = 2\, B\, T \tag{8}$$

Signale zu übertragen. In einer Sekunde sind es also 2 B Signale. Jedes Signal entspricht dabei einer der n_{AS} Amplitudenstufen. Insgesamt kann ein Kanal also

$$C = 2\, B \operatorname{lb} n_{AS} \tag{9}$$

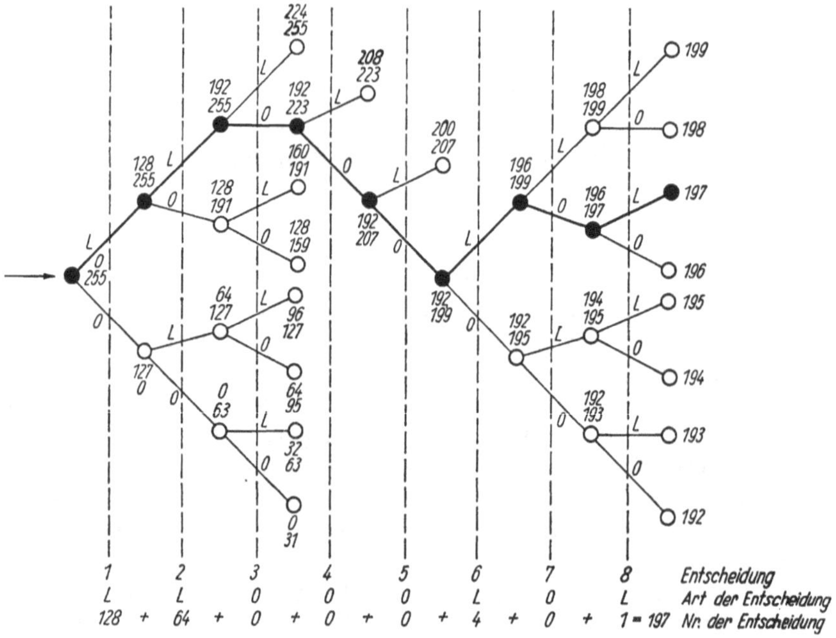

Abb. 3. Zur Erklärung der bit-Zahl

bit pro Sekunde übertragen. Dieser Wert wird als Kanalkapazität bezeichnet und hat grundlegende Bedeutung. Er kann auf vielerlei Art hergeleitet werden [4], [7] bis [13]. Auf exakten Ableitungen mittels Entropie oder Signalen im 2 B T-dimensionalen Raum sei hier verzichtet. Für den Magnetbandkanal führen sie noch zu keinem brauchbaren Ergebnis. Über die Entropie kann dabei lediglich Gl. (4) auch für statistische Signale exakt bewiesen werden [7].

Die Bandbreite ist als Differenz von oberer und unterer Frequenzgrenze $(f_{vb} - f_{un})$ gegeben. Bei den meisten Magnetbandgeräten ist die untere Grenzfrequenz 1/100 bis 1/1000 der oberen Grenzfrequenz. Sie können also ohne große Fehler bezüglich der Kanalkapazität als Tiefpaßsysteme betrachtet werden, und es gilt

$$C = 2\, f_{nb} \operatorname{lb} n_{AS}\,. \tag{10}$$

1.2.4. Speicherdichte

Lineare Speicherdichte

Für den Speicherzustand hat die Frequenz bzw. Bandbreite und damit die Kanalkapazität keine direkte Bedeutung. Da beim Aufzeichnungsvorgang die

Zeit in den Ort transformiert wird, tritt an die Stelle der Frequenz eine reziproke Länge, die Wellenzahl k. Mit der Geschwindigkeit v gilt

$$k_{ob} = f_{ob}/v \,. \tag{11}$$

Bei linear gespeicherten Informationen ist die zugehörige kürzeste Wellenlänge besonders anschaulich

$$\lambda_{un} = v/f_{ob} = 1/k_{ob} \,. \tag{12}$$

Die pro Längeneinheit speicherbare Information (z. B. bit/cm) sei als lineare Speicherdichte

$$c_{sp} = k_{ob} \operatorname{lb} n_{AS} = \frac{1}{\lambda_{un}} \operatorname{lb} n_{AS} \tag{13}$$

bezeichnet.

Flächenspeicherdichte

Meist sollen gespeicherte Informationen archiviert werden. Hierbei interessiert die lineare Speicherdichte kaum. Viel wichtiger ist die in der Volumeneinheit speicherbare Informationsmenge. Beim Magnetband wäre also seine Breite und Dicke zu berücksichtigen. Hierbei geht bereits wesentlich die nicht informationstragende Unterlage ein. Deshalb könnte auch der Kern, die Spule oder die Verpackung des Magnetbandes berücksichtigt werden. Unter gewissen Umständen wäre sogar das Volumen des Transportwerkes einzubeziehen. Diese Fragen werden dann besonders kritisch, wenn Magnetbandspeicher mit Trommelspeichern, Lochkarten oder gar Büchern zu vergleichen sind. Als Ausweg wird dann häufig die Speicherdichte auf die Oberfläche bezogen. Diese Angabe hat ebenfalls nur bedingte Bedeutung.

Volumenspeicherdichte

Hier sollen für die Volumenspeicherdichte nur die funktionsnotwendigen, redundanten Volumen erfaßt werden. Beim Magnetband sind dies die Unterlage und der Kern bzw. die Spule. Die Genauigkeit der Volumenspeicherdichte ist dann allerdings recht gering oder gilt nur für eine bestimmte Gerätetype. Anzugeben sind dann das Volumen des Informationsträgervorrates V_b, die zugehörende Länge l_b und die Anzahl der parallelen unabhängigen Magnetspuren n_{sr}. Mit Berücksichtigung von Gl. (13) gilt also

$$c_v = \frac{l_b n_{sr}}{V_b \lambda_{un}} \operatorname{lb} n_{AS} \,. \tag{14}$$

Es gibt nun Anwendungen, wo die Spuren, wie z. B. bei der Videoaufzeichnung, zur Richtung der Transportgeschwindigkeit v geneigt sind. Hier ist es günstiger, wieder die obere Grenzfrequenz zu benutzen und so zu rechnen, als ob alles längs des Bandes in einer Spur gespeichert wäre. Die dabei formal entstehende kürzeste Wellenlänge hat keinen physikalischen Sinn und muß in der entsprechenden Gleichung vermieden werden:

$$c_v = \frac{l_b f_{ob}}{V_b v_t} \operatorname{lb} n_{AS} \,. \tag{15}$$

Tabelle 7

Speicherart	v_t cm s^{-1}	l_b cm	V_b cm^3	n_{sr}	n_{AS}	f_{ob} Hz	λ_{un} cm
Studio-Schall-speicher	38,1	10^5	$8{,}5 \cdot 10^2$	1	50	$1{,}6 \cdot 10^4$	$2{,}5 \cdot 10^{-3}$
Heimtongerät	4,75	$5 \cdot 10^4$	$3 \cdot 10^2$	4	25	10^4	$4{,}7 \cdot 10^{-4}$
Videobandgerät	38,1	$7{,}5 \cdot 10^4$	$4{,}5 \cdot 10^3$	–	30	$5 \cdot 10^6$	$7{,}6 \cdot 10^{-6}$)
Digitalbandgerät	$1{,}5 \cdot 10^2$	$7{,}5 \cdot 10^4$	$1{,}1 \cdot 10^3$	8	2	($5 \cdot 10^4$)	$5 \cdot 10^{-3}$)
Plattenspeicher 20 u/s	($4 \cdot 10^3$)	–	$3 \cdot 10/$	50 Platt	2	–	–
Trommelspeicher 50 u/s	($5 \cdot 10^3$)	$64 \cdot 10^2$	$3 \cdot 10^4$	64	2	($2{,}5 \cdot 10^5$)	$2 \cdot 10^{-2}$
Lochstreifen (lesen)	$2 \cdot 10^2$	$3{,}2 \cdot 10^4$	$5{,}5 \cdot 10^2$	5	2	10^3	(0,2)
Lochkarte	–	–	$2{,}5 \cdot 10^3$	80 Spalten	2	50 Karten	–
Lesen eines Buches	3 ≙ 20 Buchstaben	–	10^3	–	–	20	–
Mikrofilm	–	–	15	–	–	–	–
Ferritkerne 2 mm ∅ [15]	–	–	$4 \cdot 10^2$	–	2	(10^5)	–
Dünnschicht-speicher nach BRADLEY [16]	–	–	5	–	2	–	–
Gehirn (menschl.) [17]	–	–	10^3	–	–	–	–

Beispiele

In Tabelle 7 sind einige typische Speicheranwendungen zusammengestellt. In ihr wurden auch andere Speichertechniken zum Vergleich aufgenommen. Die oben für die Magnetspeichergeräte definierten Begriffe sind dabei möglichst sinngemäß übernommen. Die Magnetbandgeräte besitzen unter allen technischen Anwendungen die höchste Volumenspeicherdichte. In die unmittelbare Nähe kommt nur noch der Mikrofilm. Die Bildspeicherung mit Grautonwiedergabe schneidet sogar etwas günstiger als die Videoaufzeichnung ab. CAMRAS gibt einen Wert von etwa $3 \cdot 10^7$ bit/cm^3 an [14]. Andere Eigenschaften des Filmes (Entwicklung, keine Ausgabe von elektrischen Signalen usw.) heben diesen Vorteil jedoch wieder weitgehend auf.

Daten einiger technischer Speicher

C bit s^{-1}	c_{sp} bit cm^{-1}	c_v bit cm^{-3}	n_z total bit	t_{ges} s	t_z s	Bemerkungen
$1{,}7 \cdot 10^5$	$2{,}2 \cdot 10^3$	$2{,}7 \cdot 10^6$	$2{,}7 \cdot 10^{10}$	$3 \cdot 10^3$	10^2	
$9 \cdot 10^4$	10^4	$1{,}5 \cdot 10^6$	$7{,}5 \cdot 10^{10}$	$4 \cdot 10^4$	$3 \cdot 10^2$	4-Spurtechnik
$5 \cdot 10^7$	$(6{,}5 \cdot 10^5)$	10^7	$7{,}5 \cdot 10^{11}$	$2 \cdot 10^3$	10^2	System Ampere
$2{,}4 \cdot 10^5$	$(1{,}6 \cdot 10^3)$	10^5	$1{,}1 \cdot 10^8$	$6 \cdot 10^2$	$5 \cdot 10^1$	
10^7	–	$1{,}5 \cdot 10^2$	$4 \cdot 10^7$	–	10^0	
$3 \cdot 10^7$	50	10	$3 \cdot 10^5$	–	10^{-2}	
$5 \cdot 10^3$	(25)	10^3	$6{,}3 \cdot 10^5$	$1{,}6 \cdot 10^2$	$5 \cdot 10^1$	
–	–	$3 \cdot 10^2$	$10^3 \cdot 8 \cdot 10^2$	$2 \cdot 10^1$	10^0	1000 Karten
10^2	–	$3 \cdot 10^3$	$3 \cdot 10^6$	$3 \cdot 10^4$	10^2	300 Seiten zu $2 \cdot 10^3$ Buchstaben
–	–	$2 \cdot 10^5$	$3 \cdot 10^6$	$3 \cdot 10^4$	$3 \cdot 10^1$	18,35 mm je Seite bezogen auf oben
$6{,}4 \cdot 10^6$	–	10^2	$4 \cdot 10^4$	10^{-4}	$5 \cdot 10^{-7}$	$64 \cdot 64 \cdot 10$ Elemente
–	–	$5 \cdot 10^2$	$2{,}5 \cdot 10^3$	–	$3 \cdot 10^{-7}$ $(4 \cdot 10^{-8})$	$50 \cdot 50$ Elemente
–	–	10^{12}	10^{15}	–	3	

1.2.5. Zugriffszeit

Bei verschiedenen Anwendungen, insbesondere in der Datenverarbeitung, ist jene Zeit von Bedeutung, die vom Wunsche nach einer bestimmten Information bis zu ihrem Erhalt vergeht. Diese Zeit hängt stark vom Speichertyp und von der mehr oder weniger genauen Kenntnis des Speicherortes der Information ab [1]. Beim Magnetband kann sie z. B. durch schnellen Vor- oder Rücklauf verkürzt werden. Beim Plattenspeicher geht die Bewegung des Kopfes, bis er die richtige Spur wiedergibt, ein. Sie ist aus diesen Gründen als Mittelwert über alle möglichen Fälle zu bilden und wird Zugriffszeit genannt. In Tabelle 7 sind Richtwerte aufgenommen.

1.2.6. Störende Amplitudenmodulation

Infolge des Herstellungsprozesses ist jedes Magnetband etwas inhomogen. Es schwanken die Schichtdicke und die Verteilung des Magnetits in ihm. Gemäß Tabelle 2 entstehen dadurch beim Aufzeichnungs- und Wiedergabevorgang örtliche und folglich auch zeitliche Schwankungen der Aufzeichnungs- und Wiedergabekennlinie. In der Praxis liegen sie bei rund $\pm 10\%$, also 1 dB. Eine Spannung von 1 V wird dadurch auf nur $\pm 0{,}1$ V und eine Spannung von 10 mV auf ± 1 mV genau wiedergegeben. Die Inhomogenität bewirkt daher im Wiedergabesignal eine störende Amplitudenmodulation. Sie überlagert sich zusätzlich der signalunabhängigen Störspannung (Grundstörung) gemäß 1.2.1.

Definition der Amplitudenstufen

Da die Spannung u_{sm} der störenden Amplitudenmodulation direkt dem Betrag der übertragenen Signalspannung $u_ü$ proportional ist, kann ein Störmodulationsgrad m eingeführt werden:

$$u_{sm} = 2\,m\,|u_ü|\,. \tag{16}$$

Zwei Signalwerte u_1 und u_2 sind dann unterscheidbar, solange

$$|u_2 - u_1| = 2\,u_s + 2\,m\,(|u_1| + |u_2|) \tag{17}$$

(Abb. 4) gilt. Die Absolutzeichen stehen, weil auch u_1 größer als u_2 bzw. eine oder beide Spannungen negativ sein können. Der Abstand zwischen u_1 und u_2 muß um so größer sein, je größer m sowie u_1 und u_2 selbst sind.

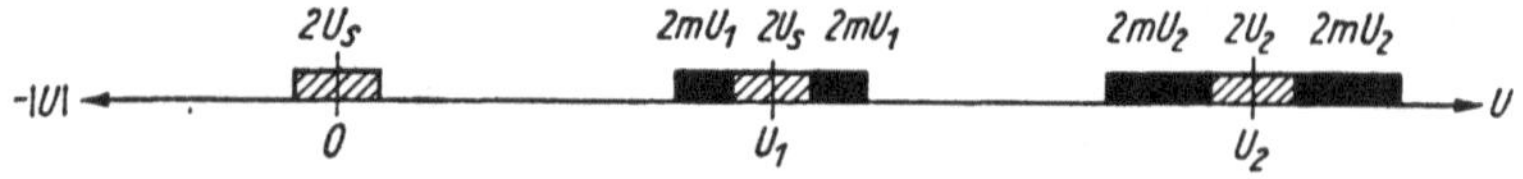

Abb. 4. Zur Einführung der störenden Amplitudenmodulation

Verallgemeinerung der störenden Amplitudenmodulation

In [18] wurde erstmalig eine Möglichkeit zur Abzählung der Amplitudenstufen bei störender Amplitudenmodulation angegeben. Dieser Weg ist inzwischen mittels Untersuchungen in der Meßtechnik durch eine differentielle und allgemeinere Methode ersetzt [19], [7]. Prinzipiell kann dabei die Störgröße eine beliebige Funktion des Signals sein:

$$\Delta u = F(u_ü)\,. \tag{18}$$

In der Meßtechnik wurde dies als Fehlerverlauf $\left(F_z = \frac{1}{2}\,F\right)$ definiert. Durch Reihenentwicklung folgt aus

$$\Delta u = u_s + 2\,m\,u_ü + 2\,m_1\,u_ü^2 + \cdots \tag{19}$$

unter anderem die Grundstörung u_s und die störende Amplitudenmodulation $2\,m\,u_ü$. Durch Differentiation ergibt sich mit Gl. (4)

$$dn_{AS} = \frac{du_ü}{\Delta u} = \frac{du_ü}{F(u_ü)}\,. \tag{20}$$

Damit der Wert $u_1 = 0$ nur einmal gezählt wird, gilt bei gleichem Verhalten für positive und negative Signale

$$n_{AS} = \int_{u_s}^{u_g} \frac{du_{ü}}{F(u_{ü})} + 1\,. \tag{21}$$

Falls nur die Grundstörung und die störende Amplitudenmodulation vorhanden sind, ergibt sich

$$n_{AS} = \frac{\ln\left(2\,m\,\frac{u_g}{u_s} + 1\right) - \ln\left(1 + 2\,m\right)}{2\,m} + 1\,. \tag{22}$$

Eine Auswertung dieser Gleichung zeigt Abb. 5.

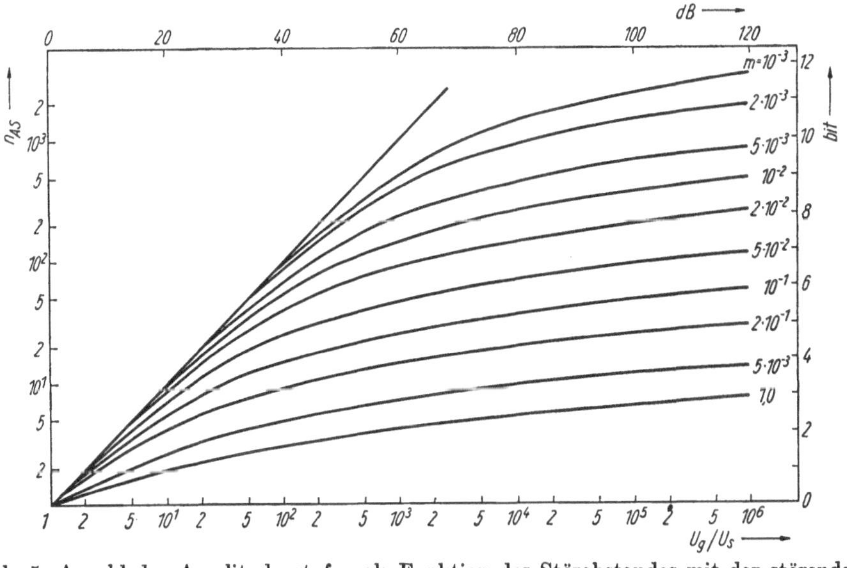

Abb. 5. Anzahl der Amplitudenstufen als Funktion des Störabstandes mit der störenden Amplitudenmodulation als Parameter

Verteilung der Amplitudenstufen

Gl. (20) ist auch als Verteilung der Amplitudenstufen bei verschiedenen Spannungen interpretierbar. Dies wird durch die Umformung

$$n_{AS} = u_s \frac{dn_{AS}}{du_{ü}} = \frac{1}{1 + 2\,m\,\frac{u_{ü}}{u_s} + 2\,m_1 \frac{u_{ü}^2}{u_s} + \cdots} \tag{23}$$

deutlicher. Für den Spezialfall von nur vorhandener Grundstörung und störender Amplitudenmodulation wurde diese Beziehung in Abb. 6 im doppeltlogarithmischen Maßstab dargestellt. Bei $2\,m\,|u_{ü}| \ll u_s$ besitzen alle Amplitudenstufen den gleichen Abstand u_s. Es liegt eine lineare Verteilung vor, wie sie ohne störende Amplitudenmodulation existiert. Im Bereich $2\,m\,|u_{ü}| \gg u_s$ nimmt die Anzahl der Amplitudenstufen logarithmisch mit steigender Spannung ab (logarithmische Amplitudenstufenverteilung). Hier ist die Grundstörung vernachlässigbar. Bei der Abszisse $2\,m\,|u_{ü}| = u_s$ schneiden sich die Näherungsgeraden der linearen und logarithmischen Verteilung. Die Anzahl der linear

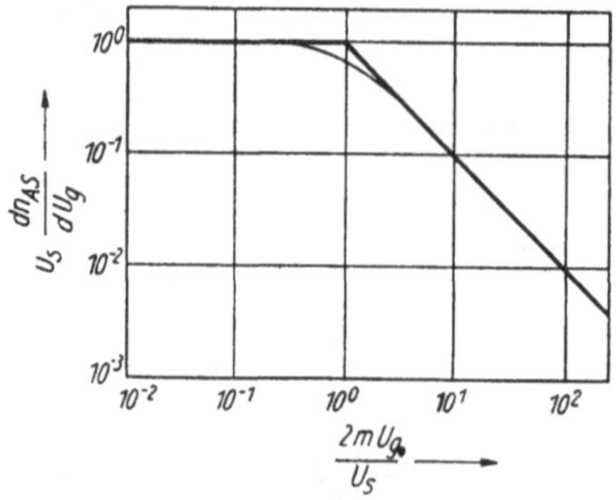

Abb. 6. Normierte Verteilung der Amplitudenstufen im doppelt-logarithmischen Maßstab

verteilten Amplitudenstufen ist danach aus Gl. (22) für $2\,m\,|u_g| = u_s$ berechenbar:

$$n_{AS\,\text{linear}} = \frac{\ln \dfrac{2}{1 + 2\,m}}{2\,m} + 1 \approx \frac{0{,}35}{m} + 1 \text{ für } 2\,m \ll 1\,. \tag{24}$$

Näherungen für Amplitudenstufen

Für die meisten Anwendungen ist Gl. (22) zu kompliziert. Für ein Magnetbandgerät mit $m \approx 0{,}1 \ll 1$ ergibt sich mittels

$$\ln\,(1 + 2\,m) \approx 2\,m \tag{25}$$

die brauchbare Näherung

$$n_{AS} = \frac{\ln\left(2\,m\,\dfrac{u_g}{u_s} + 1\right)}{2\,m}\,. \tag{26}$$

Beim Übergang zum Briggschen Logarithmus kann im Zähler der Störabstand

$$s = 20\,\log\,(u_g/u_s) \qquad [\text{dB}] \tag{27a}$$

und mit Gl. (25) im Nenner die Amplitudenschwankung

$$t = 20\,\log\,(1 + m) \qquad [\text{dB}] \tag{27b}$$

eingeführt werden. Für die Anzahl unterscheidbarer Amplitudenstufen gilt dann die besonders übersichtliche Näherung

$$n_{AS} = \frac{s}{2\,t}\,. \tag{28}$$

Bei einem Magnetbandgerät mit $s = 60$ dB und $t = 1$ dB ergibt Gl. (28) 30 Amplitudenstufen, Gl. (16) 38 Amplitudenstufen, während die genaue Gl. (22) 27 zuläßt.

Vielfach ist die Grundstörung für die Amplitudenstufen vernachlässigbar. Dies gilt vor allem dann, wenn der Störabstand u_g/u_s sehr groß ist und gleichzeitig gemäß Gl. (24) wenig linear verteilte Stufen vorliegen. In Gl. (21) ist dann $F(u_ü) \approx 2\,m\,u_ü$ einzusetzen, und es folgt

$$n_{AS} = \frac{1}{2\,m} \ln \frac{u_g}{u_s} . \qquad (29)$$

Mit den obigen Daten ergeben sich hieraus 34 Amplitudenstufen.

1.2.7. Störende Frequenzmodulation und allgemeine Kanalkapazität

So wie ein Kanal Amplitudenwerte überträgt, ist er auch imstande, Zeitwerte zu übermitteln. Beispiele sind Uhrenanlagen und die drahtlose Übertragung von Zeitzeichen. Die auftretenden Zeitfehler haben dabei gewisse Ähnlichkeit mit den Amplitudenfehlern. Beim Magnetspeicherkanal sind die Verhältnisse unübersichtlicher, da hier der Speicherzustand zwischengeschaltet ist. Es können dann nur Fehler der Zeitdifferenz bei Wiedergabesignalen betrachtet werden. In erster Linie ist hierfür der Transformationsparameter Geschwindigkeit verantwortlich. Nur wenn exakt $\mathfrak{v}_A(\mathfrak{x}) = \mathfrak{v}_W(\mathfrak{x})$ für jedes $\mathfrak{x}$ gilt, ist sein Einfluß verschwindend (Tab. 1). Bei technischen Anwendungen gibt es zwischen beiden getrennten Prozessen mit $dx = v\,dt$ aber immer Abweichungen, die dann Zeitfehler hervorrufen. Folglich gilt

$$t_W = \int_0^{t_A} \frac{v_A}{v_W}\,dt . \qquad (30)$$

Sind beide Geschwindigkeiten exakt konstant und weichen um den Betrag Δv voneinander ab, so beträgt die relative Geschwindigkeitsabweichung bezogen auf die mittlere Geschwindigkeit v_m

$$A = \frac{\Delta v}{v_m} = \frac{(v_A - v_W)}{v_A + v_W} . \qquad (31)$$

Im allgemeinen ist A eine statistisch und periodisch schwankende Größe, und es werden von ihr nur zeitliche Mittel- oder Spitzenwerte angegeben.

Auch eine aufgezeichnete Frequenz (entspricht Zeitabständen) wird um den Wert von A verfälscht wiedergegeben. Hierdurch können Frequenzstufen in voller Analogie zu den Amplitudenstufen eingeführt werden [7]. Die Auswirkung dieses Fehlers auf die Kanalkapazität läßt sich jedoch am besten mit Hilfe der Impulstechnik erklären [20]. Gemäß Abb. 7 ist die Lage des n-ten Impulses maximal um den Betrag $n\,A$ unsicher. Für eine vollkommene Sicherheit muß daher jeder $(1/A)$-te Impuls als Zählimpuls genutzt werden. Die Anzahl der nutzbaren Signalwerte Gl. (8) vermindert sich dadurch um den Faktor $1\text{-}A$.

Für die Kanalkapazität des Magnetbandkanals gilt so mit den Gln. (9) und (29)

$$C = 2\,B\,(1 - A)\,\mathrm{lb}\left[\frac{\ln\left(2\,m\,\frac{u_g}{u_s} + 1\right) - \ln\,(1 + 2\,m)}{2\,m} + 1\right]. \tag{32}$$

Übersichtlich wird diese Gleichung mit den Näherungen von 1.2.6.

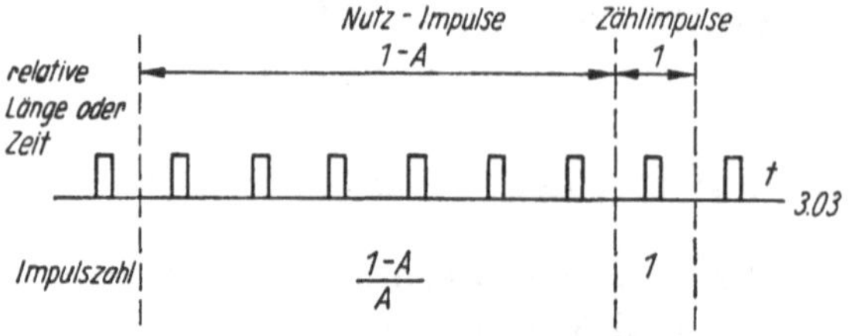

Abb. 7. Auswirkung des Gleichlauffehlers bei Impulsmodulation

1.2.8. Modell für den allgemeinen Kanal

Der Magnetbandkanal enthält nach den vorangegangenen Betrachtungen drei voneinander unabhängige Störquellen: additive Grundstörung, störende Amplitudenmodulation und störende Frequenzmodulation. Weitere unabhängige Störungen können nicht existieren [7], daher gibt Abb. 8 ein Ersatzschaltbild des allgemein gestörten Kanals. In den Betrachtungen der bisherigen „klassischen" Informationstheorie existierte nur die additive Grundstörung.

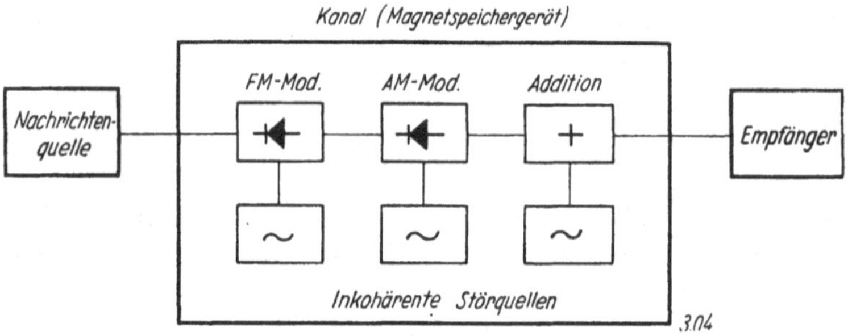

Abb. 8. Allgemein gestörter Übertragungskanal

Als zweidimensionale Erweiterung der Amplituden- und Frequenzstufen läßt sich eine Übertragungsfläche mit unterscheidbaren Signalen bilden. Solche Übertragungsflächen sind in ähnlicher Weise bereits für das Gehör z. B. von Jacobson [21], Feldtkeller und Zwicker [22], [23] angegeben worden. In erweiterter Form sind sie mittels eines speziellen Modells erklärbar [7], [24]. Mit einer Glasfaseroptik (Abb. 9a) sind optische Bilder vom linken Eingang zum rechten Ausgang übertragbar. Wird bei den Flächen waagerecht die Frequenz- und senkrecht die Amplitudenachse zugeordnet, so entspricht jeder einzelnen Faser genau eine bestimmte Frequenz mit fester Amplitude (Eingangssignal). Im Kanal wird durch die verschiedenen Störungen die Amplitude und

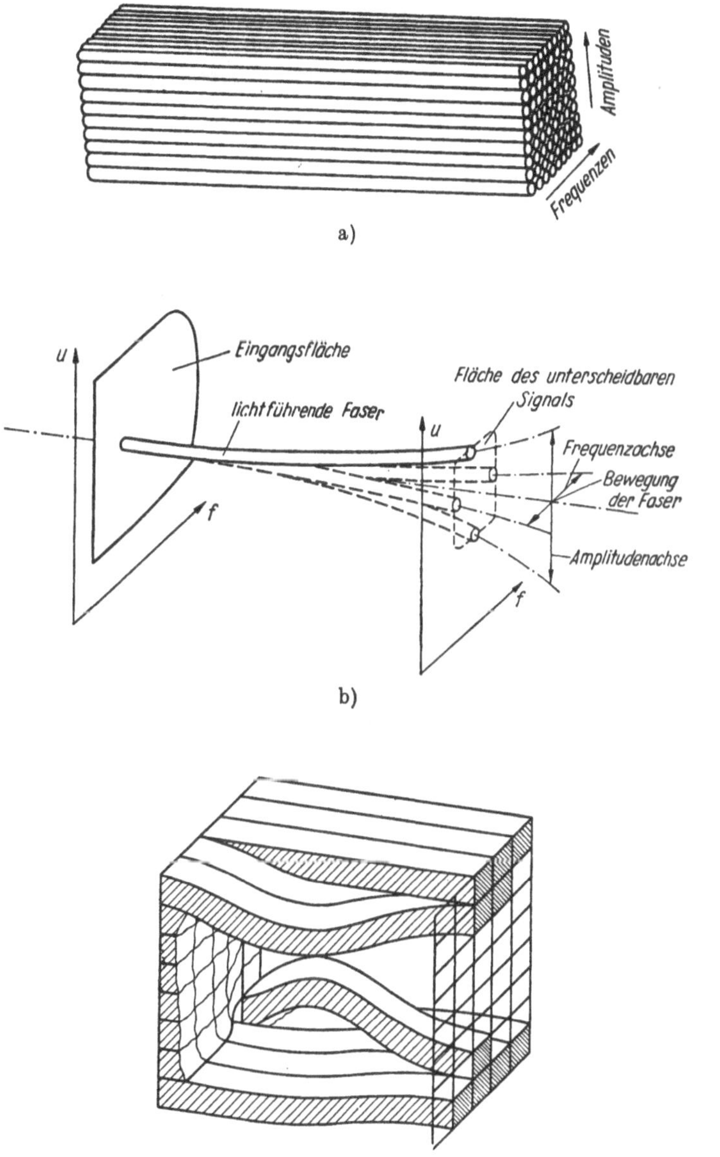

Abb. 9. Modell zur Veranschaulichung von unterscheidbaren Signalen

a) Glasfasermodell;

b) durch Störungen bewegte Glasfaser. Ihre Bewegung bildet den Lichtfleck des unterscheidbaren Signals;

c) quasistatisches Modell mit Eingangs- und Ausgangssignalfläche

Frequenz zum Ausgang hin verändert. Dies ist nachbildbar durch eine Bewegung der Fasern. Entsprechend Abb. 9b ruft dadurch jedes Signal eine unterscheidbare Signalfläche hervor. Die Summe dieser unterscheidbaren Flächen ergibt die Ausgangsübertragungsfläche. Für den klassischen Kanal und das Magnetband gilt Abb. 10 [7].

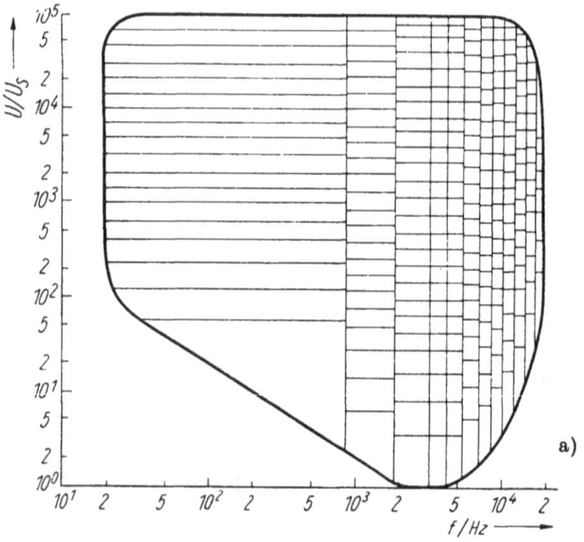

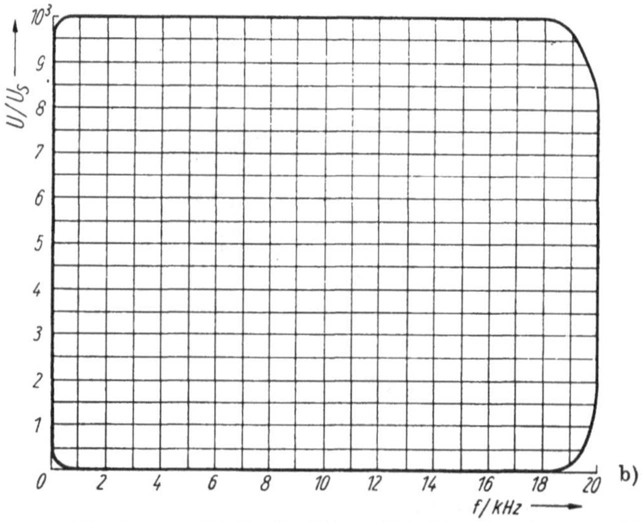

Abb. 10. a) Ausgangsübertragungsfläche des Magnetbandkanals mit $m = 10\%$; $u_g/u_s = 1000$; $A = 3 \cdot 10^{-3}$. Zur besseren Übersicht wurden jeweils 20 Frequenz- und zwei Amplitudenstufen zusammengefaßt. Beide Achsen sind *logarithmisch* geteilt;

b) Ausgangsübertragungsfläche eines klassischen Kanals mit $m = 0$; $u_g/u_s = 1000$; $A = 10^{-6}$. Es wurden bei *linearer* Teilung beider Achsen jeweils 500 Frequenz- und 50 Amplitudenstufen zusammengefaßt

Wird umgekehrt auf einen Punkt dieser Ausgangsfläche (festes Signal) Licht gegeben, so erscheint auf der linken Eingangsseite ebenfalls eine unterscheidbare Signalfläche. Alle diese Flächen ergeben analog eine Eingangsübertragungsfläche. Sie entspricht etwa der o. g. Fläche des Gehörs, dessen Darstellung nach JACOBSON Abb. 11 zeigt [21].

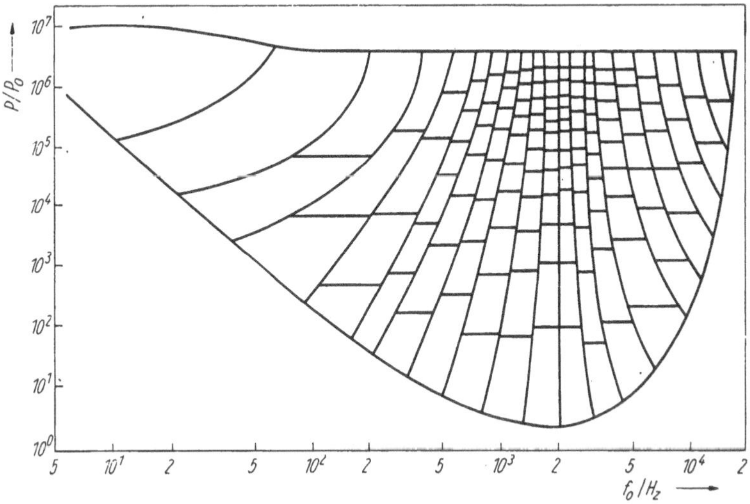

Abb. 11. Hörfläche (Eingangsübertragungsfläche) nach JACOBSON [18]. Zur besseren Übersicht wurden jeweils 25 Amplituden- und 10 Frequenzstufen zusammengefaßt. Beide Achsen sind logarithmisch geteilt

Von der Bewegung der Fasern kann abstrahiert werden, wenn die unterscheidbaren Eingangs- und Ausgangssignalflächen durch dickere statische Glasstäbe ersetzt werden. So entsteht Abb. 9c. Sie zeigt gleichzeitig, wie sich zuweilen diese Glasstäbe kreuzen können. Dies tritt vor allem bei nichtlinearen Übertragungssystemen, wie z. B. bei Modulatoren auf.

1.3. Information und Energie

1.3.1. Minimalenergie je bit

Von den drei Störungen des allgemeinen Kanals besitzt nur die additive Grundstörung eine physikalische Grenze. Die störenden Modulationen sind technischen Ursprungs. Für theoretische Betrachtungen genügt es daher, zunächst einen idealen, klassischen Kanal anzunehmen. Wegen Gl. (4) und (9) beträgt seine Kanalkapazität

$$C = 2\,B \operatorname{lb} \frac{u_g}{u_s}. \tag{33}$$

Zur größten Spannung gehört die Summe aus Nutzsignal- und Störleistung (P_n; P_{st}), während u_s nur durch die Störleistung gegeben ist. Folglich gilt

$$C = B \operatorname{lb} \frac{P_n + P_{st}}{P_{st}}. \tag{34}$$

Der Zusammenhang zwischen der Leistung und Kanalkapazität ergibt sich deutlicher, wenn durch die Nutzleistung dividiert wird. Der Quotient C/P_n ist dann auch als Verhältnis von Information I und Energie E interpretierbar [25], [26]:

$$\frac{I}{E} = \frac{C}{P_n} = \frac{B}{P_n} \operatorname{ld} \frac{P_n + P_{st}}{P_{st}} . \tag{35}$$

Das Minimum der Störleistung sei durch rein thermodynamische Erscheinungen bedingt. Mit der BOLTZMANN-Konstanten k und der thermodynamischen Temperatur T gilt bei Leistungsanpassung

$$P_{sth} = B\,k\,T . \tag{36}$$

Beträgt die Nutzenergie das z-fache, also

$$z = \frac{P_n}{B\,k\,T}, \tag{37}$$

so folgt nach dem Übergang zum natürlichen Logarithmus

$$\frac{I}{E} = \frac{1}{k\,T \ln 2} \cdot \frac{\ln 1 + z}{z} . \tag{38}$$

Dieser Ausdruck besitzt für $z \to 0$ sein Maximum. Dabei ist pro bit die Energie

$$E_{\min}/I = k\,T \ln 2 \tag{39}$$

aufzuwenden. Sie ist proportional der thermodynamischen Temperatur und beträgt auf 1 °K bezogen

$$\begin{aligned} k \ln 2 &= 0{,}96 \cdot 10^{-23}\ \mathrm{Ws/grd} \\ &= 0{,}23 \cdot 10^{-23}\ \mathrm{cal/grd} \\ &= 0{,}98 \cdot 10^{-24}\ \mathrm{kpm/grd} . \end{aligned}$$

1.3.2. Einfluß der Störungen

Bei $z \to 0$ ist der Störabstand einer Übertragung ebenfalls nahezu Null. Eine derartige Übertragung würde für jedes bit extrem lange Zeit benötigen. Deshalb wird u. a. bei praktischen Systemen mit endlichem, z. T. sogar recht großem Störabstand gearbeitet.

Aus den Gln. (33), (34) und (9) gelingt eine Verknüpfung zwischen z und der Anzahl der Amplitudenstufen zu

$$n_{AS}^2 = 1 + z . \tag{40}$$

Infolge des notwendigen Störabstandes muß die Energie je bit in Gl. (39) um den Faktor p erhöht werden:

$$p = \frac{n_{AS}^2 - 1}{2 \ln n_{AS}} . \tag{41}$$

Eine Auswertung dieses Zusammenhanges zeigt Abb. 12. Danach ist bei 100 Amplitudenstufen — das entspricht einem klassischen Kanal mit 40 dB Störabstand — bereits das 1000fache von E_m notwendig. Beim Studiobandgerät mit 27 Amplitudenstufen ist zumindest die 100fache Minimalenergie aufzuwenden [27].

Physikalisch bedeutet dieser Energiezusammenhang gemäß Gl. (38), daß eine Energieänderung ΔE eines Systems bei der Temperatur T höchstens mit der Genauigkeit $1/n_{AS}$ meßbar ist. Dieser Aspekt führt, ähnlich wie bei KAUFMANN, zu Querbeziehungen zur Ungenauigkeitsrelation [25].

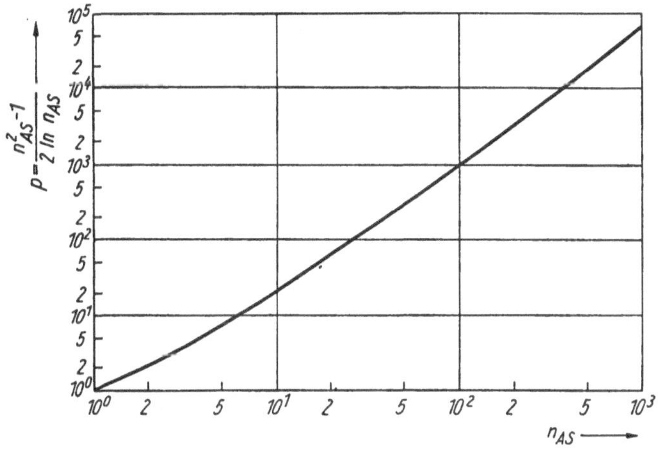

Abb. 12. Zusammenhang von notwendiger Energiesteigerung p bei einer Übertragung mit n_{AS} Amplitudenstufen

1.3.3. Energie- und Speicherdichte

Bei der Einteilung: Aufzeichnungsvorgang, Speicherzustand und Wiedergabevorgang sowie bei den Tabellen 4 bis 6 hatte die Energie grundlegende Bedeutung. Andererseits zeigte sich, daß die Speicherdichte ein sehr wichtiges Kennzeichen für Speicher ist. Nach den vorangegangenen Betrachtungen bietet sich daher eine unmittelbare, zunächst nur formal erscheinende Verknüpfung zwischen Speicherdichte c_v und Energiedichte g an.

Entsprechend der Definition von Gl. (14) mit Gl. (38) folgt $E/I = g/c_v$ oder

$$c_{v\,\max} = \frac{g}{p\,k\,T \ln 2} = \frac{2\,g \operatorname{lb} n_{AS}}{(n_{AS}^2 - 1)\,k\,T}. \tag{42}$$

Für die verschiedenen Energiearten gibt es nun für die Energiedichte und folglich auch für die Speicherdichte Grenzen. Für die Energiedichte zeigt Abb. 13 eine ergänzte Leiter von FEITSCHER [28]. Für die theoretische Grenze $p \to 1$ ($z \to 0$) zeigt sich, daß alle möglichen Speicherzustände eine Energiedichte um $10^{-2} \ldots 10^0$ Ws/cm³, also bei Zimmertemperatur 300 °K eine Speicherdichte um 10^{20} bit/cm³ besitzen [27]. Nur die chemischen, strukturellen und atomischen Speicher ermöglichen auf Grund der Energie z. T. wesentlich höhere Dichten.

Hier bildet jedoch die Anzahl der Atome die Grenze. Ist je Atom ein bit speicherbar, so schätzte schon CAMRAS die Grenze auf 10^{23} bit/cm³ ab [14]. Der mögliche Gewinn solcher Speicher beträgt also zumindest theoretisch nur 1000. Dieser Faktor ist vernachlässigbar, sobald die theoretische Grenze der normalen Verfahren von ca. 10^{20} bit/cm³ mit dem zur Zeit besten technischen Wert des Magnetbandspeichers von ca. 10^{7} bit/cm³ verglichen wird.

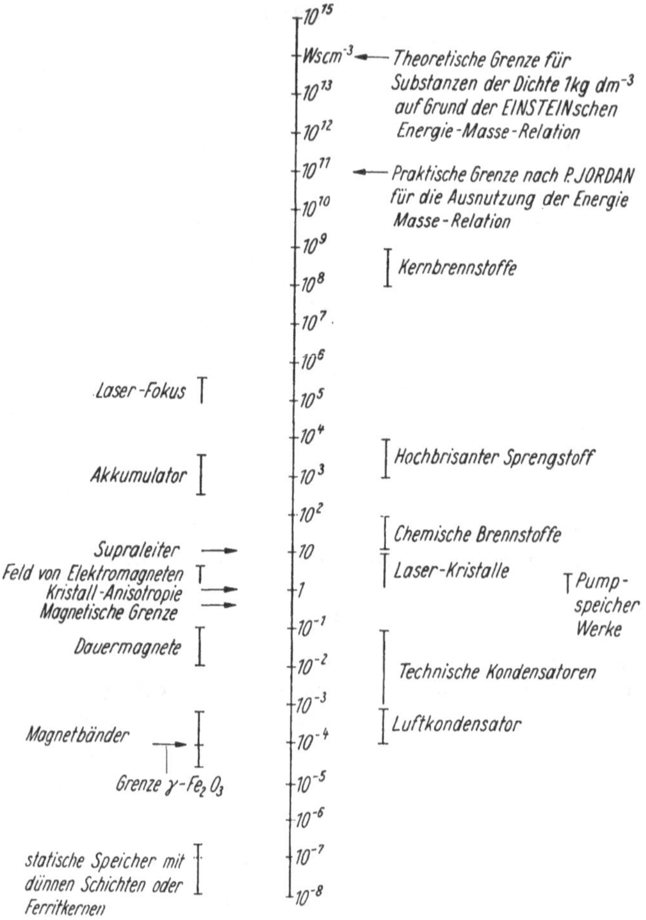

Abb. 13. Leiter der Energiedichte nach FEITSCHER [25] mit eigenen Ergänzungen

1.3.4. Probleme der magnetischen Speicherdichte

Die aus einem magnetischen Kreis maximal entnehmbare Energie ist durch das Energieprodukt $B_0 H_0$ gegeben. Hieraus ergibt sich auch die Energiedichte g_{magn} [29]. Den etwa höchsten Wert besitzt die Legierung AlNiCo 700 mit etwa $5 \cdot 10^{2-}$ Ws/cm³ ($7 \cdot 10^{8}$ Gauß · Oersted). FAHLENBRACH schätzt ab, daß maximal ein etwa 10facher Wert erreichbar sein müßte [30]. Die zugehörige

Speicherdichte um 10^{20} bit/cm³ zeigt recht gute Übereinstimmung mit den 64 Atomen, die für einen ferromagnetischen Bereich notwendig sind [31] bzw. mit den Ergebnissen des Superparamagnetismus. Dieser Wert wird noch besser, da für hohe magnetische Energiedichte der Füllfaktor des magnetischen Materials gering sein muß [30]. Der Verlust gegenüber der praktisch erreichten Speicherdichte von 10^7 bit/cm³ (Videoaufzeichnung) läßt sich in fünf Punkte einteilen [27]:

a) Die Größe der Magnetitteilchen liegt mit $1 \times 0, 1 \times 0{,}1\ \mu m^3 = 10^{-14}\ cm^3$ ohne Berücksichtigung des Füllfaktors etwa um einen Faktor 10^6 zu hoch.

b) Überwiegend aus mechanischen Gründen ist es heute nur möglich, Spuren von 0,2 mm mit einer Magnetisierungswellenlänge um $\lambda/2 = 2\ \mu m$ bei der Schichtdicke von 10 μm in einer Richtung zu magnetisieren. Das zugehörige Volumen entspricht etwa 10^5 Teilchen.

c) Der notwendige Störabstand erfordert einen Energieverlust von $p = 10$.

d) Sowohl die magnetische Energieübertragung (Anpassung) von Magnetband zum Magnetkopf als auch die elektrische Energieanpassung vom Magnetkopf zum Verstärker ist im notwendigen Frequenzbereich unvollkommen (Verlust 2...5).

e) Damit das Magnetband mechanisch bewegt werden kann, ist eine redundante Unterlage notwendig (Faktor 2...3).

Die Summe dieser Verluste ergibt ziemlich genau den fehlenden Faktor von 10^{13}. Die Betrachtung zeigt daher, wo z. Z. die größten Verluste auftreten und wie sie vermieden werden könnten. Sie zeigt aber auch, daß die magnetische Speicherung noch sehr zukunftsträchtig ist. Gegenüber den anderen möglichen Verfahren ist sie z. Z. am meisten erforscht, besitzt also bereits eine recht hohe technische Reife und ermöglicht eine leichte Umwandlung in elektrische Signale. Es ist nämlich anzunehmen, daß elektrische Signale in der Technik sehr lange Zeit ihre vorrangige Bedeutung behalten werden. Der mögliche theoretische Gewinn zum Atom-Struktur- oder Chemiespeicher von 10^3 ist nicht so bedeutend wie die noch beim Magnetismus vorhandenen Reserven.

1.3.5. Probleme des Aufzeichnungs- und Wiedergabevorganges

Die Energiekonzentration beim Aufzeichnungsvorgang bestimmt u. a. wesentlich die Speicherdichte (siehe b) in 1.3.4.). Zur Steigerung der Speicherdichte kommt es also auch darauf an, die Energiedichte bei der Aufzeichnung zu erhöhen. Bei den Magnetköpfen mit mechanischem Arbeitsspalt dürfte hier infolge der Rauhigkeit des Materials und der Permeabilitätsänderungen infolge der Bearbeitungen keine sehr große Steigerung für die kürzeste Wellenlänge mehr möglich sein. Vielleicht sind 0,5 μm erreichbar. Für die Spurhöhe wirken sich besonders mechanische Toleranzen aus. In der Schichtdicke sind mit besseren Materialien wahrscheinlich noch 1 bis 2 Größenordnungen erreichbar. Eine wesentliche Steigerungsmöglichkeit bietet dagegen die Lichtkonzentration

(Abb. 13; Laserfocus). Infolge der Beugung folgt die maximale Konzentration λ^3 [32], und zusätzlich steigt die Energie je Photon noch mit $1/\lambda$. Hier dürften also künftig mit hinreichend kurzen Wellenlängen alle Forderungen erfüllbar werden.

Die eben genannten Zusammenhänge gelten analog für den Wiedergabevorgang. Zusätzlich muß sich das Widergabesignal ausreichend vom Störpegel trennen lassen. Die Energie des Speicherzustandes ist also möglichst vollständig in das Wiedergabesignal zu überführen. Die Anpassungsfragen (siehe c) und d) in 1.3.4.) gehören also eindeutig hierher. Bei der zerstörungsfreien Wiedergabe darf der absorbierte Anteil der eingestrahlten Energie prinzipiell nicht ganz die Höhe des Speicherzustandes erreichen. Damit bleiben die erzielbaren Energieänderungen immer ein wenig unter dem Energiewert des Speicherzustandes. Die zerstörungsfreie Wiedergabe besitzt theoretisch eine etwas geringere Speicherdichte. Infolge der zulässigen Energie gibt es für die magneto-optische Wiedergabe eine Grenze. Dazu sei angenommen, daß im Beugungsvolumen λ^3 gerade die Photonenenergie $h\,c/\lambda$ absorbiert wird (h ist die PLANCKsche Konstante und c die Lichtgeschwindigkeit). Dann ergibt sich mit der Energiedichte g für die kürzeste mögliche Wellenlänge

$$\lambda^4 \geqq \frac{h\,c}{g}. \tag{43}$$

Mit dem magnetischen Grenzwert für g folgt so $\lambda = 2 \cdot 10^{-6}$ cm und daraus eine wiedergebbare Speicherdichte zu $5 \cdot 10^{16}$ bit/cm³. Dieser Wert liegt zwar weit über den heute erreichbaren Größenordnungen, aber auch mehr als drei Zehnerpotenzen unterhalb der theoretischen Grenzen [27].

1.4. Anwendung der Informationstheorie

1.4.1. Anpassung von Kanälen

Nach 1.2. ist jeder Kanal durch vier Kerngrößen: Störabstand, störende Amplitudenmodulation, störende Frequenzmodulation und Bandbreite gekennzeichnet. Eine andere, aber gleichwertige Beschreibungsart ist durch die Stufenzahl und Stufenverteilung in der Amplituden- und Frequenzachse gegeben. Diese Vorstellungen führten zum allgemeinen Kanalmodell von Abb. 9.

Jedes Signal, sei es die Sprache, Musik, Fernschreiberimpulse oder dgl., besitzt ähnliche Eigenschaften und kann auf die gleiche Art beschrieben werden [7]. Für die fehlerfreie Übertragung und natürlich auch Speicherung haben vorhandene Eigenschaften des Kanals den minimalen Signalforderungen zu genügen. Solange der Kanal zumindest über alle notwendigen Signalflächen in ausreichender Kleinheit verfügt, ergeben sich keine Probleme. Meist wird es aber notwendig sein, Umordnungen zwischen den Signalflächen des Kanals gegenüber denen des Signals vorzunehmen. Hierzu dient vor dem Kanal (Speicher) ein Anpassungskanal, der die Signale verändert. Um später wieder die ursprünglichen Signale zu erhalten, ist daher hinter den Kanal (Speicher) ein zum ersten Anpassungskanal reziproker Kanal zu schalten. Beide Anpassungskanäle sollen

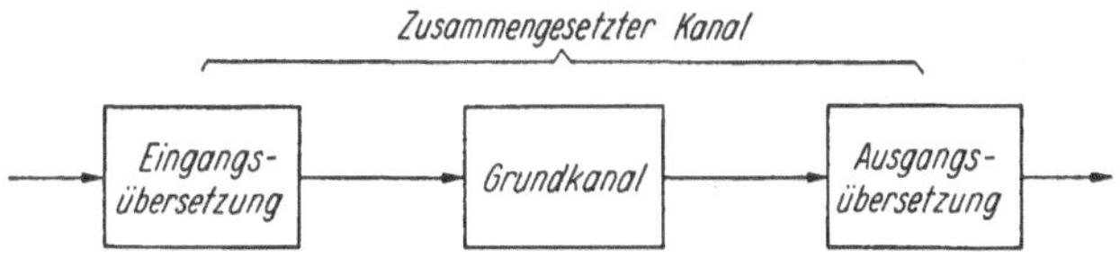

Abb. 14. Aufbau des zusammengesetzten Kanals

Ein- bzw. Ausgangsübersetzung, der eigentliche Kanal Grundkanal (Index g) und die Summe aller zusammengesetzter Kanal (Index z) genannt werden (Abb. 14). In den meisten Fällen sind die Werte des Grundkanals (Speicher, Kabel, Leitung)und die Werte des Signals (Sprache, Musik, spezielle elektronische Datenübertragung) gegeben. Die Eingangs- und Ausgangsübersetzung folgen dann hieraus.

1.4.2. Speicherung von Meßwerten

Die Untersuchungen für die ideale Verteilung der Amplitudenstufen bei Meßvorgängen führten zum Fehlerintegral [19]. Als sehr gute Näherung folgt daraus eine lineare Amplitudenstufenverteilung. Da das Magnetbandgerät aber gerade überwiegend eine logarithmische Verteilung besitzt, ist es unmittelbar für die Meßtechnik wenig geeignet. Zur Anpassung müssen also spezielle Eingangs- und Ausgangsübersetzungen geschaffen werden. Diese Betrachtung führt zunächst zu nichtlinearen Kennlinien. Abb. 15 zeigt den Zusammenhang anschaulich:

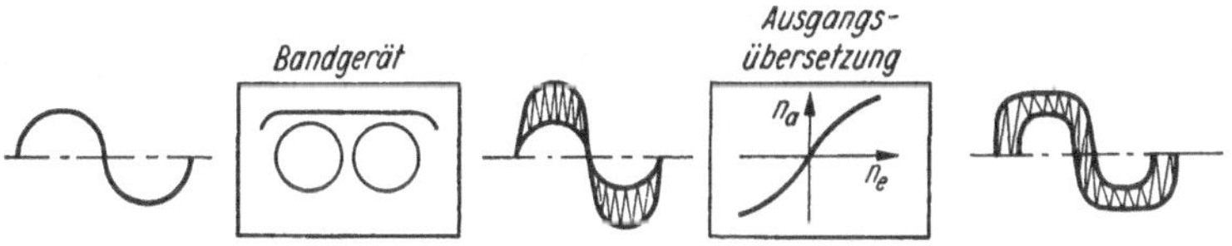

Abb. 15. Beseitigung der störenden Amplitudenmodulation durch eine nichtlineare Kennlinie

Auf ein Magnetbandgerät wird eine Sinusschwingung gegeben. Bei der Wiedergabe sind die großen Momentanwerte absolut betrachtet stärker gestört als die kleinen. Diese Abhängigkeit der Breite der Amplitudenstufen vom Signalwert ist durch eine nach großen Eingangswerten weniger steile Kennlinie zu beseitigen. Das Signal wird dadurch aber gleichzeitig in Richtung zur Rechtecktform verzerrt. Dies ist durch eine reziproke Eingangsübersetzung vermeidbar (Abb. 16).

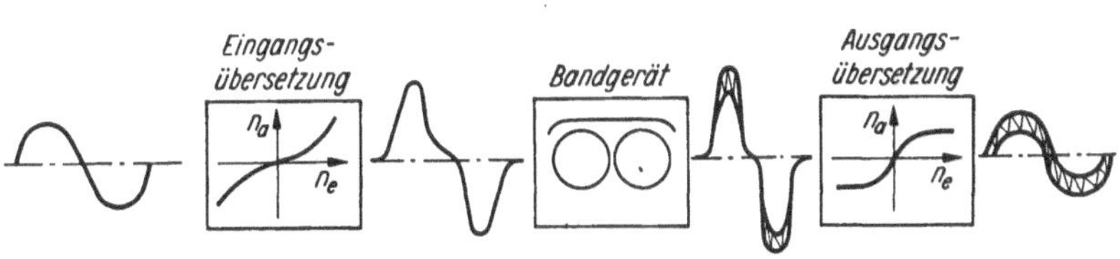

Abb. 16. Signalübertragung mit reziproken Kennlinien

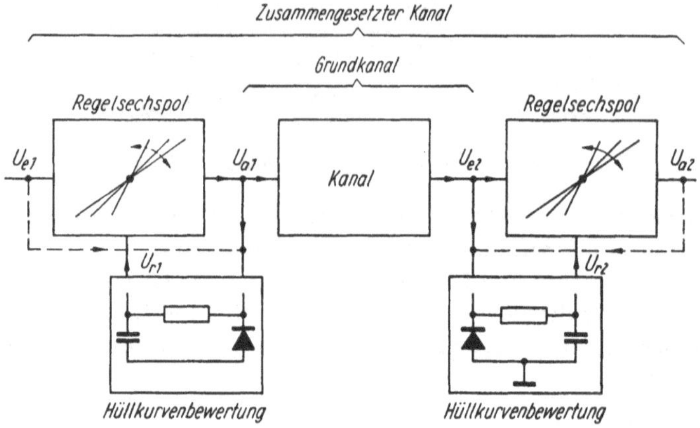

Abb. 17. Prinzip der reziproken Dynamikregelung

Bei der Ausführung reziproker Kennlinien zeigt sich, daß es sehr schwierig ist, nichtlineare Verzerrungen zu vermeiden. Hierzu müßten nämlich die Kennlinien der Ein- und Ausgangsübersetzung für jeden Punkt exakt reziprok sein. Ein brauchbarer Ausweg ergibt sich durch die reziproke Dynamikregelung [7], [33] bis [35]. Hierbei werden entsprechend Abb. 17 die Kennlinien mit solchen, untereinander gleichen Zeitkonstanten verstellt, daß nur eine Hüllkurvenbewertung erfolgt. Dadurch können keine Nichtlinearitäten, sondern nur viel weniger störende Dynamikfehler auftreten. Statt der sonst üblichen Fehler von 10% und 60 dB Störabstand sind dann 2% mit ca. 30 dB Störabstand erreichbar.

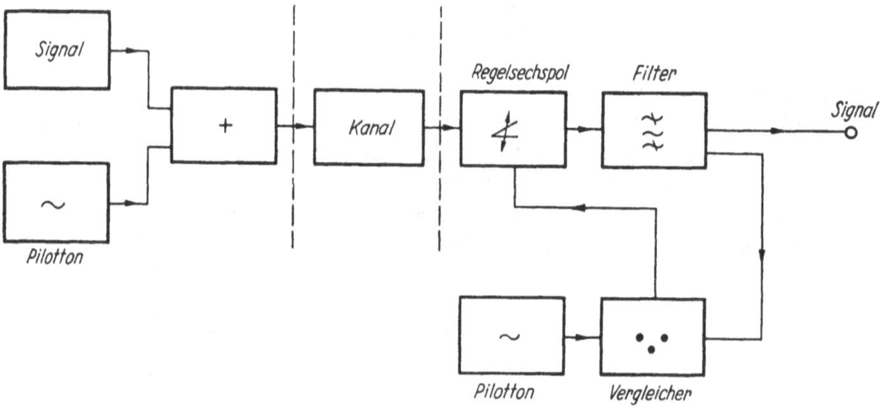

Abb. 18. Anordnung für ein Pilotverfahren zur Minderung der störenden Amplitudenmodulation

Mit Hilfe eines speziellen Pilottonverfahrens gelingt es teilweise, die störende Amplitudenmodulation zu kompensieren [7], [33], [36]. Gemäß Abb. 18 wird ein konstanter Pilotton mit dem Signal übertragen. Hinter dem Magnetbandgerät wird er mittels eines Filters vom Signal getrennt. Da Amplitude und Frequenz des Polittones bekannt sind, lassen sich mittels einer Regelschaltung seine Schwankungen und damit auch weitgehend die Amplitudenschwankungen des Signals beseitigen. Auch hierbei sind Fehler um 2% erreichbar [36]. In diesem Zusammenhang sei noch erwähnt, daß sich ähnliche Methoden auch bezüglich der Frequenzstufen bewähren [7], [37].

1.4.3. Anpassung durch Frequenzmodulation

Eine besondere Anpassung des Magnetspeichergerätes an die Eigenschaften der Signale erfolgt durch Modulationen. Beim Magnetbandgerät kommen vor allem Frequenz- und Pulsdauermodulation sowie Kodierung in digitale Signale als spezielle Form der Pulscodemodulation zur Anwendung [33], [37]. Von der informationstheoretischen Seite ist bisher nur die Frequenzmodulation genauer behandelt. Sie wird hauptsächlich bei der Speicherung von Maßwerten und Videosignalen benutzt.

Bei der Frequenzmodulation ist der Signalinhalt nur im Zeitpunkt oder Ort der Nullstellen der zu übertragenden bzw. zu speichernden Schwingung enthalten. Eine Begrenzung der Hochfrequenzschwingung verändert also nicht ihren Modulationsinhalt. Durch eine Begrenzung sind aber alle Einflüsse und Auswirkungen der störenden Amplitudenmodulation des Grundkanals (Speichergerätes) unterdrückbar. Vom Grundkanal bleiben dann nur noch die Auswirkungen des Gleichlauffehlers A_g und des Störabstandes s_g für den zusammengesetzten Kanal wirksam.

Bei der üblichen Frequenzmodulation ist die relative Spannungsänderung

$$u_e = U_e/U_g \tag{44}$$

der relativen Frequenzänderung

$$\Omega_M = \frac{f_h - f_0}{f_0} \tag{45}$$

proportional. Es bedeuten U_g die größte der Eingangsspannungen U_e, f_h die Momentanfrequenz bei $U_e = 0$ und f_0 die Trägerfrequenz für $U_e = 0$. Zwischen dem Grundkanal und dem zusammengesetzten Kanal bestehen dann die Relationen gemäß Abb. 19 [7].

Der neue Gleichlauffehler setzt sich aus dem Gleichlauffehler des Grundkanals und den vom Störabstand hervorgerufenen Nullstellenverschiebungen zusammen.

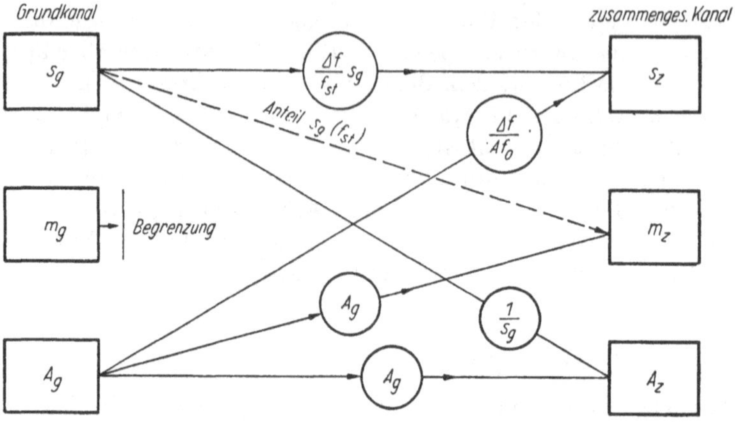

Abb. 19. Übergang der Kenngrößen des Grundkanals zu denen des linear frequenzmodulierten zusammengesetzten Kanals

Eine störende Amplitudenmodulation tritt einmal bei einem frequenzabhängigen Störabstand auf. Zum anderen bewirkt der Gleichlauffehler gemäß Abb. 20 einen weiteren Anteil. Für jede Momentanfrequenz existiert nach der linearen Demodulation die Amplitudenbreite $A\ f_h$. Sie ist also stark vom Signal abhängig.

Der neue Störabstand ist um so größer, je weiter der Frequenzhub Δf gewählt wird. Außerdem gehen noch wesentlich die Störfrequenz f_{st} und der Gleichlauffehler A ein.

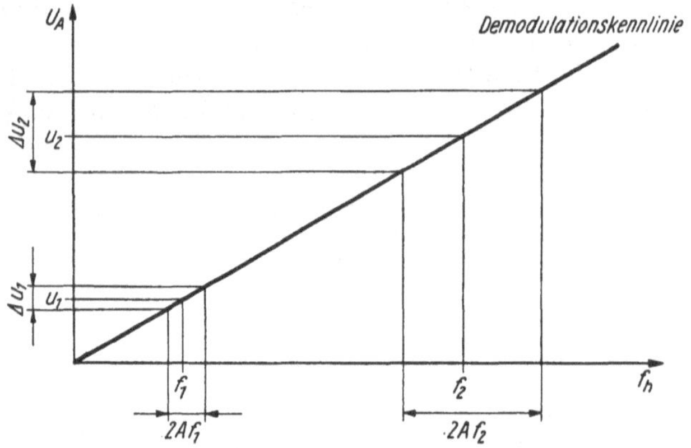

Abb. 20. Zum Einfluß des Gleichlauffehlers bei Frequenzmodulation

Vielfach begrenzt der Gleichlauffehler ganz wesentlich den Störabstand der frequenzmodulierten Speicherung. Unter Vernachlässigung der anderen Einflüsse ist die erreichbare Genauigkeit durch $A(f_0/\Delta f)$ gegeben. Der Frequenzhub kann maximal gleich der Trägerfrequenz sein. Technisch übliche Werte liegen bei 0,4. Bei Gleichlauffehlern von 10^{-3} sind mit Frequenzmodulation also recht hohe Reproduktionsgenauigkeiten erreichbar.

1.4.4. Exponentialfrequenzmodulation

Die normale lineare Frequenzmodulation erfüllt nur bedingt die Forderungen nach einer Gleichverteilung der Amplitudenstufen. Gemäß Abb. 19 rührt dies aus dem frequenzabhängigen Störabstand und dem Gleichlauffehler her. Da die Auswirkungen des Gleichlauffehlers meist überwiegen, sei angenommen, daß sie allein die störende Amplitudenmodulation des zusammengesetzten Kanals hervorruft. Dann führt eine Exponentialfrequenzmodulation zu einer linearen Amplitudenstufenverteilung [38].

Aus einer nichtlinearen Demodulationskennlinie

$$u_a = D(f_h) \tag{46}$$

läßt sich die Demodulationssteilheit gemäß

$$s_d(f_h) = \frac{d\,D(f_h)}{d\,f_h} \tag{47}$$

berechnen.

Die durch den Gleichlauffehler A hervorgerufene Störspannung nach dem Demodulator beträgt dann

$$U_{st} = A\,f_h\,s_d(f_h)\,. \tag{48}$$

Mit einer Konstanten k muß für ihre Frequenzunabhängigkeit

$$s_d(f_h) = \frac{k}{f_h} \tag{49}$$

gelten, folglich ergibt sich

$$u_a = \int \frac{k}{f_h}\,d\,f_h = k \ln \frac{f_h}{f_0}\,. \tag{50}$$

Für eine lineare Kennlinie des zusammengesetzten Kanals muß die Modulationskennlinie die Umkehrfunktion, also eine Exponentialkennlinie sein. Bei dieser Exponentialmodulation ergibt sich vor allem bei großem Hub eine Steigerung der Genauigkeit und des Störabstandes. Für das Verhältnis r der Amplitudenstufen bei exponentieller und linearer Modulation in Abhängigkeit vom relativen Frequenzhub $\Delta\Omega = \Delta f/f_0$ ergibt sich nach [38]

$$r = \frac{\lg \frac{1 + \Delta\Omega}{1 - \Delta\Omega}}{\lg\,(1 + 2\,\Delta\Omega)}\,.$$

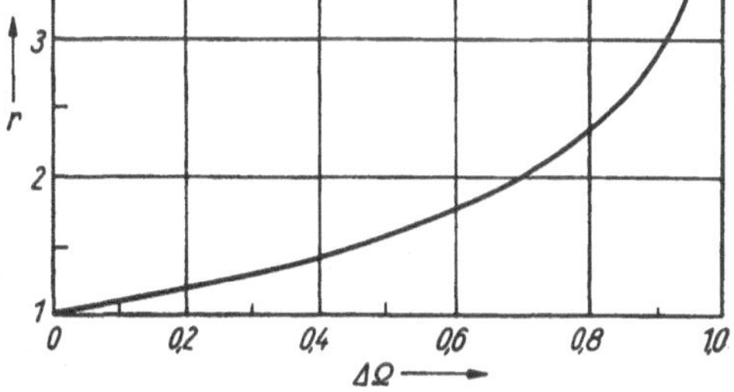

Abb. 21. Amplitudenstufengewinn der Exponentialfrequenzmodulation in Abhängigkeit vom Frequenzhub

Eine Auswertung zeigt Abb. 21. Der Gewinn der Exponentialmodulation wird danach erst bei Hüben über 30% wesentlich. Erste Ansätze für eine technische Realisierung dieser Modulation sind in [39] enthalten.

1.4.5. Einfluß der Spurhöhe

Auf einem Magnetband werden häufig unterschiedliche Spurhöhen benutzt. Für die Schallaufzeichnung mit dem Standardband sind heute die Vollspur-, Halbspur- und Viertelspurtechnik üblich. Es läßt sich zeigen [40] (siehe auch Kapitel 4), daß der Störabstand mit der Quadratwurzel aus der Spurhöhe h_{sr} zunimmt:

$$\frac{u_g}{u_s} = \left(\frac{u_g}{u_s}\right)_0 \cdot \sqrt{\frac{h_{sr}}{h_0}} . \tag{51}$$

Die Größe h_0 stellt eine Einheitsspurhöhe dar.

Über die störende Amplitudenmodulation liegen bisher keine so genauen Ergebnisse vor. Aus verschiedenen Betrachtungen [41] bis [46] kann aber für den Modulationsgrad mit einer Konstanten m zumindest näherungsweise

$$m = m_0 \sqrt{\frac{h_0}{h_{sr}}} \tag{52}$$

gefolgert werden. Diese Beziehung wird wahrscheinlich für sehr schmale Spuren ungenau, weil dann m größer als 1 werden kann. Solche Werte wären auch nicht durch die Fehlstellen eines Magnetbandes erklärbar. Ohne physikalische Erklärung dürfte ein Ansatz mit den Konstanten h_1 und m_1 in der Form

$$m = m_1 \cdot e^{-h_{sr}/h_1} \tag{53}$$

günstiger sein. Infolge mangelnder Unterlagen und bequemerer Rechnung sei jedoch Gl. (52) benutzt. Da in Gl. (22) das Produkt von m und u_g/u_s vorkommt, gibt es dann eine von der Spurhöhe unabhängige Bandkonstante [47]

$$K_{st} = 2\,m \frac{u_g}{u_s} + 1 . \tag{54}$$

Ihr Zahlenwert liegt für die üblichen Bänder bei etwa 200, und es folgt

$$n_{AS} = \frac{\sqrt{h_{sr}/h_0}}{2\,m_0}\left[\ln K_{st} - \ln\,(1 + 2\,m_0)\sqrt{\frac{h_0}{h_{sr}}}\right] + 1 . \tag{55}$$

Für nicht zu schmale Spuren

$$h_{sr} > 4\,h_0\,m_0^2 \tag{56}$$

ergibt sich mit der Amplitudenstufenzahl

$$n_0 = \frac{\ln K_{st}}{2\,m_0} , \tag{57}$$

deren Zahlenwert für Standardband bei rund 30 liegt, die Näherung

$$n_{AS} \approx n_0 \sqrt{\frac{h_{sr}}{h_0}} . \tag{58}$$

Bis zur Grenze gemäß Gl. (56) nimmt die Amplitudenstufenzahl also mit der Wurzel aus der Spurhöhe zu. Für Standardband ergibt sich die Grenze zu $h_{sr} > 60\ \mu m$. Oberhalb dieser Grenze wirkt überwiegend die störende Amplitudenmodulation. Eine zu Gl. (58) ähnliche Beziehung folgerte allein aus dem Störabstand gemäß Gl. (51) bereits früher ELDRIDGE [48].

1.4.6. Mehrspurtechnik

Schmale Spuren werden meist gleichwertig und nebeneinander auf einem Magnetband aufgezeichnet. Damit die gegenseitige Beeinflussung gering bleibt und an das Transportwerk nicht zu hohe Forderungen zu stellen sind, bleibt zwischen den Spuren eine ungenutzte Fläche. Das Verhältnis der genutzten zur ungenutzten Fläche sei mit Flächenausnutzung η_F bezeichnet. Nach Tabelle 8

Tabelle 8

Flächenausnutzung bei verschiedenen gebräuchlichen Mehrspuranordnungen. (*) entspricht zugleich der Nutzbreite des 35 mm Magnetfilms

Bandbreite mm	Spurzahl	Spurhöhe mm	Flächenausnutzung %
6,25 (1/4″)	1	6,25	100
	2	2,5	80
	4	1	64
	6	0,6	57
12,7 (1/2″)	7	1,05	59
	12	0,6	57
19 (3/4″)	16	0,8	67
25,4 (1″) (*)	4	3,6	57
	6	2,5	59
	12	1,4	66
	16	0,8	50
50,4 (2″)	Video (Ampex)	0,254	63

beträgt sie für die meisten Mehrspurtechniken etwa 0,6. Auf einem Magnetband der Breite h_B sind mit Spurhöhen h_{sr} also

$$p = \eta_F \frac{h_B}{h_{sr}} \tag{59}$$

Spuren unterzubringen. In jeder Spur sind dabei die n_{AS} Stufen von Gl. (55) bzw. (58) zu speichern. Die Kanalkapazität ist der Kombination der zugehörigen möglichen Zweierschritte proportional:

$$n_Z = p \operatorname{lb} n_{AS} \,. \tag{60}$$

Mit Gln. (55), (58) und (59) folgt

$$n_Z = p \operatorname{lb} \left\{ \frac{\sqrt{\eta/p}}{2\, m_0} \left[\ln K_{st} - \ln \left(1 + \frac{2\, m_0}{\sqrt{\eta_F/p}} \right) \right] + 1 \right\}. \tag{60a}$$

Eine graphische Auswertung dieser Funktion zeigt Abb. 22. Die Anzahl der Zweierschritte steigt danach zunächst mit p an, durchläuft ein Maximum und strebt steil gegen Null. Bereits im Maximum ist der Störabstand in fast allen möglichen Fällen kleiner als 2 [47]. Für eine technische Nutzung muß also etwas

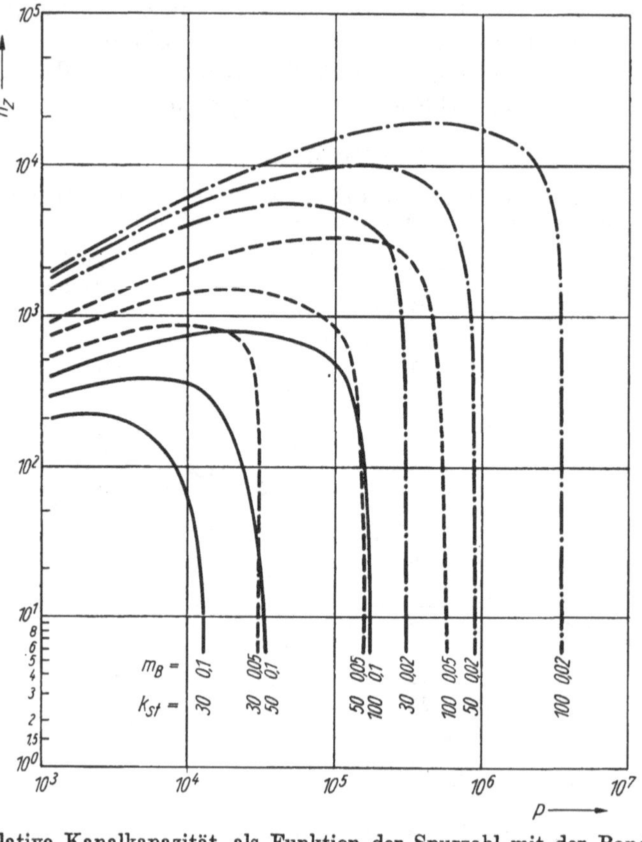

Abb. 22. Relative Kanalkapazität als Funktion der Spurzahl mit der Bandkonstanten K_{st} und dem Störmodulationsgrad m_0 als Parameter

unterhalb des Maximums gearbeitet werden. Es ist dann sinnvoll, den Störabstand durch n_{AS} vorzugeben. Aus Gl. (54), (60) und (61) folgt so

$$n_{AS} - 1 = \sqrt{\frac{\eta_F}{p}} \cdot \frac{1}{m_0} \ln \frac{2\, m_0 \frac{u_g}{n_s} + 1}{2\, m_0 \sqrt{\frac{p}{\eta_F}} + 1}. \tag{61}$$

Mit den Näherungen

$$\sqrt{\frac{p}{\eta_F}} \gg 1\,, \tag{62a}$$

$$2\,m_0 \frac{u_g}{u_s} \gg 1\,, \tag{62b}$$

$$\ln \sqrt{\frac{\eta_F}{p}} \approx \sqrt{\frac{\eta_F}{p}} - 1 \tag{62c}$$

folgt die auswertbare Lösung

$$p \approx \frac{\eta_F}{(n_{AS} - 1)^2} \frac{\left(1 - \ln \frac{u_g}{u_s}\right)^2}{4\,m_0^2}\,. \tag{63}$$

Für $\eta_F = 0{,}6$ und $n_{AS} = 2$ zeigt Abb. 23 die Auswertung. Beim Standardband ergeben sich um 1000 Spuren und Spurhöhen um einige μm. Der Gewinn gegenüber der Vollspurspeicherung errechnet sich daraus zu Werten zwischen 100 und einigen 1000 [47].

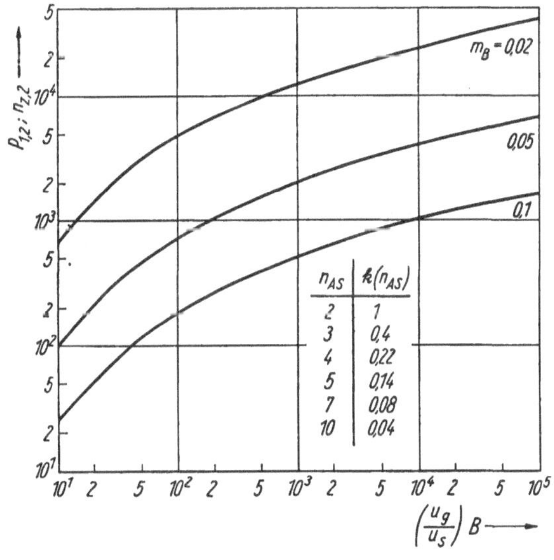

Abb. 23. Relative Kanalkapazität als Funktion des Störabstandes mit dem Störmodulationsgrad als Parameter

1.4.7. Einfluß von Frequenzgängen

Die magnetische Speicherung besitzt eine starke Frequenzabhängigkeit des Störabstandes. Sie ist zumindest näherungsweise mit der Bandflußdämpfung

$$\Phi = \Phi_{01} \cdot e^{-\lambda_1/\lambda} \tag{64}$$

und der Spaltfunktion

$$\Phi = \Phi_{02} \frac{\sin \frac{\pi l}{\lambda}}{\frac{\pi l}{\lambda}} \tag{65}$$

beschreibbar. Dabei bedeuten Φ_{01} und Φ_{02} konstante Werte des Bandflusses Φ, λ_1 eine experimentell zu bestimmende (charakteristische) Wellenlänge λ des Magnetbandes und l die wirksame Spaltweite des Wiedergabekopfes. Für die induktive Wiedergabe bei der Geschwindigkeit v lautet dann mit der Konstanten K die frequenzabhängige Wiedergabespannung

$$U_w(f) = K f \frac{\sin \frac{\pi l f}{v}}{\frac{\pi l f}{v}} e^{\frac{\lambda_1 f}{v}} . \tag{66}$$

Für ein unentzerrtes Magnetbandgerät ist dieser Zusammenhang in Gl. (22) für die Amplitudenstufen einzusetzen:

$$n_{AS}(f) = \frac{1}{2m} \ln \frac{2m \frac{U_w(f)}{U_{st}}}{2m+1} + 1 , \tag{67}$$

und die Kanalkapazität würde sich gemäß

$$C = 2 \int_{f_{un}}^{f_{ob}} \mathrm{lb}\, n_{AS}(f)\, d f \tag{68}$$

berechnen lassen. Dieser Weg führt zu großen mathematischen Schwierigkeiten. Deshalb hat STRAUBEL [49] Gl. (67) für $m = 0{,}1$ innerhalb des praktisch notwendigen Bereiches mit einem Fehler von $\pm$ 25% durch die Funktion

$$n_{AS} = 4{,}35 \left[\frac{u_g}{u_s} \cdot g(f)\right]^{0{,}22} \tag{69}$$

genähert. Die so erhaltenen Ergebnisse zeigen unter anderem, daß bei den jetzigen Bändern im wesentlichen die Bandfußdämpfung nach Gl. (64) die Kanalkapazität begrenzt und erst wesentlich später die Spaltfunktion einen Einfluß hat. In der Arbeit wurde weiter gefunden, daß durch die Wiedergabeentzerrung die Kanalkapazität zusätzlich sinkt.

1.5. Probleme der Zugriffszeit und Übertragungsfrequenz

1.5.1. Ein- und Ausgabe von Informationen

Jeder Speicher kann nach 1.2. als Übertragungsvierpol betrachtet werden. Er besitzt dadurch eine obere Grenzfrequenz für den Aufzeichnungs- und Wiedergabevorgang. Im Gegensatz zu sonstigen Vierpolen ist es durch den eingeschobenen Speicherzustand jedoch möglich, die Grenzfrequenzen des Aufzeichnungs- und Wiedergabevorganges abweichend zu wählen. Dies erfolgt einfach, indem beide Geschwindigkeiten v_A und v_W bewußt unterschiedlich gewählt werden. Ihr Verhältnis wird dann häufig als Transponierungsfaktor H bezeichnet [50], [51]. Mit der Aufzeichnungs- und Wiedergabefrequenz f_A bzw. f_W gilt

$$H = \frac{v_W}{v_A} = \frac{f_W}{f_A}. \tag{70}$$

Dieser Zusammenhang ist für die Informationstechnik von großer Wichtigkeit. Die verschiedenen Informationssysteme besitzen nämlich sehr unterschiedliche Informationsflüsse (Abb. 24). Sie können ökonomisch miteinander nur arbeiten, wenn ein Pufferspeicher mit unterschiedlichem Informationsfluß für Ein- und Ausgang zwischengeschaltet wird [1].

Es möge z. B. ein Fernschreiber mit einer Geschwindigkeit von 50 bit/s über eine Leitung, die 1000 bit/s zuläßt, betrieben werden. Sie wäre dadurch nur zu 1/20 ausgenutzt. Wird dagegen zunächst ein Magnetbandgerät angeschaltet, so nimmt es die schnelle Zeichenfolge auf und gibt sie später mühelos langsamer an den Schreiber. Von einer Leitung können so viele Fernschreiber versorgt werden.

Wesentlich schwerwiegender ist der Unterschied in dem von Menschen zu erzeugenden bzw. aufzunehmenden Informationsfluß und den technischen Forderungen und Möglichkeiten. Sie sind durch die extremen Informationsflüsse bei der Nachrichtenübertragung, automatischen Meßtechnik, elektronischen Rechentechnik usw. bedingt. Demgegenüber ist die automatische Zeichenerkennung nur in den Ansätzen gelöst. Deshalb muß der „langsame" Mensch insbesondere bei Eingaben, immer wieder mitwirken. Durch mangelhafte Organisation erfolgt dies z. Z. sogar öfter als notwendig.

Ein Manuskript wird z. B. zunächst diktiert oder mit der Hand, dann mit der Schreibmaschine geschrieben und danach gesetzt oder in einen Lochstreifen umgeformt, der die Setzmaschine steuert. Für die Referateorgane oder die Übernahme in andere Sekundärliteratur vollzieht sich dann erneut derselbe Vorgang.

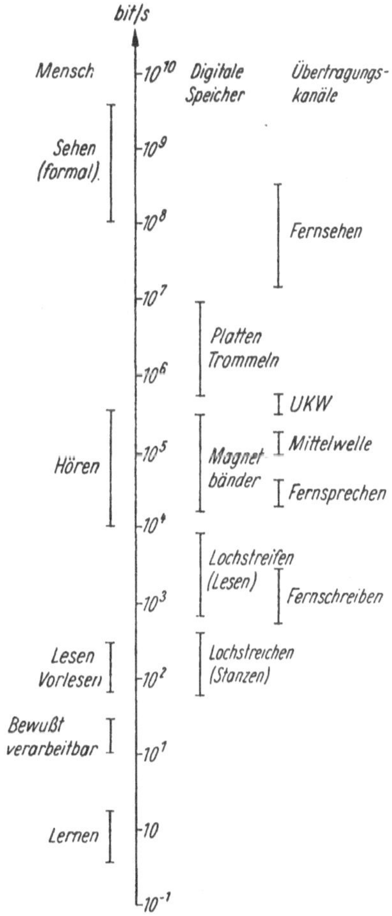

Abb. 24. Leiter verschiedener Informationsflüsse

Bei einem Buch, das mittels Lochstreifen gesetzt vorliegt, wird das Sachregister nicht etwa aus dem Lochstreifen, sondern wieder von Hand angefertigt.

Die volle Anwendung der schon vorhandenen Technik wird häufig durch subjektive Vorbehalte erschwert, da z. B. die Daten auf dem Magnetband nicht direkt lesbar sind. Aber auch hier zeichnen sich wertvolle Entwicklungen ab. So gibt es schon heute Anlagen, welche die jeweils neuesten Ergebnisse per Anruf akustisch reproduzieren.

1.5.2. Zusammensetzung der Zugriffszeit

Jeder Speicher ist im wesentlichen durch die speicherbare bit-Zahl N und die Zugriffszeit T_z gekennzeichnet. Erwähnt wurde die Zugriffszeit bereits in 1.2.5. Den Zusammenhang zwischen bit-Zahl, Speicherdichte und Zugriffszeit zeigt Abb. 25. Sie setzt sich aus drei Zeitanteilen zusammen [1], [52], [53]:

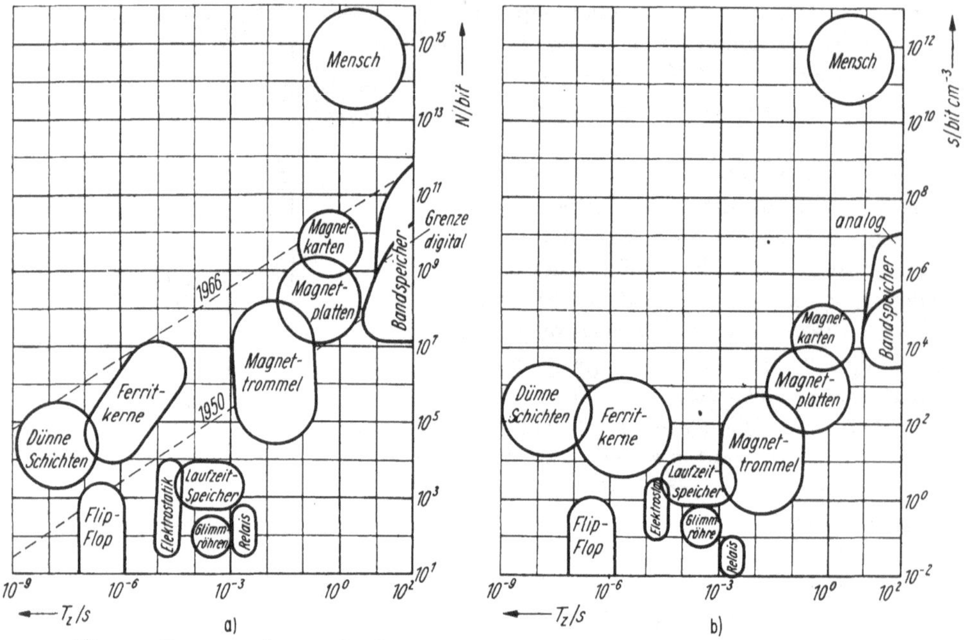

Abb. 25. Zusammenhänge der Zugriffszeit gegenüber der speicherbaren bit-Zahl (a) und der Speicherdichte (b)

Die *Totzeiten* T_0 treten bei jeder Informationswiedergabe auf. Sie sind unabhängig von der bit-Zahl und Speicherdichte und etwa konstant. Sie beruhen ausschließlich auf technisch konstruktiven Merkmalen des Speichers. Sie können daher in den folgenden Betrachtungen außer acht gelassen werden.

Die *Suchzeiten* T_W sind die mittleren Wiedergabezeiten in einer bereits gewählten Spur (Magnetband, -trommel, -platte, -karte). Sie schwanken statistisch zwischen 0 und einem Maximalwert (Umlaufzeit der Trommel, Wiedergabezeit des gesamten Magnetbandes). Ist X die Länge der Spur und v_W die Geschwindigkeit in der Spur, so gilt

$$T_s = \frac{X}{2\,v_w}. \tag{70}$$

Für die *Vorwahlzeiten* T_v gilt analog ähnliches. Nur erfolgt hier keine Wiedergabe. Ein Magnetkopf kann zufällig an der richtigen Stelle oder extrem falsch stehen. Wird er mit der Geschwindigkeit v_v bewegt und ist der Weg zwischen den extremsten Spuren $2\,L$, so gilt

$$T_v = L/v_v\,. \tag{71}$$

Es läßt sich zeigen, daß durch geschickte Kombination dieser drei Anteile für jede Anwendung ein optimaler Kompromiß für die Zugriffszeit erreichbar ist. Es lassen sich dabei hauptsächlich die lineare Wiedergabe, die einfache und die gestaffelte Ortsvorwahl unterscheiden [53].

1.5.3. Lineare Wiedergabe

Es möge ein Magnetband der Länge X vorliegen, und es möge nur in einer Längsspur die Aufzeichnung und Wiedergabe erfolgen. Für jedes bit werde dabei die Länge x benötigt, so daß insgesamt $n = X/x$ bit speicherbar sind. Erfolgt die Wiedergabe mit der Geschwindigkeit v_w, so berechnet sich die Zugriffszeit nach Gl. (70) zu

$$T_z = \frac{N\,x}{2\,v_w}. \tag{72}$$

Hat das Band die Breite Y und Dicke Z, so ist sein Volumen V durch das Produkt XYZ gegeben. Das pro bit notwendige Volumen xYZ ist als Würfel mit einer Kantenlänge x_+ interpretierbar. Es gilt

$$x_+ = a\,x \qquad \text{mit} \qquad a = \sqrt[3]{\frac{Y\,Z}{x^2}}\,. \tag{73}$$

Für eine normierte Zugriffszeit gilt daher

$$t_z = \frac{T_z\,2\,v_w}{x_+} = \frac{N}{a}\,. \tag{74}$$

Die Speicherdichte als reziprokes Volumen je bit berechnet sich damit zu

$$s = \frac{N}{V} = \frac{1}{x\,Y\,Z} = \frac{1}{x_+^3}\,. \tag{75}$$

Für die Zugriffszeit bei konstanter bit-Zahl N ergibt sich daher

$$T_z = \frac{N}{2\,a} \cdot \frac{1}{v_w\,s^{1/3}}\,. \tag{76}$$

Sie nimmt mit wachsender Geschwindigkeit und geringer mit wachsender Speicherdichte ab. Gemäß Gl. (75) ist das für konstantes N notwendige Volumen reziprok zur Speicherdichte.

Anders werden die Relationen, wenn statt auf die bit-Zahl auf das Volumen bezogen wird:

$$T_z = \frac{V}{2a} \cdot \frac{s^{2/3}}{v_w}. \tag{77}$$

Dann wächst die bit-Zahl mit s (Gl. (75)), und die Zugriffszeit nimmt schwächer mit $s^{2/3}$ zu. Der Einfluß der Wiedergabegeschwindigkeit ist unverändert.

Beim flächenhaften Speicher wird je bit ein Rechteck der Abmessungen x und y benötigt. Aus diesem Grunde sind X/x Spuren in y-Richtung oder Y/y Spuren in x-Richtung möglich. Sie können mit der Geschwindigkeit v_W der Reihe nach zeilenweise durchlaufen werden. Beim räumlichen Speicher ist dieser Vorgang in die z-Ebene fortzusetzen. Die vorangegangenen Betrachtungen gelten dann automatisch und ohne wesentliche Änderung auch für diese Fälle.

1.5.4. Einfache Ortsvorwahl

Es sei ein Speicher mit N bit Nutzinformation gegeben. Die Wiedergabe von Informationen erfolgt jeweils in Gruppen zu P bit. Im Speicher existieren daher $n = N/P$ Anfangsorte. Zur eindeutigen Kennzeichnung jedes Anfangsortes und damit zu seiner direkten Anwahl sind dann mindestens ld n bit notwendig. Zur direkten Anwahl aller Anfangsorte sind also insgesamt n ld n bit zusätzlich zu speichern. Mit der schon eingeführten Länge der 1-bit-Zelle x_+ gilt für das Gesamtvolmen des Speichers

$$V_{\text{ges}} = N\, x_+^3 \left(1 + \frac{1}{P} \operatorname{ld} \frac{N}{P}\right). \tag{78}$$

Die Speicherdichte berechnet sich daraus gemäß Gl. (75). Die Volumen das Nutz- und Hilfsspeichers seien kugelförmig gestaltet. Ihre Radien betragen dann

$$r_N = x_+ \sqrt[3]{\frac{3N}{4\pi}} \tag{79}$$

bzw.

$$r_H = x_+ \sqrt[3]{\frac{3}{4\pi} \frac{N}{P} \operatorname{ld} \frac{N}{P}}. \tag{80}$$

Sie entsprechen gleichzeitig den mittleren Wegen für die Vorwahlzeiten. Der Einfachheit halber sei angenommen, daß für den Nutz- und Hilfsspeicher gleichartige Konstruktionen benutzt werden, dann setzt sich die Zugriffszeit aus vier Teilen zusammen: Wiedergabe der Gruppe zu P bit und der zugehörigen Ortskoordinate mit ld (N/P) bit sowie Ortswahl im Nutz- und Hilfsspeicher:

$$T_{\text{ges}} = \frac{x_+}{2 v_w}\left(P + \operatorname{ld} \frac{N}{P}\right) + \frac{x_+}{v_v} \frac{3}{4\pi}\left(\sqrt[3]{\frac{3N}{4\pi}} + \sqrt[3]{\frac{3}{4\pi} \frac{N}{P} \operatorname{ld} \frac{N}{P}}\right). \tag{81}$$

Es sei angenommen, daß $v_v = v_0$ gelte, dann ergibt sich für die nach Gl. (74) normierte Zugriffszeit

$$t_z = P + \operatorname{ld} \frac{N}{P} + \sqrt[3]{\frac{3N}{4\pi}}\left(1 + \sqrt[3]{\frac{1}{P} \operatorname{ld} \frac{N}{P}}\right). \tag{82}$$

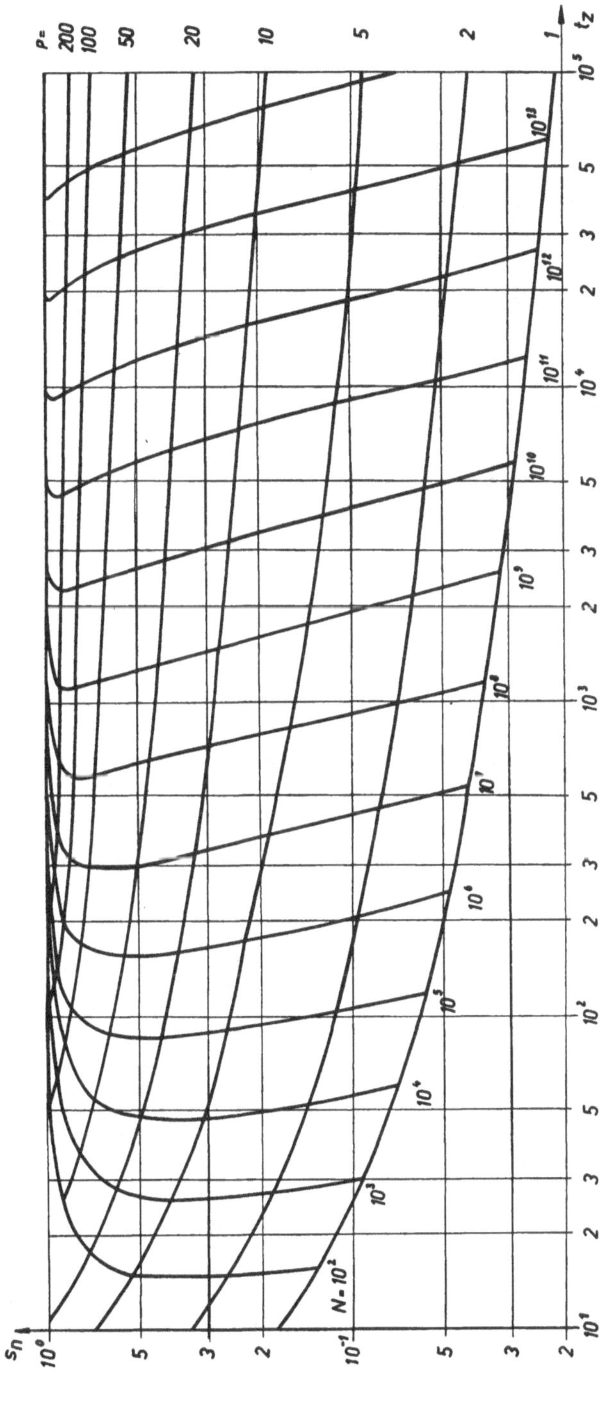

Abb. 26. Parameterdarstellung für Speicherdichte s_n und Zugriffszeit t_z bei der einfachen Ortsvorwahl

In einer ähnlich normierten Speicherdichte kann von der Länge x_+ abgesehen werden:

$$s_n = \frac{1}{1 + \frac{1}{P} \operatorname{ld} \frac{N}{P}}. \tag{83}$$

Beide Gleichungen sind als Parameterdarstellung von N und P in Abb. 26 dargestellt. Es zeigt sich daraus, daß es für jedes N ein P mit minimaler Zugriffs-

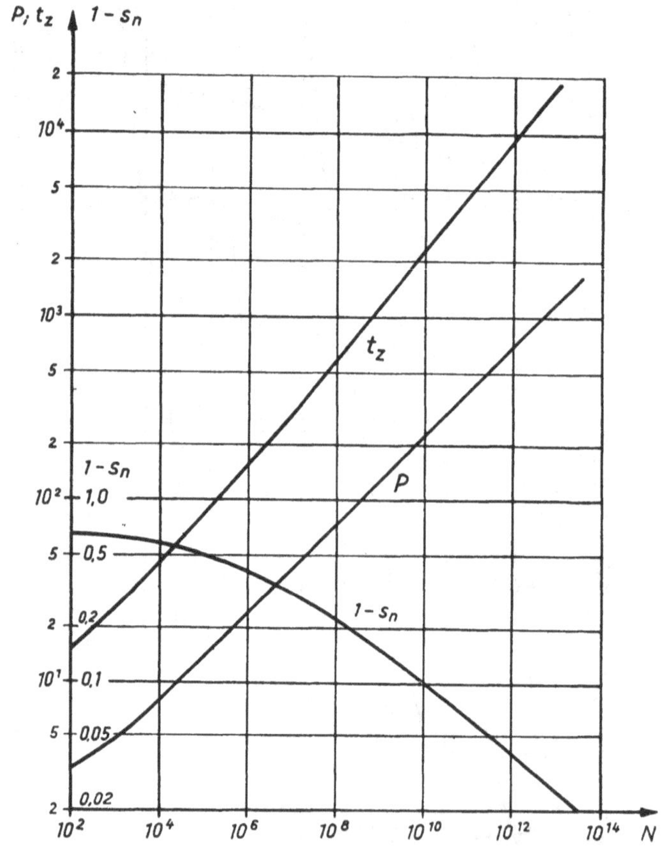

Abb. 27. Optimale Werte für die einfache Ortsvorwahl

zeit gibt. Sie ist um Größenordnungen geringer als bei linearer Wiedergabe. Die zugehörigen optimalen Werte sind aus Abb. 27 zu entnehmen. Auffallend ist dabei, daß bei wachsender bit-Zahl die Speicherdichte sehr viel langsamer abnimmt als die Zugriffszeit zunimmt und daß die Zugriffszeit bei dieser optimalen Gestaltung nur etwa mit $N^{1/3}$ zunimmt.

1.5.5. Gestaffelte Ortsvorwahl

Es sei eine Speicherhierarchie gemäß Abb. 28 gegeben. Sie besteht aus vielen gleichen Elementarspeichern zu je z Zeilen. In jeder Zeile sind 2 ld z bit speicherbar. Die erste Hälfte (ld z) enthalte Merkmale entsprechend dem Sachregister eines Buches und die zweite Hälfte Ortskennzeichen dafür, wo weiteres über

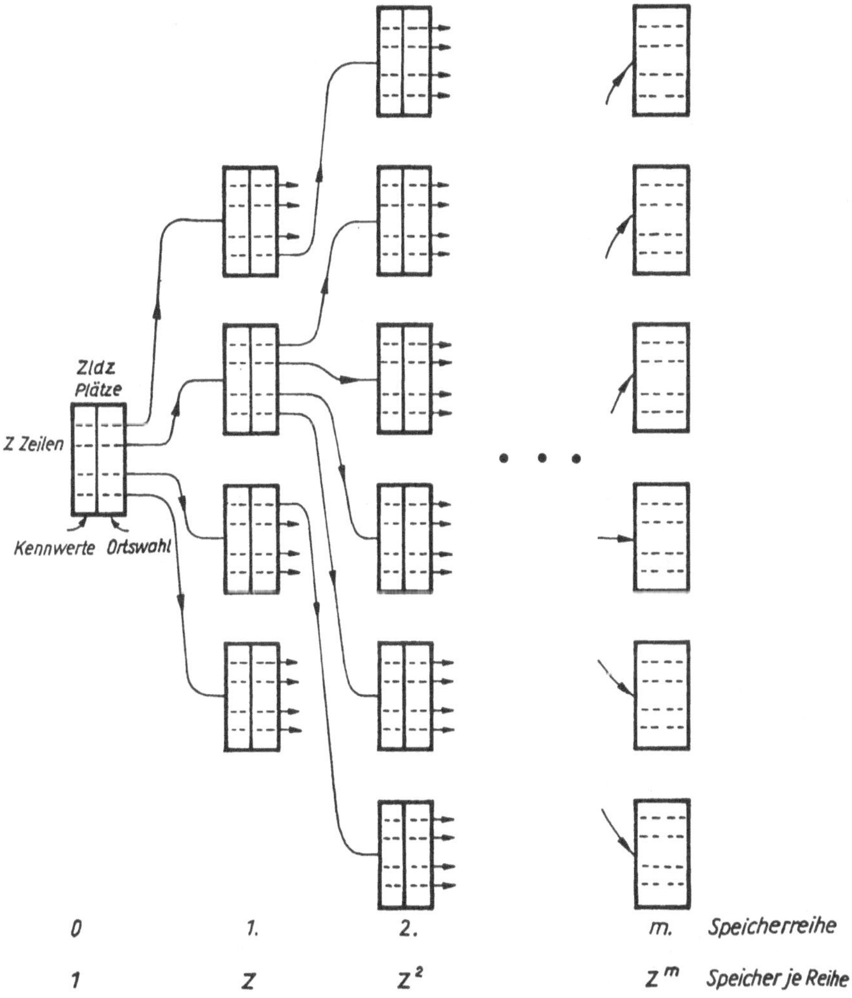

Abb. 28. Aufbau einer Speicherhierarchie für die gestaffelte Ortsvorwahl

das Sachwort zu finden ist. Es müssen also zunächst z Zeilen mit der Länge ld z auf das Kennwort hin durchsucht werden, dann wird anschließend von der zugehörigen Zeile die Ortsangabe des Speichers der folgenden Speicherreihe wiedergegeben. In dem ausgewählten Speicher wird durch Suchwahl ein weiteres spezielles Kennwort ausgewählt, eine tiefergehende Ortskennzahl erhalten und zum entsprechenden Speicher der nächsten Speicherreihe weitergegangen. Der Vorgang ist fortsetzbar bis zur m-ten Reihe (der Ausgangsspeicher heiße 0-te Reihe). In dieser Reihe existieren dann genau z^m Speicher mit je $2\,z\,\mathrm{ld}\,z$ Speicherplätzen, also insgesamt

$$N = 2\,z^{m+1}\,\mathrm{ld}\,z \tag{84}$$

Nutzinformation. Die ersten m Speicherreihen (0 bis $m-1$) dienen also nur zur gestaffelten Vorwahl der Nutzinformation in der m-ten Speicherreihe. Nach der erfolgten Vorwahl beträgt der Umfang der zusammenhängend wiedergebbaren Information

$$P = 2\,z\,\mathrm{ld}\,z\,. \tag{85}$$

Die gesamte speicherbare Information aller Speicher, also einschließlich derer für die Ortswahl, beträgt

$$\begin{aligned} N_{\text{ges}} &= (z + z^2 + z^3 + \cdots + z^{m+1})\,2\,\mathrm{ld}\,z \\ &= 2\,z^{m+1}\,\mathrm{ld}\,z\left(1 + \frac{1}{z} + \frac{1}{z^2} + \cdots + \frac{1}{z^m}\right). \end{aligned} \tag{86}$$

Mit Gl. (84) und für $z > 1$ und große m (genau bei $m \to \infty$) wird daraus

$$N_{\text{ges}} \leqq N\,\frac{z}{z-1}\,. \tag{87}$$

Selbst im ungünstigsten Fall $z = 2$ ($P = 4$) ist höchstens die doppelte Speicherzahl wie bei reiner Suchwahl entsprechend 1.5.3. notwendig. Für größere z werden wesentlich günstigere Verhältnisse möglich. Gemäß 1.5.4. ist also auch hier die Minderung der Speicherdichte so gering, daß sie vielfach zu vernachlässigen ist.

Berechnung der Zugriffszeit

Die verschiedenen Kennwörter in den m Speicherreihen werden mit der Geschwindigkeit v_w ausgesucht. Die anschließende Wiedergabe der Ortskoordinaten und der Endinformation muß jeweils vollständig erfolgen. Die Summe dieser Zeitanteile ist der unumgängliche Anteil dieser Speicherart [53]:

$$T_1 = \frac{x_+}{2\,v_w}\,[m\,(2 + z) + 4\,z]\,\mathrm{ld}\,z\,. \tag{88}$$

Im allgemeinen wird nicht die Speicherreihenzahl m, sondern die dadurch bedingte speicherbare bit-Zahl N interessieren. Mit Gl. (84) ergibt sich so für die bereits normierte Zeit

$$t_1 = \frac{2\,T_1\,v_w}{x_+} = (2 + z)\,\mathrm{ld}\,\frac{N}{2\,\mathrm{ld}\,z} + (3\,z - 2)\,\mathrm{ld}\,z\,. \tag{89}$$

Hierin fehlen nur noch die Zeiten für die Ortswahl der Speicher innerhalb der einzelnen Speicherreihen. Sind die Speicherzellen jeweils kleine identische Bandspeicher, so sind die bis auf eine Totzeit unmittelbar anzuwählen. Eine andere Variante besteht darin, daß jede Speicherreihe gemäß 1.5.4. ein Kugelvolumen füllt. Der Radius der einzelnen Speicher bestimmt dann mit der Geschwindigkeit v_v den Zeitanteil für die Zugriffszeit

$$T_v = \frac{x_+}{2\,v_v}\sqrt[3]{\frac{3}{4\,\pi}}\left\{\sqrt[3]{2\,z^2\,\mathrm{ld}\,z} + \sqrt[3]{2\,z^3\,\mathrm{ld}\,z} + \cdots + \sqrt[3]{2\,z^m\,\mathrm{ld}\,z}\right\}. \qquad (90)$$

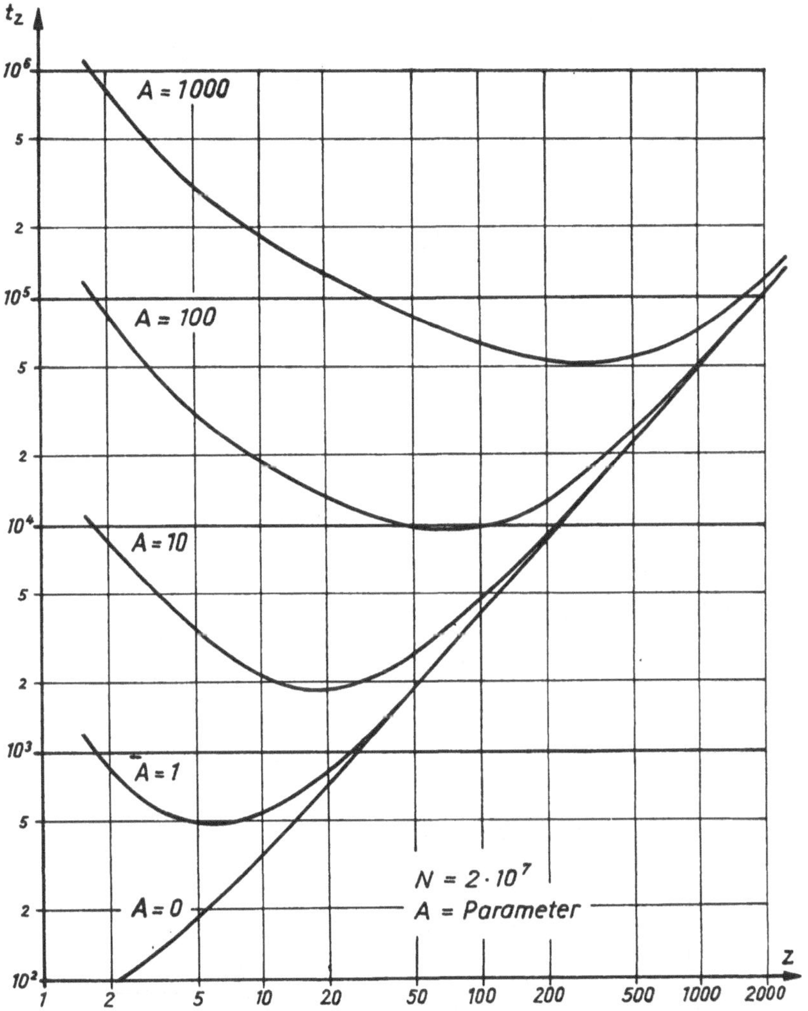

Abb. 29. Normierte Zugriffszeit bei gestaffelter Vorwahl für $N = 2 \cdot 10^7$ und A als Parameter

Für große z und m kann die Reihe wieder genähert werden, und mit Normierung und unter Benutzung von Gl. (84) und Addition von Gl. (89) folgt für die normierte Zugriffszeit

$$t_z = (2 + z)\frac{\mathrm{ld}\,N}{2\,\mathrm{ld}\,z} + (3\,z - 2)\,\mathrm{ld}\,z + A\sqrt[3]{N}\cdot\frac{1}{\sqrt[3]{z - 1}}. \qquad (91)$$

Gl. (91) ist als Funktion von z für $N = 2 \cdot 10^7$ mit A als Parameter in Abb. 29 dargestellt. Es zeigt sich, daß es für jedes A eine Zeilenlänge z mit minimaler Zugriffszeit gibt. Sie ist allgemein in Abb. 30 dargestellt. Abb. 31 zeigt die Verhältnisse zwischen den drei genannten Verfahren.

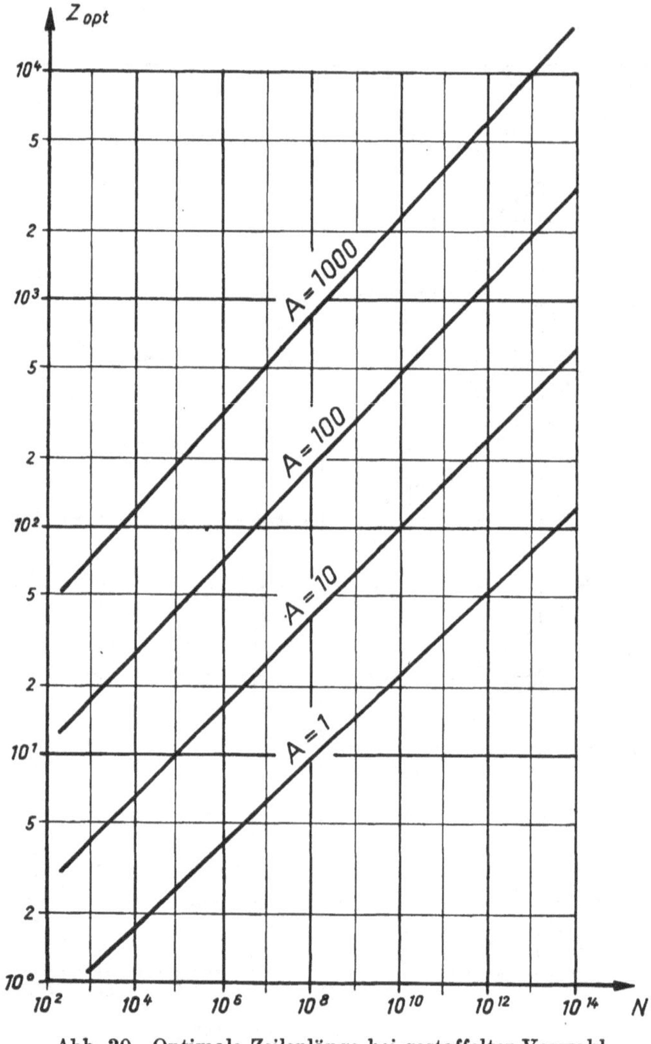

Abb. 30. Optimale Zeilenlänge bei gestaffelter Vorwahl

1.6. Beeinflussung der Daten eines Speichers

Aus den vorausgegangenen Betrachtungen läßt sich ermitteln, daß die Daten eines Speichers in zwei Gruppen einteilbar sind. Eine Gruppe ist die, die den Anwender von Speichern interessiert. Dies ist hauptsächlich die Zugriffszeit und Spei-

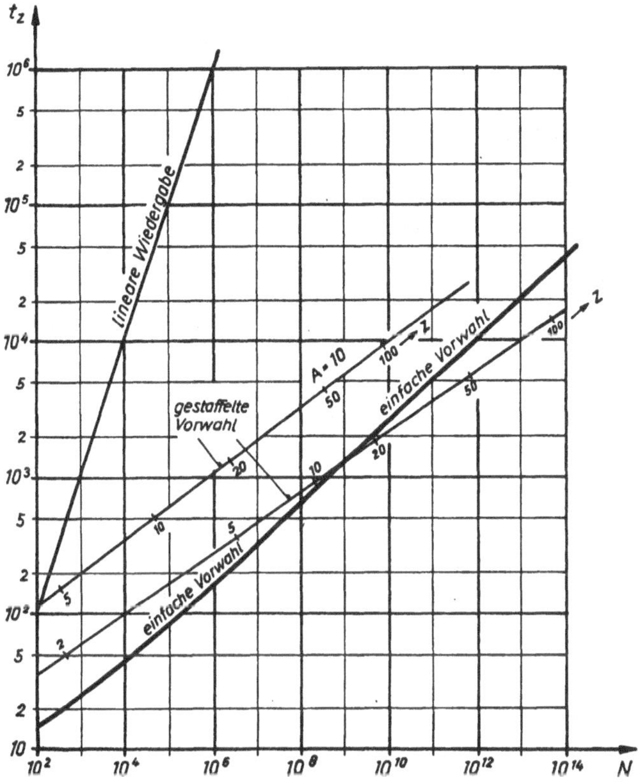

Abb. 31. Vergleich der optimalen Zugriffszeiten bei linearer Wiedergabe, einfacher und gestaffelter Vorwahl

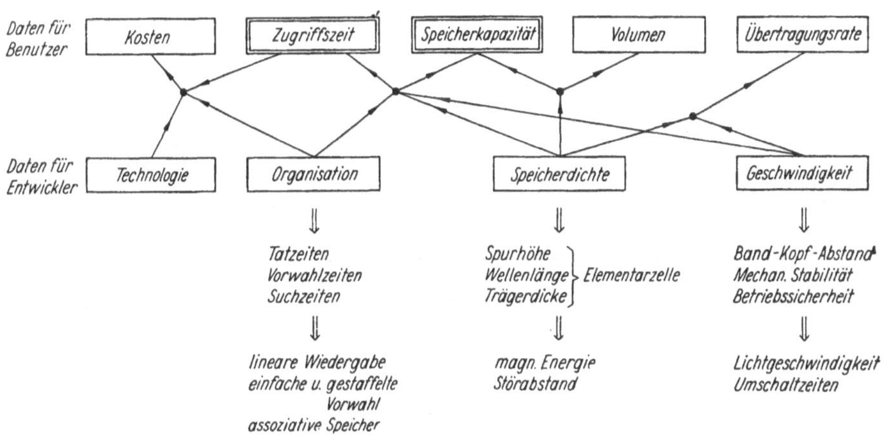

Abb. 32. Zusammenhang zwischen anwendungstechnischen und konstruktiv ausnutzbaren Daten eines Speichers

cherkapazität, aber auch der Preis, das Volumen und die Übertragungsrate. Für den Entwickler von Speichern kommt es darauf an, diese Daten optimal zu gestalten. Hierfür stehen ihm vor allem die Speicherdichte, die verschiedenen Geschwindigkeiten sowie die Organisation und Technologie des Speichers zur Verfügung. Die Zusammenhänge zwischen diesen Größen sind in Abb. 32 dargestellt. Relativ einfach ist danach der Zusammenhang zwischen Übertragungsrate, Speicherdichte und Geschwindigkeit. Ebensolche einfachen Relationen bestehen auch zwischen Speicherkapazität, Speicherdichte und Volumen. Komplizierter hängt der Preis bereits von der Technologie, Organisation und Zugriffszeit ab. Die weiteren noch komplizierteren Zusammenhänge wurden bereits diskutiert. Zwischen Zugriffszeit und Speicherkapazität folgt bei linearer Speicherung $t_z \sim N$ bei gestaffelter Vorwahl $t_z \sim N^{1/3}$, während die Praxis der Abb. 25a etwa $t_z \sim N^{1/2}$ ergibt, wobei a um 1950 10^{-5} und um 1966 rund 10^{-7} s bit $^{-0,5}$ betrug. Als wichtigste Größe für alle Zusammenhänge zeichnet sich aus Abb. 32 noch deutlich die Speicherdichte ab.

1.7. Literatur

[1] Völz, H.: Versuch einer systematischen und perspektivischen Analyse der Speicherung von Informationen, Die Technik **20** (1965) H. 10, S. 650–659.

[2] Völz, H., und Müller, M.: Neue Wege der Speicherung von Informationen, Spektrum **13** (1967) H. 3, S. 83–90.

[3] Völz, H.: Versuch einer Theorie der Speicherung. Wiss. Z. Hochschule f. Architektur und Bauwesen Weimar **14** (1967), H. 3, S. 314–320.

[4] Meyer-Eppler, W.: Grundlagen und Anwendungen der Informationstheorie, Springer-Verlag, Berlin-Göttingen-Heidelberg 1959.

[5] Koristka, Chr.: Die Magnettonaufzeichnung – ihre technische Leistungsfähigkeit, kriminalistische Bedeutung und strafprozessuale Stellung, Dissertation an der Humboldt-Universität Berlin 1966.

[6] Koristka, Chr., und Straubel, R.: Zu einer Theorie des Informationsflusses und der Informationsspeicherung bei kriminalistischen Untersuchungen, Staat und Recht **16** (1967), H. 1, S. 52–67.

[7] Völz, H.: Betrachtungen zur Signalübertragung bei allgemein gestörten Kanälen, Habilitationsschrift an der Humboldt-Universität Berlin 1964.

[8] Fey, P.: Informationstheorie, Akademie-Verlag, Berlin 1963.

[9] Küpfmüller, K.: Die Systemtheorie der elektrischen Nachrichtenübertragung, S. Hirzel Verlag, Stuttgart 1949.

[10] Zemanek, H.: Elementare Informationstheorie, R. Oldenbourg, Wien-München 1951.

[11] Neidhardt, P.: Informationstheorie und automatische Informationsverarbeitung, VEB Verlag Technik, Berlin 1964.

[12] Shannon, C. E.: Communication in the presence of noise, Proc. IRE **37** (1949), S. 10 bis 27.

[13] Fischer, F.: Informationstheorie, In: Handbuch für Hochfrequenz- und Elektrotechniker, Bd. IV, Verlag für Radio-Foto-Kinotechniker, Berlin 1957.

[14] Camras, M.: Information storage density of magnetic recording and other systems, IRE Trans. Audio AU-9 (1961), H. 5, S. 174–179.

[15] Anonym: Other magnetic move in on the standard ferrite core, Electronics **29** (June 1964), S. 64–69.

[16] Rösler, U.: Ferromagnetische dünne Schichten (VI), phys. stat. sol. **3** (1963), H. 3, S. 3–30.

[17] SCHAEFER, E.: Das menschliche Gedächtnis als Informationsspeicher, Elektron. Rundschau **14** (1960), H. 3, S. 79–84.

[18] VÖLZ, H.: Grundlagen und Entwicklungstendenzen der Meßmagnetbandtechnik, Frequenz **15** (1961), H. 7, S. 218–226.

[19] VÖLZ, H.: Fehlergrenzen bei Messungen unter Berücksichtigung der Magnetspeichertechnik, Zeitschr. messen steuern regeln **9** (1966), H. 7, S. 223–228.

[20] VÖLZ, H.: Zur Registriergenauigkeit der Magnetbandaufzeichnung, Elektron. Rundschau **14** (1960), H. 2, S. 23–25.

[21] JACOBSON, H.: Information and the Human Ear, J. Acoust. Society Amer. **23** (1961), S. 463.

[22] FELDTKELLER, R., und ZWICKER, E.: Das Ohr als Nachrichtenempfänger, S. Hirzel Verlag, Stuttgart 1956.

[23] ZWICKER, E.: Die elementaren Grundlagen zur Bestimmung der Informationskapazität des Gehörs, Acoustica **6** (1956), S. 365.

[24] VÖLZ, H.: Zur Informationstheorie sehr allgemein gestörter Kanäle, Fortschritte der Kybernetik, R. Oldenbourg, München u. Wien 1967, S. 235–247.

[25] KAUFMANN, H.: Das Informationsmaß der Nachrichtentechnik als physikalische Größe Physikertagung Hamburg, Physik-Verlag, Mosbach/Baden 1964, S. 89–102.

[26] STUMPERS, P. L. H. N.: Information und Energie, Nachrichtentechn. Zeitschrift **17** (1964), H. 1, S. 35–41.

[27] VÖLZ, H.: Zum Zusammenhang von Energie- und Speicherdichte bei der Informationsspeicherung, Internat. Elektron. Rundschau **21** (1967), H. 2, S. 41–44.

[28] FEITSCHER, W.: Wissensspeicher mit geringer Redundanz, Funkamateur 15 (1966) S. 21–23.

[29] FISCHER, J.: Abriß der Dauermagnetkunde, Springer-Verlag, Berlin-Göttingen-Heidelberg 1949.

[30] FAHLENBRACH, H.: Mögliche und erreichte Steigerungen der Gütewerte von Dauermagnetstoffen, Metall **14** (1960), H. 10, S. 984–987.

[31] FINKELNBURG, W.: Einführung in die Atomphysik, Springer-Verlag, Berlin-Göttingen-Heidelberg 1956, S. 484ff.

[32] BECKER, C. H.: Technik der kohärenten Lichtaufzeichnung, Internat. Elektron. Rundschau **20** (1966), H. 2, S. 83–84.

[33] VÖLZ, H.: Probleme der Speicherung sich ändernder physikalischer Größen, sowie deren Rückgewinnung mit dem Magnetspeicherverfahren (unveröffentlichte Monographie).

[34] VÖLZ, H.: Beitrag zur reziproken Dynamikregelung, Hochfrequenztechnik u. Elektroakustik **67** (1958) S. 87–94.

[35] VÖLZ, H.: Zur Dynamikanpassung und -steigerung allgemeiner Kanäle und bei der Speicherung, Hochfrequenztechnik u. Elektroakustik **76** (1967), H. 6, S. 212–218.

[36] VÖLZ, H.: Zur Steigerung der Registriergenauigkeit bei der Magnetbandaufzeichnung, Wiss. Zeitschr. Universität Greifswald 8 (1958/59), Reihe Math.-Nat. S. 277–281.

[37] DAVIES, G. L.: Magnetic tape instrumentation, McGraw-Hill Book Comp. Inc., New York-Toronto-London 1961.

[38] VÖLZ, H.: Über Frequenzmodulation mit absichtlich nichtlinearer Modulationskennlinie, Hochfrequenztechnik u. Elektroakustik **73** (1964), H. 4, S. 139–145.

[39] GIEBEL, R.: Untersuchungen der nichtlinearen Frequenzmodulation zur Steigerung der Aufzeichnungsdichte bei der magnetischen Signalspeicherung, Diplomarbeit an der Humboldt-Universität Berlin 1966.

[40] ELDRIDGE, D. F., und BAABA, A.: The Effects of track width in magnetic recording, IRE Internat. Convention record **8** (1960), Pt 9, S. 145–155.

[41] HAMMON, F.: Das Rauschen bei der magnetischen Schallaufzeichnung, radio mentor (1961), H. 10, S. 864–867.

[42] HOWLING, D. H.: Noise in magnetic recording tapes, J. Acoustical Soc. America 28 (1956), H. 5, S. 977–987.

[43] Mann, P. A.: Das Modulationsrauschen eines Magnettonbandes, Archiv d. elektr. Übertragung **15** (1961) S. 18–24.

[44] Rothe, P. G.: Einige Bemerkungen zum Modulationsrauschen eines Magnetbandes, Archiv d. elektr. Übertragung **16** (1962), H. 11, S. 535–542.

[45] Daniel, E. D.: A preliminary analysis of surface-induced tape nouse, IEE Trans. Commun. Electronics **83** (1964), H. 72, S. 250–253.

[46] Pfeiffer, E.: Über die Kanalkapazität von Magnetbandsystemen, Dissertation Techn. Hochschule Stuttgart, Juli 1962.

[47] Völz, H.: Spurhöhe, Spurzahl und Kanalkapazität bei der magnetischen Speicherung, Hochfrequenztechnik u. Elektroakustik **76** (1967), H. 5, S. 172–175.

[48] Eldridge, D. F.: An Application of information theory to recording systems, Berichte der Konferenz über die Signalspeicherung auf bewegten magnetischen Medien, Akadémiai Kiadó, Budapest, 1964, S. 135–142.

[49] Straubel, R.: Zur Frequenzabhängigkeit der Kanalkapazität des dynamischen Magnetspeicherverfahrens. Hochfrequenztechnik u. Elektroakustik **74** (1965), H. 5–6, S. 198–203.

[50] Völz, H.: Zur Frequenztransportierung durch rotierende Magnetköpfe, Hochfrequenztechnik u. Elektroakustik **71** (1962), H. 3, S. 173–180.

[51] Völz, H.: Auswirkungen und Anwendungen von Geschwindigkeitsänderungen bei der Magnetspeichertechnik, Hochfrequenztechnik u. Elektroakustik **73** (1964), H. 5, S. 153–156.

[52] Haas, G.: Probleme und Entwicklungstendenzen der peripheren Geräte in der Datenverarbeitung, Philips Techn. Rundschau **25** (1963/64), H. 10/11, S. 398–406.

[53] Völz, H.: Betrachtungen zum Zusammenhang von Speicherdichte und Zugriffszeit, Wiss. Zeitschr. f. Elektrotechnik **9** (1967), H. 2, S. 95–107.

2. Wichtige Grundlagen des Magnetismus

Von Horst Völz

2.0. Einleitung

Für die Speicherung ist der Magnetismus von grundlegender Bedeutung. Hier können nur einige, für die magnetische Speicherung wichtige Grundlagen referiert werden. Zur weiteren Vertiefung sei daher auf das Buch von Kneller [1], auf eine längere Arbeit von Wohlfarth [2] und insbesondere für technische Probleme auf das Buch von Reinboth [3] verwiesen.

2.1. Wichtige Begriffe und Größen

2.1.1. Feldstärke

In der Umgebung eines Magneten existiert ein *Feld* $\mathfrak{H}$, das an jedem Ort eine bestimmte Größe und Richtung besitzt. Dieses Feld ist durch die Kraftwirkung $\mathfrak{F}$ auf einen kleinen, beweglichen Dauermagneten, z. B. eine Kompaßnadel, feststellbar:

$$\mathfrak{F} = m\,\mathfrak{H}\,. \tag{1}$$

Der Proportionalitätsfaktor m heißt Polstärke.

Ein gleichwertiges Kraftfeld erzeugt auch jeder elektrische Strom. Die Feldstärke im Aufpunkt P ist mit dem Biot-Savartschen Gesetz

$$d\mathfrak{H} = \frac{1}{4\pi}\int \frac{I \sin\varphi}{r^2}\,d\mathfrak{s} \tag{2}$$

berechenbar (Abb. 1). Die Richtung von $\mathfrak{H}$ steht senkrecht auf $\mathfrak{r}$ und $d\mathfrak{s}$. Ein Kreisstrom gemäß Abb. 2 erzeugt daher am Ort $\mathfrak{x}$ auf der Achse eine Feldstärke

$$H_x = \frac{I}{2}\,\frac{R^2}{(R^2 + x^2)^{3/2}}\,. \tag{3}$$

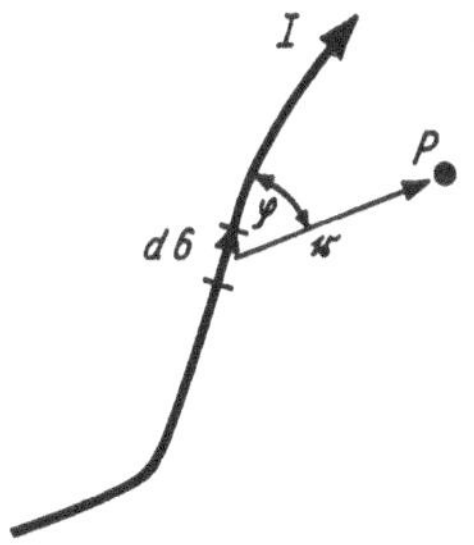

Abb. 1. Zum Biot-Savartschen Gesetz

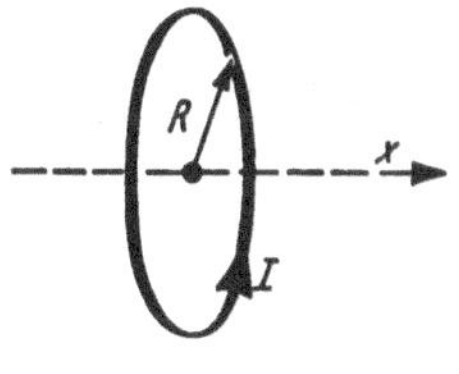

Abb. 2. Zur Feldstärke eines Ringstromes mit dem Radius R

Werden viele solche Kreisströme in x-Richtung nebeneinander gelegt, so ist dies mit einer langen Spule gleichwertig. Auf der Länge $l \gg R$ seien dabei n Windungen vorhanden. Wird diese Spule vom Strom I durchflossen, so beträgt in ihrem Innern die Feldstärke

$$H_x = I \frac{n}{l} . \tag{4}$$

Hieraus ergibt sich als Maßeinheit für die Feldstärke Acm^{-1}. Außerdem ist noch die Einheit Oersted (Oe) gebräuchlich [4]. Es gilt

$$1\,\mathrm{Oe} = \frac{10}{4\pi}\,\mathrm{Acm}^{-1} \approx 0{,}8\,\mathrm{Acm}^{-1} .$$

Abb. 3. Toroid mit dem Durchmesser $2R$

Bei einem Toroid mit n Windungen und dem Radius R gemäß Abb. 3 gilt

$$H = I \frac{n}{2\pi R} . \tag{5}$$

In diesem Zusammenhang muß noch das Durchflutungsgesetz

$$\oint H\,ds = \sum I = \Theta \tag{6}$$

genannt werden. Der Wert Θ wird als Durchflutung der umrandeten Fläche und besonders bei nicht geschlossenem Weg als magnetische Spannung bezeichnet.

2.1.2. Magnetisierung, Induktion, Suszeptibilität und Permeabilität

Wirkt ein Magnetfeld auf Materie ein, so entsteht dort eine magnetische Induktion B. Sie setzt sich additiv aus dem Feld H im Vakuum und der zusätzlich bewirkten Magnetisierung M der Materie zusammen:

$$B = \mu_0 (H + M) . \tag{7}$$

Darin beträgt die absolute Permeabilität des Vakuums

$$\mu_0 = 4\pi \cdot 10^{-9}\,\mathrm{Vs\,A^{-1}\,cm^{-1}} .$$

An der Schreibweise von Gl. (7) ist das gewählte magnetische Maßsystem zu erkennen. Im cgs-System wird μ_0 zu Eins. In anderen Fällen wird statt $\mu_0 M$ auch die Polarisation J bzw. $4\pi J^*$ geschrieben.

Der Zusammenhang zwischen B und H bzw. M und H kann auch in der Form

$$B = \mu_0 \mu H \tag{8}$$

bzw.

$$M = \mu_0 \chi H \tag{9}$$

geschrieben werden. Hierin bedeutet μ die relative Permeabilität und χ die Suszeptibilität. Wegen Gl. (7) gilt zwischen ihnen

$$\mu = 1 + \chi . \tag{10}$$

2.1.3. Arten des Magnetismus

Die verschiedenen Materialien werden je nach der Größe von χ bzw. μ eingeteilt.

Ist χ negativ ($\mu < 1$), so liegt Diamagnetismus vor. Er entsteht durch eine LARMOR-Präzession und ist unabhängig von der Temperatur. Die Magnetisierung im Material ist hierbei der erregenden Feldstärke entgegengerichtet. Dies ist auf die LENZsche Regel zurückzuführen.

Ist χ positiv ($\mu > 1$), jedoch klein gegen 1, so liegt Paramagnetismus vor. Für ihn gilt mit einer Konstanten C das CURIEsche Gesetz

$$\chi = \frac{C}{T}. \tag{11}$$

In diesen Materialien besitzen die Atome magnetische Momente. Durch den Feldeinfluß richten sie sich gegen die thermodynamische Bewegung aus.

Bei einer bestimmten Stoffgruppe ist

$$\chi \approx \mu \gg 1 . \tag{12}$$

Dies sind die ferromagnetischen Stoffe. Mit einer CURIE-Temperatur T_c gilt bei ihnen vielfach das CURIE-WEISSsche Gesetz

$$\chi = \frac{C}{T - T_c}. \tag{13}$$

Bei ihnen ist χ und μ meist eine komplizierte und meist mehrdeutige Funktion von B und H. Für genauere, vor allem theoretische Betrachtungen sind als Untergruppen noch die ferrimagnetischen und antiferromagnetischen Materialien zu unterscheiden [1].

2.1.4. Induktionsgesetz

So wie zwischen Strom und magnetischer Feldstärke ein Zusammenhang besteht (Gl. (6)), gilt dies auch für die Spannung und magnetische Induktion. Aus der MAXWELL-Gleichung

$$\text{rot}\, \mathfrak{E} = - \frac{\partial \mathfrak{B}}{\partial t} \tag{14}$$

folgt mittels des Linienintegrals

$$U = \int \mathfrak{E}\, d\mathfrak{s} \tag{15}$$

unter Anwendung des STOKESschen Satzes für die umrandete Fläche A das Induktionsgesetz

$$U = - \frac{\partial}{\partial t} \int_{\mathfrak{A}} \mathfrak{B}\, d\,\mathfrak{A} . \tag{16}$$

Darin bedeutet $\mathfrak{A}$ den Vektor eines Flächenelementes mit der Richtung der Normalen. Durchsetzt die magnetische Induktion die Fläche senkrecht mit überall gleicher Dichte, so gilt bei n Windungen, die die Fläche umspannen,

$$U = - n\, \mathfrak{A} \frac{\partial \mathfrak{B}}{\partial t} . \tag{17}$$

Hieraus ergibt sich die Maßeinheit für die Induktion zu $\mathrm{Vscm^{-2} = Wbcm^{-2}}$. Mit der noch benutzten Einheit Gauß (G) besteht die Beziehung

$$1\,\mathrm{G} = 10^{-8}\,\mathrm{Vscm^{-2}}\,.$$

2.1.5. Magnetischer und spezifischer Fluß

Beim Induktionsgesetz und in vielen anderen Fällen ist der magnetische Fluß

$$\Phi = B\,A \tag{18}$$

von größter Bedeutung. Er wird in Vs bzw. Weber (Wb) gemessen, zuweilen findet auch noch die Einheit Maxwell (M) Anwendung. Es gilt

$$1\,\mathrm{M} = 1\,\mathrm{G\,cm^2} = 10^{-8}\,\mathrm{Vs}\,.$$

Wegen des Zusammenhanges von Gl. (18) wird die Induktion auch häufig als Flußdichte bezeichnet.

Bei der Magnetbandaufzeichnung hat eine sonst nicht gebräuchliche Größe noch Bedeutung. Es ist dies der magnetische Fluß bei einer bestimmten Spurhöhe. Er wird als spezifischer Fluß bezeichnet. Mit der Spurhöhe h_{sr} gilt daher

$$\psi = \Phi / h_{sr}\,. \tag{19}$$

Wird die Induktion als Flußdichte in einer Fläche gedeutet, so ist sie als lineare Flußdichte interpretierbar.

2.2. Statische Hysteresekurve

2.2.1. Messung der Kurve

Es sei angenommen, daß sämtliche magnetische Flußlinien in dem einen zu untersuchenden Material verlaufen. Am besten ist dies für ein Toroid erfüllt (Abb. 3). Zur Messung der Induktion steht das Induktionsgesetz zur Verfügung. Erfolgt die Erregung mit Wechselstrom, so ergibt sich durch Integration der Spannung nach Gl. (17) unmittelbar der Verlauf der Induktion:

$$B = -\frac{1}{n\,A}\int U\,dt\,. \tag{20}$$

Wird die Erregung diskontinuierlich in Stufen geändert, so kann die Integration durch ein ballistisches Galvanometer erfolgen. Die Hysteresekurve wird dann punktweise erhalten. Ein Beispiel für ferromagnetische Materialien zeigt Abb. 4.

2.2.2. Sättigungswerte

Die Hysteresekurve möge im entmagnetisierten Punkt $H = 0$, $B = 0$ beginnen. Mit Steigerung der Feldstärke beginnt die Induktion dann zunächst wenig, bald jedoch recht stark anzuwachsen. Von einer bestimmten Feldstärke an nimmt die Induktion wieder weniger zu und gelangt schließlich in das Gebiet der Sättigung mit $dB/dH = \mu_0$. Hier bleibt also die Magnetisierung M konstant. Aus diesem Grunde wird häufig statt $B(H)$ die Funktion $M(H)$ aufgetragen. Die Sättigungsfeldstärke $H_{\text{sätt}}$ ist wegen des tangentialen Einmündens nur ungenau definiert. Genauer ist die Sättigungsinduktion $B_{\text{sätt}}$ bzw. die Sättigungsmagnetisierung $M_{\text{sätt}}$ gegeben. Beide Größen hängen bei Zimmertemperatur im wesentlichen nur von den Anteilen der verschiedenen Elemente im Material und nicht von dessen Struktur bzw. Herstellungsbedingungen ab. Für das im

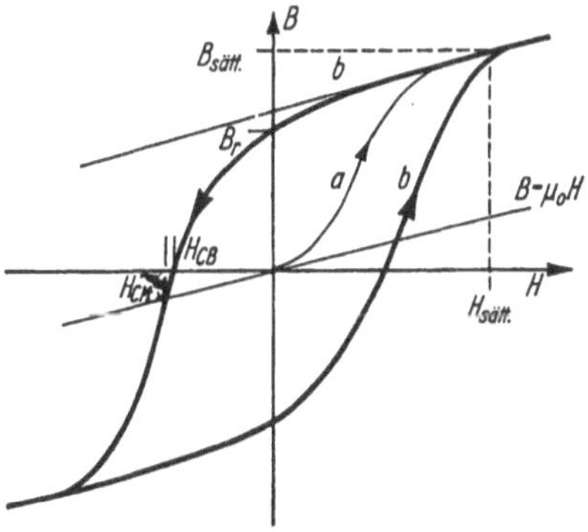

Abb. 4. Hysteresekurve eines ferromagnetischen Materials
a) Neukurve; b) Grenzkurve

Magnetband benutzte Material γ-Fe_2O_3 beträgt $B_{\text{sätt}} \approx 3{,}75 \cdot 10^{-5}$ Wb cm^{-2}, während eine CoFe-40:60-Legierung den z. Z. höchsten Wert von $2{,}4 \times$ $\times 10^{-4}$ Wb cm^{-2} erreicht.

2.2.3. Remanenz, Rechteckfaktor und Koerzitivfeldstärke

Wird, nachdem die Sättigung des Materials erreicht ist, die Feldstärke wieder auf Null erniedrigt, so bleibt im Material eine gewisse remanente Induktion B_{rs} bzw. die remanente Magnetisierung M_{rs} bestehen. Für Speichermaterialien soll dieser Wert möglichst dicht beim Sättigungswert liegen. Ein Maß hierfür ist der Rechteckfaktor

$$R = \frac{M_{rs}}{M_{\text{sätt}}}. \qquad (21)$$

Die remanente Magnetisierung läßt sich durch ein Feld, das dem ursprünglichen Feld entgegengerichtet ist, mindern. Dabei gibt es je eine definierte Feldstärke, für welche die Magnetisierung bzw. die Induktion verschwindet. Zwischen diesen beiden Koerzitivfeldstärken besteht die Relation

$$H_{cM} > H_{cB}. \qquad (22)$$

Sie sind um so dichter beieinander, je steiler die Kurve die H-Achse schneidet. Hierzu muß der Kurvenverlauf möglichst rechteckig sein. Dies steht jedoch nur im mittelbaren Zusammenhang mit dem Rechteckfaktor.

Im Gegensatz zur Magnetisierung hängt die Koerzitivfeldstärke stark von der Struktur, d. h. den Herstellungsbedingungen des Materials ab. Erreichbar sind heute Werte von etwa 0,1 bis zu mehreren 1000 Acm^{-1}. Bei einigen 10 Acm^{-1} liegt die Grenze zwischen den weich- und hartmagnetischen Materialien.

2.2.4. Verschiedene Schleifen und Permeabilitäten

Der Ast vom Ursprung bis zur Sättigung wird die Neukurve genannt. Bei ihm besitzt die Anfangspermeabilität

$$\mu_a = \frac{1}{\mu_0} \left(\frac{dB}{dH} \right)_{\substack{H \to 0 \\ B \to 0}} \tag{23}$$

als Tangente im Ursprung eine besondere Bedeutung. Auf dieser Kurve, wie auf allen anderen, die noch zu besprechen sind, kann als Verallgemeinerung eine differentielle Permeabilität

$$\mu_d = \frac{1}{\mu_0} \frac{dB}{dH} \tag{24}$$

definiert werden. Diese differentielle Permeabilität durchläuft in grober Näherung bei $\frac{1}{3} H_{\text{sätt}}$ bzw. bei ungefähr 1,35 $H_{c\,B}$ ein Maximum, um darüber gegen Eins zu streben. Erst bei abnehmender Feldstärke nimmt die differentielle Permeabilität wieder zu. Im Punkt B_r wird ungefähr die Anfangspermeabilität erreicht. Bei Feldzunahme in entgegengesetzter Richtung befindet sich zwischen $H = 0$ und H_r wieder ein Maximum. Bei ihm wird meist ein etwas geringerer Wert als bei der Neukurve erreicht. Auch in der negativen Feldrichtung ist die Sättigung erreichbar und dann bei Feldumkehr wieder nach der (positiven) Koerzitivfeldstärke die Sättigung. Dieser Kreislauf zwischen den Sättigungen ergibt die Grenzkurve. Innerhalb der Grenzkurve liegen alle für das Material erreichbaren Wertepaare aus Feldstärke und Magnetisierung.

2.2.5. Unterschleifen und reversible Permeabilität

In den meisten Betriebsfällen wird die Feldstärke nicht bis zur Sättigung anwachsen. Für unterschiedliche Maximalwerte ergeben sich dabei verschiedene symmetrische Unterschleifen (Abb. 5). Ihre Spitzen zeichnen die Kommutie-

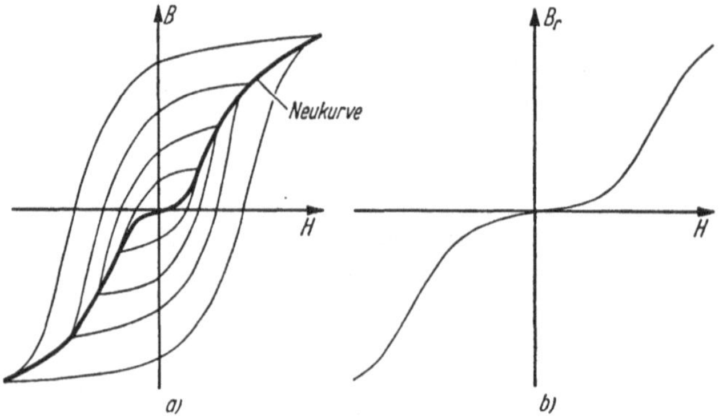

Abb. 5. Hysteresekurve mit Kommutierungskurve (a) und die daraus konstruierte Remanenzkurve (b)

rungskurve. Sie ähnelt sehr stark der Neukurve. Aus den Schnittpunkten der Unterschleifen mit der B-Achse kann die Remanenzkurve konstruiert werden. In ihrem Aussehen ist sie der Neukurve ähnlich, obwohl sie physikalisch eine ganz andere Bedeutung hat. Für die magnetische Speicherung ist die Remanenzkurve äußerst wichtig.

Neben den zum Ursprung symmetrischen Unterschleifen gibt es auch noch unsymmetrische. Einige zeigt Abb. 6. Besonders wichtig sind die Schleifen mit

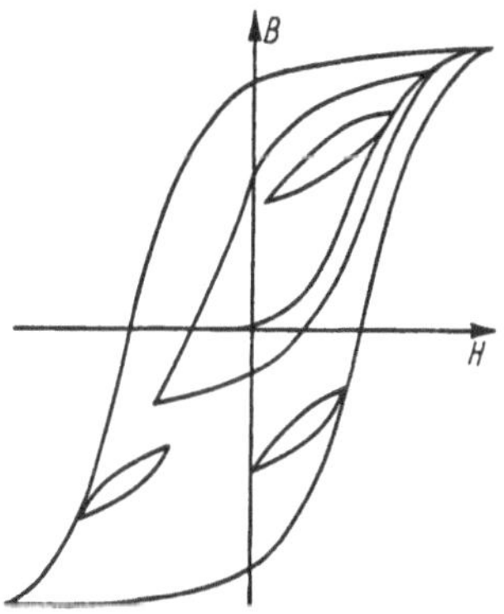

Abb. 6. Unsymmetrische Unterschleifen bei einer Hysteresekurve

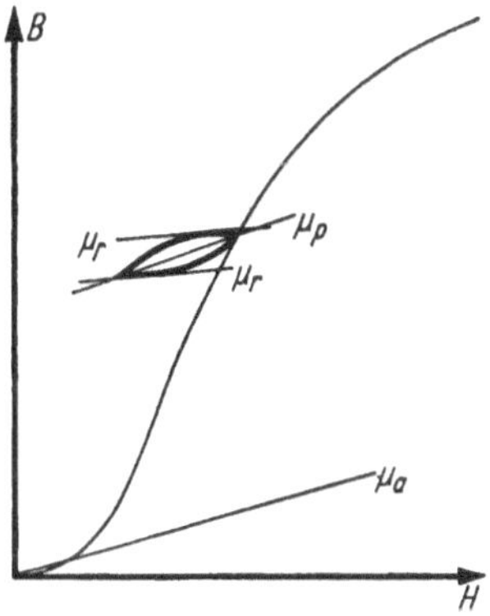

Abb. 7. RAYLEIGH-Schleife mit zugehöriger permanenter und reversibler Permeabilität

geringer Feldstärkeänderung (RAYLEIGH-Schleife). Sie sind aus zwei Parabelästen zusammengesetzt (Abb. 7). Hierbei ist die reversible und permanente Permeabilität μ_{rev} bzw. μ_p zu unterscheiden. Es gilt stets

$$\mu_{\text{rev}} \leqq \mu_p \,. \tag{25}$$

Das Gleichheitszeichen gilt für ΔB und ΔH gegen Null. Die reversible Permeabilität ist für alle Wechselstromvorgänge mit kleiner Aussteuerung wichtig. Mit der Anfangspermeabilität besteht der Zusammenhang

$$\mu_a \leqq \mu_{\text{rev}} \,. \tag{26}$$

Das Gleichheitszeichen gilt hier für den Ursprung. Bedeutsam ist, daß die reversible Permeabilität nahezu eine eindeutige Funktion von B, jedoch mehrdeutig bezüglich H ist. GANZ fand hier experimentell [5]

$$\frac{\mu_r - 1}{\mu_a - 1} = 3\left[\left(\frac{M_{\text{sätt}}}{M}\right)^2 - \frac{1}{\sinh \dfrac{M}{M_{\text{sätt}}}}\right]. \tag{27}$$

2.2.6. Magnetische Arbeit und Verluste

Eine magnetische Arbeit wird nur für die Änderung des Feldes benötigt. Wenn beim Elektromagneten auch zur Aufrechterhaltung des magnetischen Zustandes eine Energie verbraucht wird, so ist dies nur ein „Kampf" gegen die Thermodynamik. Daß diese Energie nicht immer notwendig ist, zeigt die Existenz der Dauermagnete und der supraleitenden Magnete. Bei der stromdurchflossenen Spule ist dies daran erkennbar, daß eine Stromänderung in einer Spule nur dann und vorübergehend entsteht, wenn Eisen eingeführt oder entfernt wird.

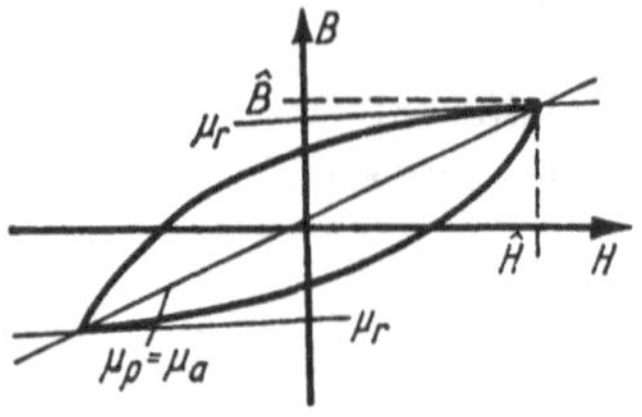

Abb. 8. RAYLEIGH-Schleife im Nullpunkt

Für die im Volumen V geleistete Arbeit längs einer Kurve gilt allgemein

$$W = \frac{1}{2} V \int \mathfrak{H} \, d\mathfrak{B} \,. \tag{28}$$

Die Verluste bei einem Magnetisierungszyklus sind daher durch den Inhalt der durchlaufenden Schleife gegeben, und bei einer Frequenz f folgt die Leistung

$$P = f \, V \oint \mathfrak{H} \, d\mathfrak{B} \,. \tag{29}$$

Besonders übersichtlich sind die Magnetisierungsverluste im RAYLEIGH-Bereich. Mit einer Konstanten p gilt gemäß Abb. 8 [6]

$$B = (\mu_a + 2 \hat{H}) \, H \pm p \, (\hat{H}^2 - \hat{H}^2) \,. \tag{30}$$

Für die Remanenz folgt hieraus

$$M_r = p \, \hat{H}^2 \,, \tag{31}$$

und für die permanente Permeabilität gilt

$$\mu_p = \mu_a + 2 \, p \, \hat{H} \,. \tag{32}$$

Die Hystereseverluste nach Gl. (29) betragen

$$P_h = \frac{8}{3} f \, V \, p \, \hat{H}^3 \,. \tag{33}$$

2.3. Magnetischer Kreis

2.3.1. Allgemeiner Ansatz

Nur in wenigen Fällen verlaufen die magnetischen Kraftlinien vollständig in einem Material. Häufig sind Übergänge zwischen verschiedenen Materialen und zur Luft üblich. Hierbei verlaufen die Normalkomponenten der Induktion und die Tangentialkomponenten der Feldstärke stetig:

$$B_{1n} = B_{2n} \tag{34}$$

und

$$H_{1t} = H_{2t} \,. \tag{35}$$

Wird der magnetische Kreis eines Toroids gemäß Abb. 3 mit verschiedenen Materialien ausgefüllt, so genügt Gl. (34), da keine Tangentialkomponenten der Feldstärke auftreten. Da die Durchflutung gemäß Gl. (6) unabhängig vom Material ist, gilt bei n Windungen, den Teillängen l_i der k verschiedenen Materialien und den zugehörigen Feldstärken H_i

$$\Theta = n \, I = 2 \pi \, R \, H_0 = \sum_{i=1}^{k} H_i \, l_i \,. \tag{36}$$

Dabei ist H_0 die Feldstärke, die sich ohne Material einstellt. Mit den Gln. (34) und (36) sind alle Größen des Kreises nach verschiedenen Methoden berechenbar.

2.3.2. Berechnung mittels der Permeabilität

Der magnetische Kreis des Toroids besitzt einen Luftspalt der Länge l_1. Hier gilt

$$B_1 = \mu_0 H_1 . \tag{37}$$

Im anderen Teil der Länge l_2 gilt enstprechend

$$B_2 = \mu_0 \mu H_2 . \tag{38}$$

Wegen Gl. (34) folgt dann

$$H_1 = \mu H_2 \tag{39}$$

und schließlich aus Gl. (36)

$$H_2 = H_0 \frac{l_1 + l_2}{l_1 + \mu l_2} = \frac{n I}{l_1 + \mu l_2} . \tag{40}$$

Die im Material wirksame Feldstärke wird also gemäß der Permeabilität und ihrem Verhältnis zu den Wegen z. T. beträchtlich verringert.

2.3.3. Berechnung aus der Entmagnetisierung

Im Luftspalt des Toroids ist die Magnetisierung gleich Null. Daher folgt aus Gl. (34)

$$M_2 + \mu_0 H_2 = \mu_0 H_1 . \tag{41}$$

Wird dies in Gl. (36) eingesetzt, so gilt

$$H_2 = H_0 - \frac{M_2}{\mu_0} \frac{l_1}{l_1 + l_2} . \tag{42}$$

Die Feldstärkeminderung im Material kann hierdurch als eine Entmagnetisierung gedeutet werden. Ihr Wert hängt vor allem von geometrischen Abmessungen ab. Daher ist es üblich, den Entmagnetisierungsfaktor N einzuführen. In diesem Fall gilt

$$N = \frac{l_1}{l_1 + l_2} , \tag{43}$$

und Gl. (41) geht über in

$$H_2 = H_0 - N \frac{M_2}{\mu_0} . \tag{44}$$

Dieser Gleichung kann eine allgemeine Bedeutung zugesprochen werden. Die Feldberechnung bei beliebigen magnetischen Anordnungen läuft dann auf die Bestimmung dieses Entmagnetisierungsfaktors aus den geometrischen Abmessungen hinaus. Leider ist diese nicht allgemein möglich.

Physikalisch läßt sich der Entmagnetisierungsfaktor als Ursprung eines Gegenfeldes im Material deuten. Meßbar ist er durch Kompensation des Gegenfeldes oder durch Induktion.

2.3.4. Berechnung mittels des magnetischen Widerstandes

In einem magnetischen Kreis können keine Quellen und Senken der Induktion bestehen. Diese Interpretation von Gl. (34) fordert infolge von Gl. (18) mittels des Querschnittes A einen konstanten Gesamtfluß Φ. Mit Gl. (37) und (38) folgt daher aus Gl. (36)

$$\sum_{i=1}^{k} H_i l_i = \sum_{i=1}^{k} \frac{l_i}{A_i \mu_i \mu_0} \Phi . \tag{45}$$

Diese Beziehung besitzt eine große Ähnlichkeit mit dem OHMschen Gesetz der Elektrizität. Der Fluß Φ entspricht dem Strom, die magnetische Umlaufspannung der elektrischen Spannung. Beim dann noch einzuführenden magnetischen Widerstand

$$P_i = \frac{l_i}{A_i \mu_i \mu_0} \tag{46}$$

geht die Ähnlichkeit soweit, daß die Permeabilität als spezifische magnetische Leitfähigkeit interpretiert werden kann. Das Gesetz lautet daher

$$\Theta = P \Phi , \tag{47}$$

und im bisher behandelten magnetischen Kreis liegt nur eine Reihenschaltung von Widerständen vor. Es sind aber mit dieser Formel auch beliebige andere Schaltungen von magnetischen Kreisen berechenbar.

2.3.5. Induktivität

Bei der magnetischen Arbeit (Gl. (28)) geht das Volumen des Materials wesentlich ein. Für ein vollständig mit Eisen gefülltes Toroid des Querschnitts A gilt

$$V = 2 \pi R A . \tag{48}$$

Für die Feldstärke gilt Gl. (5), und für B kann Gl. (8) benutzt werden. Daher folgt

$$W = \frac{A \mu_0 \mu n^2}{4 \pi R} I^2 . \tag{49}$$

Hier kann der magnetische Widerstand eingeführt werden, wodurch die Formel dann allgemeiner wird:

$$W = \frac{1}{2} \frac{n^2}{P} I^2 . \tag{50}$$

Die Größe

$$L = \frac{n^2}{P} \tag{51}$$

enthält nur technische Größen des magnetischen Kreises einschließlich der Wickeldaten. Sie wird als Induktivität bezeichnet. Wegen Gl. (47) und (6) gilt auch

$$L = \frac{n \Phi}{I} . \tag{52}$$

Aus dem Induktionsgesetz Gl. (17) folgt zunächst mit Gl. (18)

$$U = -n \frac{d\Phi}{dt} \tag{53}$$

oder wegen Gl. (52) die LENZsche Regel

$$U = -L \frac{dI}{dt} . \tag{54}$$

Der bei Spulenkernen angegebene A_L-Wert in nH pro Windungszahl zum Quadrat ist ersichtlich der Kehrwert des magnetischen Widerstandes.

2.3.6. Entmagnetisierungsfaktor

Ein magnetischer Kreis liegt auch für ein einzelnes magnetisierbares Teilchen beliebiger Form vor, dessen Kraftlinien sich im umgebenden Raum schließen müssen. In diesem Fall ist die Berechnung mit dem Entmagnetisierungsfaktor besonders geeignet, weil dann leicht von dem umgebenden Feld H_0 auf das innere Feld H_i entsprechend Gl. (44) geschlossen werden kann. Der Entmagnetisierungsfaktor kann für die verschiedenen Richtungen angegeben werden, und wegen

$$N_x + N_y + N_z = 1 \tag{55}$$

kann insgesamt nur eine Feldverzerrung auftreten. Hierdurch lassen sich für allgemeine Ellipsoide einfache Gleichungen ableiten. Bei einer Kugel sind beispielsweise alle Richtungen gleichwertig, und es gilt

$$N_x = N_y = N_z = \frac{1}{3} . \tag{56}$$

Wird eine Achse sehr lang, so geht hierfür der Entmagnetisierungsfaktor gegen Null. Deshalb folgt für einen in z-Richtung ausgedehnten Kreiszylinder

$$N_x = N_y = \frac{1}{2} , \tag{57}$$

und für eine in x-Richtung ausgedehnte dünne Platte gilt

$$N_x = 1 . \tag{58}$$

Für andere Formen lassen sich meist nur Näherungsformeln angeben. Für ein dünnes langgestrecktes Rotationsellipsoid mit den Abmessungen

$$\frac{l_x}{l_y} = \frac{l_x}{l_z} = m \gg 1 \tag{59}$$

folgt somit

$$N_x = \frac{1}{2\,m^2} (\ln 2\,m - 1) . \tag{60}$$

Viele berechnete Werte, auch in graphischer Form, enthält [1].

2.3.7. Scherung

Bei einem nicht geschlossenen magnetischen Kreis wird die Hysteresekurve verändert. Dieser Einfluß ist durch das entmagnetisierende Feld erklärbar.

Im Innern des Materials wirkt die gemäß Gl. (44) verminderte Feldstärke. Wenn auf die Eigenschaften des Materials geschlossen werden soll, bewirkt die zu subtrahierende Feldstärke eine Neigung der Induktionsachse und damit ein schiefwinkliges Koordinatensystem (Abb. 9). Wird die Kurve in das rechtwinklige Koordinatensystem umgezeichnet, so ist die Verflachung (Scherung) der Kurve deutlich erkennbar. Als Folge der Scherung tritt u. a. eine Minderung der Remanenz auf. Die Koerzitivfeldstärke bleibt dagegen erhalten.

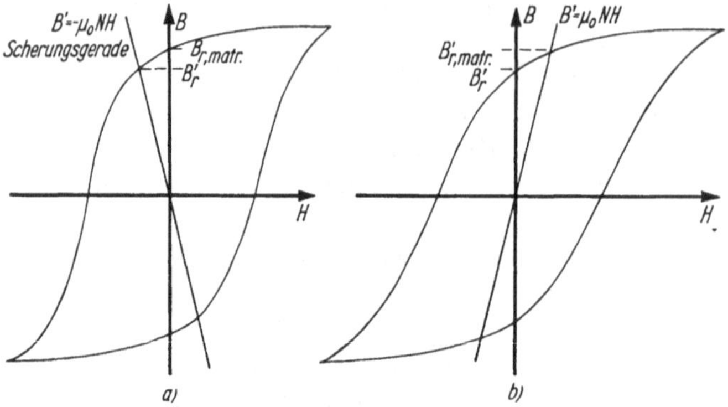

Abb. 9. Zur Scherung einer Kurve durch ein entmagnetisierendes Feld $\mu_0 N H$
a) ungescherte Kurve mit Entmagnetisierungsgerade;
b) zugehörige gescherte Kurve mit Gerade zur Rückscherung und Konstruktion der Materialwerte

2.3.8. Dauermagnetkreis und Energieprodukt

Ein Dauermagnetkreis besteht meist aus drei unterscheidbaren Abschnitten: den eigentlichen Dauermagneten (ohne Index), den Leitblechen (Index l) und dem Arbeitsraum (Index a). Die Leitbleche haben die Aufgabe, eine möglichst hohe magnetische Energiedichte im Arbeitsraum zu bewirken. Sie dienen also der geometrischen Anpassung des Magneten an den Arbeitsraum. Für die magnetische Umlaufspannung gilt daher

$$\oint H\,ds = H\,l + H_1\,l_1 + H_a\,l_a = 0\,. \tag{61}$$

Die Leitbleche werden paktisch so ausgeführt, daß ihr Anteil $H_1\,l_1$ vernachlässigbar bleibt. Speziell folgt daher

$$-H\,l = H_a\,l_a\,. \tag{62}$$

Da bei idealer Ausführung der Fluß im Magneten und im Arbeitsraum gleich sein muß, gilt weiter

$$\Phi = B\,A = B_a\,A_a\,. \tag{63}$$

Das Produkt aus den letzten beiden Gleichungen hat die Dimension einer Energie:

$$2\,N_a = V_a\,B_a\,H_a = -\,V\,B\,H\,. \tag{64}$$

Dieses Energieprodukt ist vom Arbeitspunkt A auf der Hysteresekurve abhängig. Da der Arbeitspunkt nur im zweiten Quadranten liegen kann, gilt Abb. 10. Für das Produkt gibt es danach einen optimalen Arbeitspunkt $B_0 H_0$. Bei ihm wird die maximal mögliche Energie in den Arbeitsraum geleitet. Sie ist gleich der halben Energie des magnetischen Kreises. Daraus erklärt sich

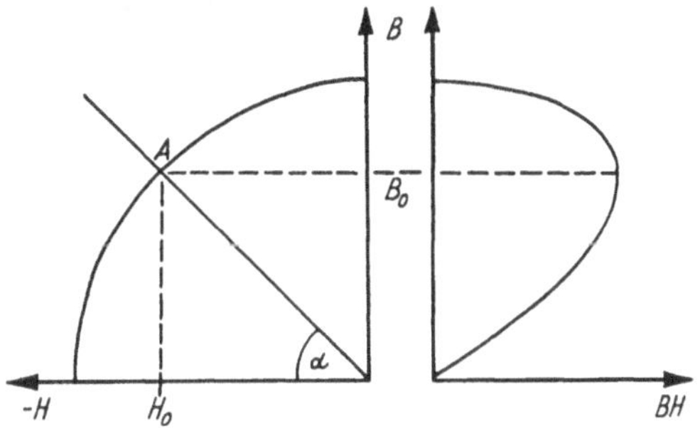

Abb. 10. Zum Energie-Produkt eines Dauermagneten

der Faktor 2 in Gl. (64). Die zugehörige Entmagnetisierungsgerade wird ausschließlich durch geometrische Abmessungen bestimmt:

$$\cot \alpha = \frac{l_a}{l} \frac{A}{A_a} . \tag{65}$$

Wird Gl. (64) durch das Volumen dividiert, so folgt die in 1.3.3. benutzte Energiedichte.

2.3.9. Rückmagnetisierung und Stabilisierung

In der Magnetspeichertechnik kann der remanent magnetisierte Informationsträger als Dauermagnet aufgefaßt werden. Die Leitbleche und der Arbeitsraum sind bis auf unvermeidliche Spalte durch den Magnetkopf gegeben. Da er sich am Magnetband vorbeibewegt, wirkt sich dies auf einen einzelnen Teilmagneten so aus, wie wenn die Gerade in Abb. 10 ihre Steigung ändert. Nun kann aber die Hysteresekurve nur in einer Richtung durchlaufen werden. Für die Vergrößerung des Winkels α, wie sie beim magnetischen Kurzschluß mit einem hochpermeablen Magnetkopf auftritt, muß wieder auf die Unterschleifen von Abb. 6 zurückgegangen werden. Der Arbeitspunkt A des magnetisierbaren Informationsträgers wandert daher auf einer Unterschleife in Richtung zur B-Achse zurück (Abb. 11). Im Idealfall eines unendlich guten Kurzschlusses des Feldes H_a durch den Magnetkopf wird sogar die B-Achse erreicht. Durch diese Rückwanderung wird die nutzbare Induktion größer. Dieser Vorgang soll als Rückmagnetisierung bezeichnet werden. Gegenüber der ursprünglichen remanenten Magnetisierung bleibt meist jedoch ein Verlust ΔB bestehen. Erst wenn er Null ist, kann mit dem Rayleigh-Gesetz und der permanenten Permeabilität gerechnet werden. Dies gilt vor allem dann, wenn die Remanenzkurve gut rechteckförmig ist.

Verläßt der Magnetkopf die untersuchte Stelle des Informationsträgers wieder, so verschwindet der Kurzschluß, und es entsteht abermals ein entmagnetisierendes Feld im Außenraum. Dieses weicht jedoch gemäß Abb. 12 vom vorhergehenden ab. Bei häufiger Wiederholung entsteht so der aus der Dauermagnettechnik bekannte Stabilisierungsvorgang. Er ist abgeschlossen, sobald eine stabile RAYLEIGH-Schleife erreicht wird. Der Verlust gegenüber der ersten Wiedergabe beträgt meist weniger als 1 dB.

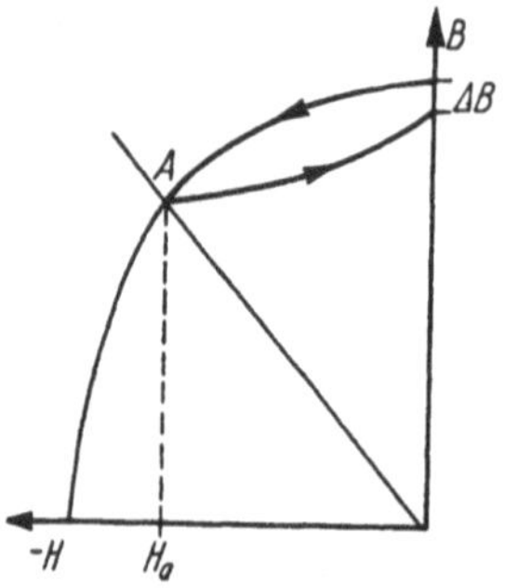

Abb. 11. Rückmagnetisierung durch magnetischen Kurzschluß des äußeren Feldes

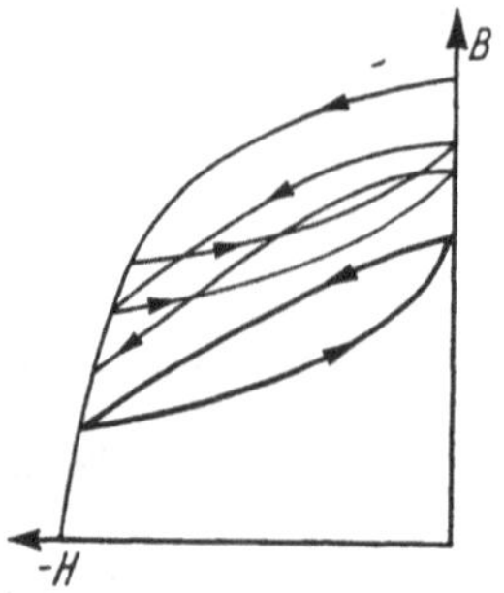

Abb. 12. Vorgang der Stabilisierung bis zur Endkurve

2.4. Elementare Magnetisierungsprozesse

2.4.1. Phänomenologie und Statistik

Alle bisherigen Magnetisierungsprozesse wurden durch die große Anzahl der verschiedenen Hysterese-Schleifen und -Unterschleifen beschrieben. Die Vielfalt dieser Schleifen bei einem Material und die noch größere Vielfalt der Formen bei unterschiedlichen Materialien verschloß sich jeder theoretischen Interpretation. Einen Ansatz zur Interpretation in anderer Richtung gibt der BARKHAUSEN-Effekt, welcher durch Sprünge in der Magnetisierungskurve entsprechend Abb. 13 gekennzeichnet ist. Hiermit deutet sich ein Unterschied in der Betrachtung an, wie er aus der Thermodynamik allgemein bekannt ist. Die phänomenologische Thermodynamik beschreibt nur summarische durch Mittelwertbildung erhaltene Gesetze, während die statistische Thermodynamik von den Bewegungen der einzelnen Atome und Moleküle ausgeht und so die Ursachen und Grenzen der phänomenologischen Betrachtungen aufzeigt. Leider ist der Magnetismus z. Z. noch nicht so gut erforscht, daß alle Erscheinungen der Hystereseschleifen usw. erklärt werden könnten. Dennoch existieren schon viele Erkenntnisse, die manches tiefergehend zu untermauern vermögen.

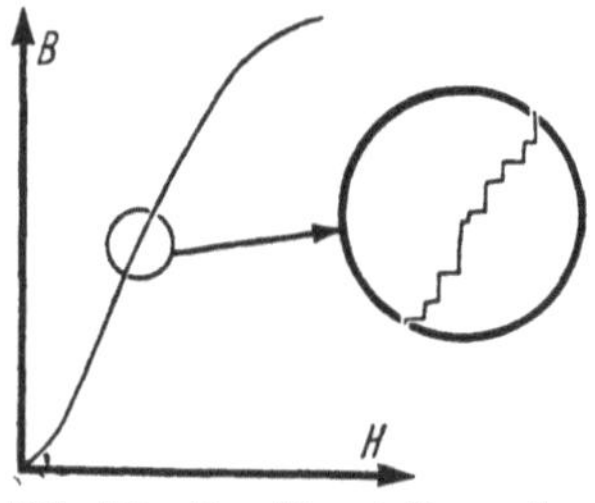

Abb. 13. Zur Darstellung der BARKHAUSEN-Sprünge. Rechts etwa 10^6fach vergrößerter Ausschnit der linken Kurve

2.4.2. WEISSsche Bezirke und BLOCH-Wände

Der Magnetismus geht auf Eigenschaften der Atome und Moleküle zurück. Der hier besonders interessierende Ferro- und Ferrimagnetismus ist eine spezielle Eigenschaft des Festkörpers. Bei ihm ist die magnetische Wechselwirkung zwischen den Elementarteilchen so groß, daß sich ihre magnetischen Momente automatisch parallel ausrichten. Dadurch entstehen größere Bezirke, die bereits ohne äußeres Magnetfeld ihre Sättigungsmagnetisierung besitzen. Dieser spontanen Ausrichtung werden Grenzen durch die Wärmebewegung, Aufbaufehler im Material, Entmagnetisierung und andere Einflüsse gesetzt. Hierdurch wird u. a. die CURIE-Temperatur verständlich, bei der ferromagnetische Materialien in den paramagnetischen Zustand übergehen. Es folgt aber auch, daß die spontan magnetischen Bereiche nur endliche Abmessungen besitzen können. Solche Bereiche mit einer spontanen Magnetisierung in einer Richtung heißen Domänen oder WEISSsche Bezirke. Ein ferromagnetisches Material besteht aus vielen solcher Domänen unterschiedlicher Größe mit unterschiedlicher Richtung ihrer Magnetisierung. Sie sind durch BLOCH-Wände getrennt, in denen der Magnetisierungsvektor in einer sehr kurzen, aber endlichen Strecke von der einen Richtung in die andere wechselt.

2.4.3. Wandverschiebungen und Drehprozesse

Wenn eine bestimmte Größen- und Richtungsverteilung der WEISSschen Bezirke vorliegt, kann ein ferromagnetisches Material nach außen pauschal unmagnetisiert erscheinen. Damit ein äußeres Feld eine Magnetisierung bewirkt, können sowohl für das äußere Feld günstig liegende Bereiche wachsen als auch andere Bereiche ihre Magnetisierungsrichtung ändern. Der erste Fall wird als Wandverschiebung und der zweite als Drehprozeß bezeichnet. Diese beiden Möglichkeiten zeigt für spezielle rechteckige Bereiche mit parallelen Wänden Abb. 14.

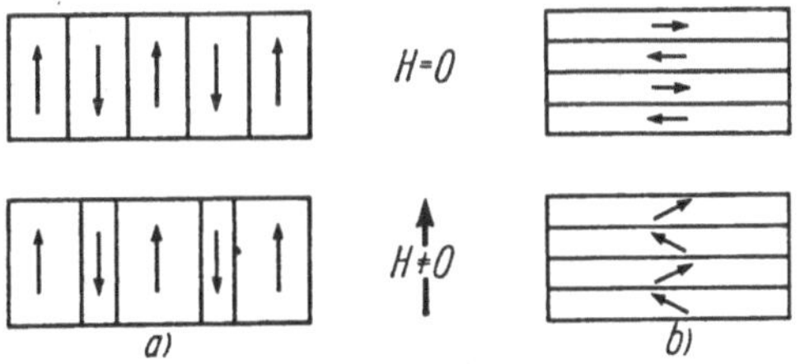

Abb. 14. Magnetisierungsprozesse bei parallelen 180°-BLOCH-Wänden
a) Wandverschiebungen; b) Drehprozesse

2.4.4. Reversible und irreversible Prozesse

Die Magnetisierungsänderungen in Abb. 14 sind auf den ersten Blick reversibel, d. h., sobald das Feld zu Null wird, sollte sich wieder der Ursprungszustand einstellen, denn er dürfte ja, da er auch vorher ohne Feld bestand, dabei die geringste Energie zu seiner Existenz benötigt haben. Nun gibt es im Material Potentialwälle, z. B. durch unmagnetische Einschlüsse, und nicht immer werden die WEISSschen Bezirke so schön geordnet sein. Dies führt unter anderem dazu, daß die BLOCH-Wände sich nicht proportional mit dem Feld bewegen, sondern irgendwo an diesen Wällen stehen bleiben und sie erst bei noch höherer Feldstärke überspringen. Dieses eine Beispiel zeigt, daß bei diesen Änderungen auch irreversible Vorgänge auftreten können. Sie alle bewirken die pauschale Koerzitivfeldstärke und Remanenz.

2.5. Einbereichsteilchen

2.5.1. Bedeutung der kleinen Volumen

Die elementaren Magnetisierungsvorgänge sind im kompakten Material sowohl experimentell als auch theoretisch schwierig zu behandeln. Aus diesem Grunde wurde der Übergang zu immer kleineren Volumen gewählt. Ein Hauptgebiet der theoretischen und experimentellen Untersuchungen sind daher heute die dünnen Schichten, für die nur noch zwei Dimensionen bedeutsam sind [7]. Außerdem haben sie mittlerweile auch verschiedene Anwendungsmöglichkeiten. Unter anderem dringen sie in die Magnetbandtechnik mit Erfolg ein [8] bis [13]. Hierbei wirkt sich die hohe Sättigungsmagnetisierung der metallischen Legierungen sehr vorteilhaft aus. Noch übersichtlicher werden die Verhältnisse, wenn das Volumen eines Teilchens so klein gewählt wird, daß in ihm keine BLOCH-Wand mehr Platz hat. Dann muß dieses Teilchen, sofern es noch genügend Atome der Moleküle enthält (vgl. 1.3.4.), ein einzelner WEISSscher Bezirk sein. Solche Teilchen, deren Abmessungen etwa unter 1 μm liegen, heißen Einbereichsteilchen. Die Teilchen eines Magnetbandes aus γ-Fe_2O_3 dürften diesen Forderungen genügen.

2.5.2. Anisotropie

Die Richtung der Magnetisierung in einem Einbereichsteilchen ist allgemein durch minimale Energie des Magnetfeldes gekennzeichnet. Ohne äußeren Feldeinfluß ergeben sich hierdurch verschiedene Vorzugslagen, die als leichte Achsen bezeichnet werden. In den meisten Fällen existiert sogar nur eine Vorzugsachse, zu der dann die Achse schwerer Magnetisierung senkrecht steht. Alle Erscheinungen um diese Vorzugslagen werden mit Anisotropie bezeichnet. Ihre Ursache kann sehr unterschiedliche Gründe besitzen.

Weicht das Teilchen von der Kugelform ab, so wird durch das entmagnetisierende Feld die Formanisotropie für die Lage des Entmagnetisierungsfeldes entscheidend sein.

Eine andere Möglichkeit folgt aus der Orientierung des Kristallgitters (Kristallanisotropie). Weitere Einflüsse entstehen durch die Magnetostriktion infolge der dadurch bedingten Verzerrung des Gitters. Bei Legierungen ruft die Richtung der Nahordnung die sogenannte Diffusionsanisotropie hervor. Schließlich sei hier noch der Einfluß der Oberfläche erwähnt.

2.5.3. Magnetisierungsvorgänge

Es sei ein Einbereichsteilchen in Form eines langgestreckten Ellipsoids mit überwiegender Formanisotropie angenommen. Seine leichte Achse entspricht dann der Längsachse. Ihr gegenüber möge die Feldrichtung im Winkel Θ abweichen (Abb. 15). Die Magnetisierungsvorgänge zeigen je nach der Größe dieses Winkels charakteristisches Verhalten.

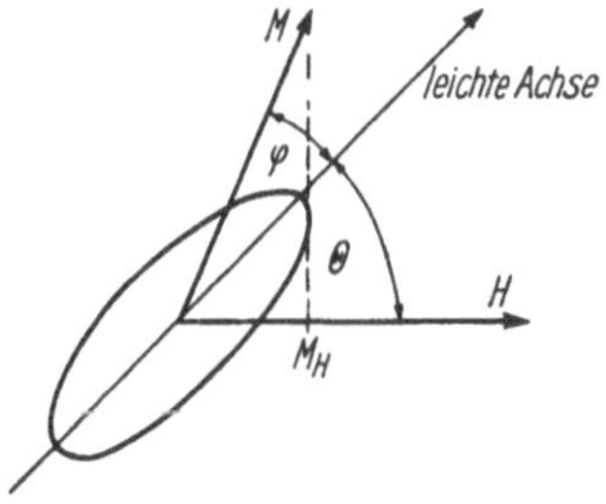

Abb. 15. Winkel des Feldeinflusses H und der Magnetisierung M eines elliptischen Einbereichsteilchens

Für $\Theta = 0$ besitzen Feld und leichte Achse die gleiche oder entgegengesetzte Richtung. Bei entgegengesetzter Richtung gibt es eine Feldstärke, für die der Magnetisierungsvektor sprunghaft umschlägt. So entsteht eine ideale Rechteckkurve mit der individuellen Koerzitivfeldstärke H_{cT} (Abb. 16a). Dies entspricht also einem stark irreversiblen Verhalten. Stehen dagegen Feldrichtung und leichte Achse senkrecht aufeinander, so kann der Magnetisierungsvektor sich nur gegen das entmagnetisierende Feld zur Feldrichtung eindrehen. Dieser Vorgang ist im Idealfall voll reversibel, und für die Magnetisierungskomponente in Feldrichtung entsteht eine Gerade mit Sättigungscharakteristik (Abb. 16b).

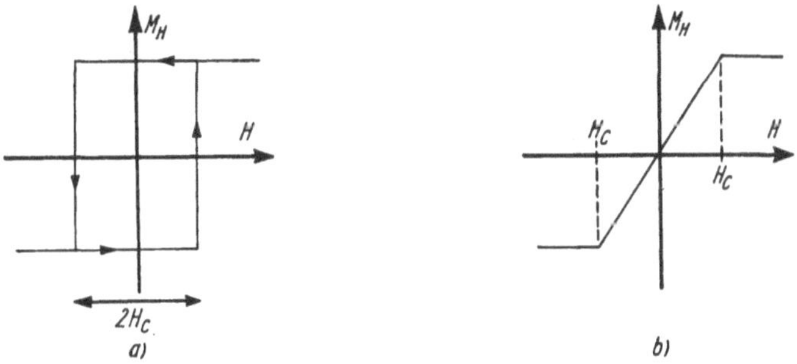

Abb. 16. Hysteresekurven eines Einbereichsteilchens bei Winkeln von a) 0° und b) 90° zwischen leichter Achse und Feldeinwirkung

Auffallend ist, daß die Sättigung ebenfalls bei H_{cT} beginnt. Eine Untersuchung über den allgemeinen Einfluß des Winkels stammt von STONER und WOHLFARTH [14]. Das Ergebnis zeigt Abb. 17. Hierin wurde die Magnetisierungskomponente auf ihr Maximum normiert:

$$m = \frac{M}{M_{hT}} . \tag{66}$$

Dasselbe geschah für die Feldstärke:

$$h = \frac{H}{H_{cT}} . \tag{67}$$

2.5.4. Koerzitivfeldstärke und Drehprozesse

Für einfache kohärente Drehprozesse kann die Koerzitivfeldstärke aus der Anisotropieenergie berechnet werden. Bei Formanisotropie gilt mit den Entmagnetisierungsfaktoren in schwerer und leichter Richtung N_s bzw. N_l dann

$$H_{cT} = (N_s - N_l)\,\frac{M}{\mu_0}\,. \tag{68}$$

In der Praxis zeigt sich aber, daß vielfach niedrigere Werte gemessen werden. Als Erklärung hierfür kommen Knickbildung und Verwindung in Betracht (Abb. 18).

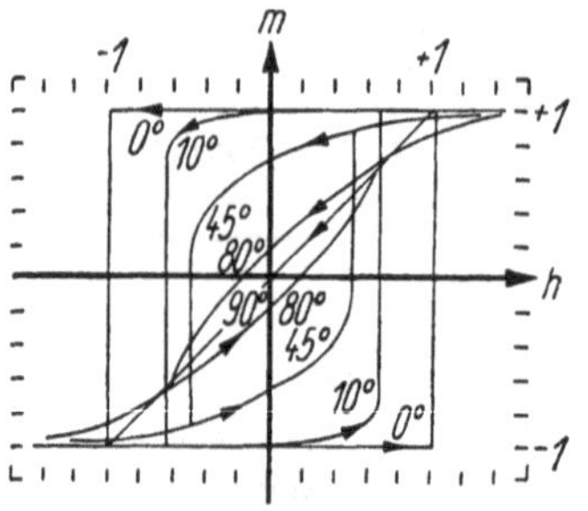

Abb. 17. Allgemeine Hysteresekurven eines Einbereichsteilchens nach STONER und WOHLFARTH [14]

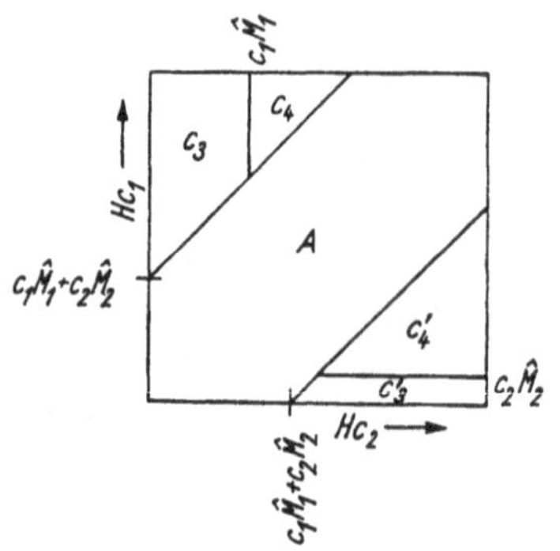

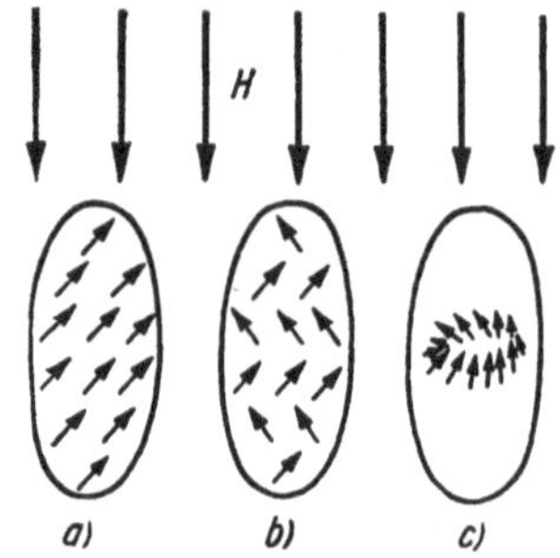

Abb. 18. Verschiedene Arten der Drehung in einem kleinen Teilchen

a) kohärente Drehung;
b) Knickbildung (buckling);
c) Verwindung (curling)

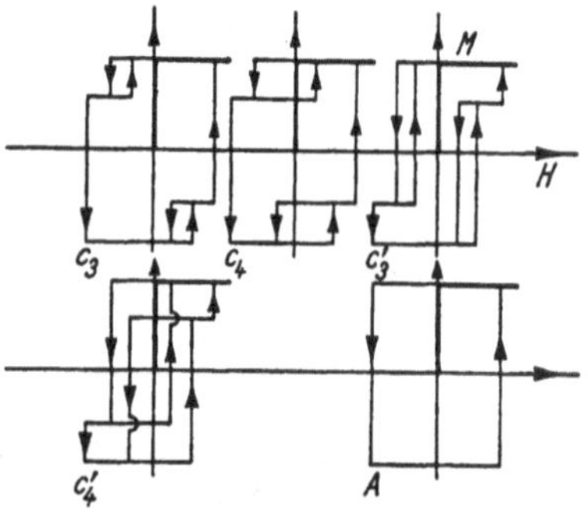

Abb. 19. Zur Wechselwirkung zwischen zwei Einbereichsteilchen mit den Koerzitivfeldstärken H_{c1} und H_{c2}, den Momenten M_1 und M_2 sowie den Kopplungen C_1 und C_2 [14]

2.5.5. Pärchenmodell

Das einzelne isolierte Einbereichsteilchen wird in der Wirklichkeit sehr selten vorkommen. Sobald aber mehrere Einbereichsteilchen beieinander liegen, werden sie sich auch gegenseitig beeinflussen, d. h. vorspannen. Diese Fälle sind bisher genauer nur für zwei Teilchen untersucht worden [15] bis [17]. Für das sogenannte Pärchenmodell existieren zwei typische Lagen. Entweder befinden sich die Längsachsen beider Teilchen auf einer gemeinsamen Geraden (positive Wechselwirkung) oder sie sind parallel nebeneinander im Raum angeordnet (negative Wechselwirkung). Allgemein wird angenommen, daß die beiden Teilchen unterschiedliche Koerzitivfeldstärke besitzen. Je nach ihrem Verhältnis ergibt sich bei Reihenanordnung der Teilchen eine Einteilung, wie sie Abb. 19 zeigt. Straubel und Robaschik ist es gelungen, dies durch einen erweiterungsfähigen Ansatz für beliebig viele Teilchen mathematisch zu beweisen [18]. Dieser mathematische Ansatz läßt vielleicht einen Übergang zu beliebiger Teilchenanordnung erwarten.

2.6. Preisach-Darstellung

2.6.1. Voraussetzungen

Die ursprünglichen Betrachtungen von Preisach bezogen sich auf den Rayleigh-Bereich und gehen auf das Jahr 1935 zurück [19]. In der letzten Zeit wurden diese Vorstellungen wesentlich weiter gefaßt und angewendet [20] bis [24]. Es gelten danach die folgenden Voraussetzungen:

1. Das Material soll nur aus Teilchen mit einer idealen Rechteckschleife (Abb. 16a) bestehen. Diese können Einbereichsteilchen sein, die dann alle parallel zum Feld orientiert sein müssen.
2. Die Vorspannfelder, mit denen sich die Teilchen gegenseitig beeinflussen, sollen sich durch den Magnetisierungszyklus nicht ändern.

Gegen diese gegenüber der Wirklichkeit stark vereinfachten Vorstellungen ist oft Einspruch erhoben worden [25] bis [27]. Dennoch hat dieses Modell für die Magnetspeichertechnik eine beachtliche Bedeutung erlangt. Dies wird vor allem durch die Untersuchungen von Bate [28] über die statistische Stabilität stark fundiert. Nachdem es inzwischen gelungen ist, eine Apparatur zu entwickeln, mit der recht schnell die Preisach-Belegungen zu erhalten sind, dürften auch von der experimentellen Seite ausreichende Möglichkeiten zur Vertiefung zur Verfügung stehen [29].

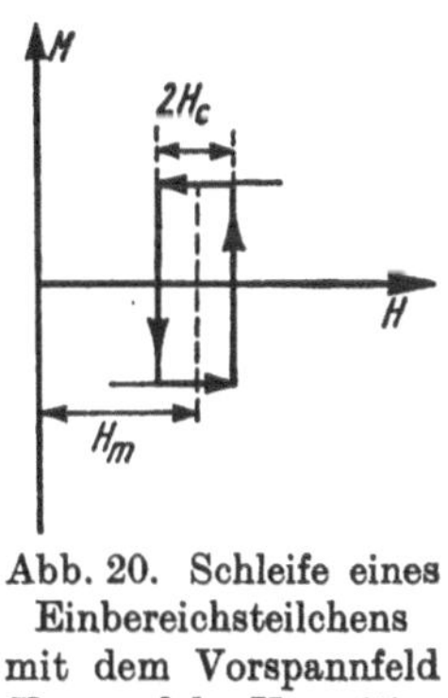

Abb. 20. Schleife eines Einbereichsteilchens mit dem Vorspannfeld H_{mT} und der Koerzitivfeldstärke H_{cT}

2.6.2. Preisach-Ebene und -Belegung

Jedes Teilchen in einem Verband ist gemäß den vorgenannten Voraussetzungen durch zwei individuelle Größen, die Koerzitivfeldstärke H_{cT} und die Vorspannfeldstärke H_{mT} vollständig gekennzeichnet. Eine diesbezügliche Hysteresekurve zeigt Abb. 20. Diese beiden Größen bilden die Achsen der Preisach-Ebene. Da H_{cT} nur positiv sein kann, ist es genau genommen eine Halbebene. Jedem Teilchen entspricht in ihr ein Punkt. Abb. 21 zeigt diese Zuordnung von Punkten und Kurven. In einem Material sind von den verschiedenen Individuen unterschiedlich viel enthalten. Dies kann u. a. durch „Höhenlinien" in der Preisach-Ebene dargestellt werden. Die Summe dieser Linien wird als

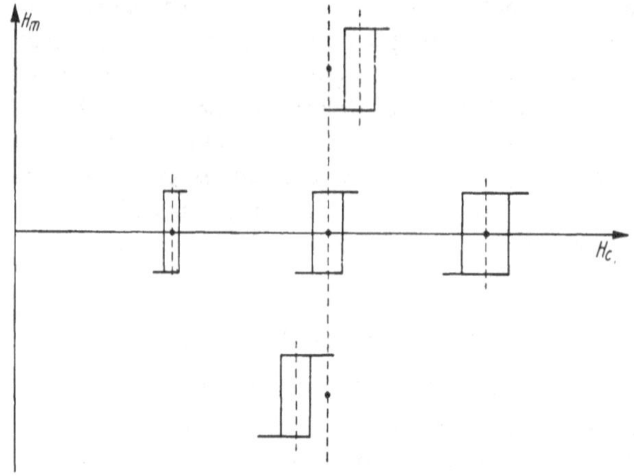

Abb. 21. Zuordnung von verschiedenen Schleifen in der H_{cT}, H_{mT}-Ebene

Belegungsdichte $\varrho(H_{mT}, H_{cT})$ bezeichnet. Sie ist die individuelle Kennzeichnung der verschiedenen Materialien. Für viele Untersuchungen werden stark vereinfachte Belegungsdichten angenommen. Einige Beispiele zeigt Abb. 22.

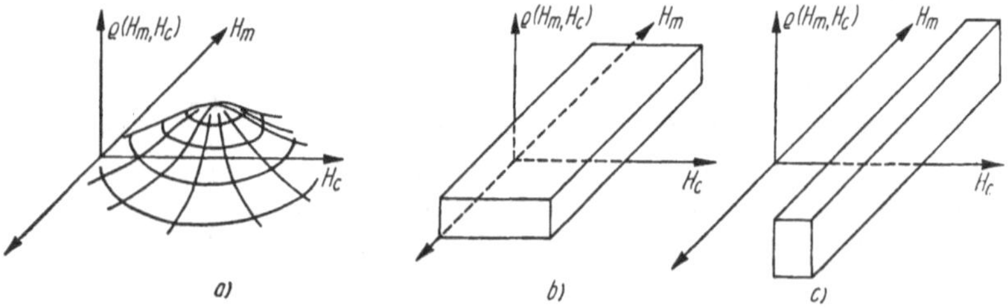

Abb. 22. Einfache Belegungsdichten $\varrho\ (H_{wT}, H_{cT})$
a) angenäherte Gauss-Verteilung;
b) Rechteckverteilung;
c) Rechteckverteilung mit geringer H_{cT}-Variation

2.6.3. Magnetisierungsvorgänge

Ein Teilchen gemäß Abb. 20 springt vom negativen zum positiven Magnetisierungszustand, sobald für die äußere Feldstärke

$$H \geqq H_{mT} + H_{cT} \tag{69}$$

gilt. In der Preisach-Ebene stellt diese Gleichung eine Gerade unter 45° dar, welche die H_{mT}-Achse bei $H = H_{mT}$ schneidet (Abb. 23). Ein positives Teilchen klappt umgekehrt in die negative Magnetisierung um, sobald

$$H \leqq H_{mT} - H_{cT} \tag{70}$$

erfüllt ist. Diese Ummagnetisierungsgerade steht also gerade senkrecht zur ersten. Mit beiden Geraden lassen sich dann alle Magnetisierungsvorgänge behandeln. Bei einem bestimmten Schwingungsablauf sind jeweils nur die Maxima und Minima bedeutsam, da bei ihnen die jeweilige Front am weitesten vorausgeschoben wird.

2.6.4. Beispiel

Es sei angenommen, daß die Belegungsdichte in der gesamten PREISACH-Ebene konstant sei und daß für das unmagnetisierte Material die H_{cT}-Achse zugleich die Grenze zwischen positiver und negativer Magnetisierung sei. Mit wachsendem äußerem Feld werden dann die Teilchen, die von der ansteigenden Front passiert werden, ummagnetisiert (Abb. 24). Die pauschale Magnetisierung ist durch die Anzahl der ummagnetisierten Teilchen gegeben. Kehrt die Feldstärke um, so werden wieder einige Teilchen zurückmagnetisiert. Wenn sie Null erreicht, bleibt ein Remanenzdreieck bestehen. Bei der Koerzitivfeldstärke des Materials existiert ein gleich großes positives und negatives Remanenzdreieck. Der weitere Vorgang ist dann im wesentlichen eine Wiederholung des vorangegangenen in negativer Richtung. Es wird deutlich sichtbar, daß bereits mit einer solchen einfachen Belegung wesentliche Eigenschaften des Magnetismus (RAYLEIGH-Bereich) wiedergebbar sind. Ist die Belegung irgendwo begrenzt, so tritt auch Sättigung auf.

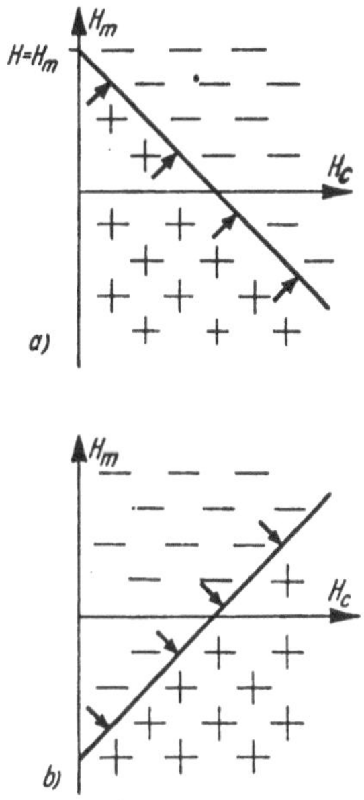

Abb. 23. Magnetisierungsfronten in der PREISACH-Ebene
a) bei wachsender äußerer Feldstärke;
b) bei fallender äußerer Feldstärke

2.6.5. Grenzen

Von den Voraussetzungen her berücksichtigt die PREISACH-Darstellung ersichtlich die gesamten möglichen Magnetisierungszyklen mit symmetrischen und unsymmetrischen Grenz- und Unterschleifen unter der Voraussetzung, daß es nur irreversible Vorgänge gibt. Bezüglich der Remanenz ist nur der Teil der Ebene mit $H_{mT} = H_{cT}$ interessant. In gewisser Hinsicht können die Teilchen auf der H_{mT}-Achse auch als reversible Teilchen betrachtet werden. Eine derartige Belegung gab erstmals MÜNSTER an [30].

Die Irreversibilität gibt eine beträchtliche Einschränkung für einige spezielle Vorgänge, wie z. B. die Rückmagnetisierung in 1.5.3. In den meisten Fällen, wie bei der Speicherung, wo in erster Linie die Remanenz interessiert, ist daher die PREISACH-Darstellung sehr nützlich. Hierbei wird häufig sogar noch die Symmetrie der Belegung zur H_{cT}-Achse erfüllt sein.

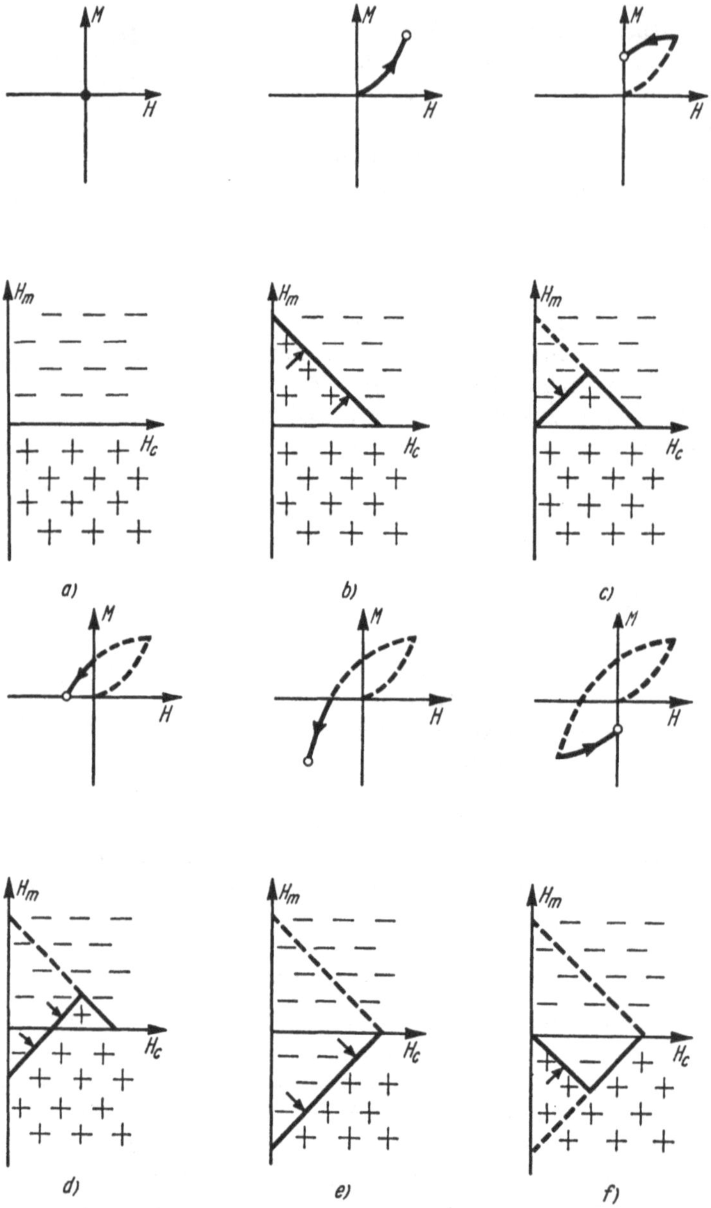

Abb. 24. Magnetisierungsvorgänge im PREISACH-Diagramm

a) Ausgangspunkt, unmagnetisiertes Material;
b) parabelförmige Zunahme der Magnetisierung;
c) Rückkehr zur Feldstärke Null;
d) Beseitigung der pauschalen remanenten Magnetisierung;
e) Magnetisierung zu negativen Werten;
f) abermaliger Rückgang zur Feldstärke Null

Die Abhängigkeit der Orientierung von Einbereichsteilchen gelang erstmals STRAUBEL und RIESCH einzubeziehen [31]. Jedes Teilchen erhält dabei eine dritte individuelle Größe, den Winkel der leichten Achse gegenüber dem äußeren Feld zugeordnet. Die Magnetisierungsfronten werden so zu gekrümmten Flächen im dreidimensionalen H_{cT}, H_{mT}, α-Raum. Neben Feldstärkezunahme und -abnahme lassen sich dann auch Felddrehungen behandeln.

Ein anderes offenes Problem sind die Wechselwirkungsfelder. Ihre exakte Behandlung könnte sich vielleicht durch eine Weiterentwicklung des Pärchenmodells ergeben. Auch hier existieren erste Ansätze [18].

2.7. Literatur

[1] KNELLER, E.: Ferromagnetismus, Springer-Verlag, Berlin/Göttingen/Heidelberg 1962.

[2] WOHLFARTH, E. P.: Hard magnetic materials, Philosophical Magazine Suppl. **8** (1959), H. 30, S. 87–224.

[3] REINBOTH, H.: Technologie und Anwendung magnetischer Werkstoffe, 2. Auflage, VEB Verlag Technik, Berlin 1963.

[4] FÖRSTER, H.: Die gesetzlichen Einheiten und ihre praktische Anwendung, VEB Fachbuchverlag, Leipzig 1961.

[5] FISCHER, J.: Abriß der Dauermagnetkunde, Springer-Verlag, Berlin/Göttingen/Heidelberg 1949.

[6] WALLOT, J.: Theorie der Schwachstromtechnik, Springer-Verlag, Berlin/Göttingen/Heidelberg 1944.

[7] ANDRÄ, W., u. a.: Ferromagnetische dünne Schichten, phys. stat. sol. **2** (1962), H. 2, S. 99–166; H. 3, S. 345–384; H. 4, S. 941–983; H. 5, S. 1227–1253; H. 6, S. 1417 bis 1459; **3**, (1963) H. 1, S. 1–30.

[8] MIYATA, J., and LENTZ, T.: Magop — A new approach to high density digital magnetic recording, Reprint from Large Capacity Memory Techniques for Computing Systems, Edited by Marshal C. Yovits (1962), S. 117–134.

[9] BATE, G., MORRISON, J. R., and SPELIOTIS, D. E.: High density digital recording in thin metal surfaces, International Conference on Magnetic recording London (1964), S. 7–8.

[10] MEE, C. D.: Magnetic Tape Recording Materials, IEEE Transactions on communicat. a, electronics **83** (1964), H. 7, S. 399–408.

[11] BATE, G.: Thin metal films for high-density digital recording, IEEE Transactions on magnetics (1965), H. 3, S. 193–205.

[12] VON ARDENNE, M., EFFENBERGER, D., MÜLLER, M., and VÖLZ, H.: Investigations regarding production and properties of vapour deposided magnetic films for dynamic stores, IEEE Transactions on magnetics MAG. **2** (1966), H. 3, S. 202–205.

[13] MÜLLER, M.: Zum Frequenz- und Impulsverhalten von Magnetbändern mit geringer Schichtdicke, Proceedings on the 2nd Conference on Magnetic Recording Budapest, Oktober 1966, S. 175–180.

[14] STONER, E. C., and WOHLFARTH, E. P.: A mechanism of angular variations in field on fine-particle remance, Philos. Trans. Roy. Soc. London **240** (1948), S. 599–642.

[15] WOHLFARTH, E. P.: A review of the problem of fine-particle interactions with special reference to magnetic recording, J. Appl. Phys. **35** (1964), H. 3, Teil 2, S. 783–790.

[16] NÉEL, L.: Sur les effects d'un couplage entre grains ferromagnétiques doués d'hysteresis, Compt. Rend. **246** (1958), S. 2313.

[17] NÉEL, L.: Sur les effects de interactions entre les domains élémentaines ferromagnetiques: Bascule et reptation, J. phys. Radium **20** (1959), S. 20.

[18] Straubel, R., und Robaschik, D.: Zur Berechnung der Wechselwirkung einer Ansammlung von ausgerichteten magnetischen Einbereichsteilchen, phys. stat. sol. **9** (1966), S. 233–246.

[19] Preisach, F.: Über die magnetische Nachwirkung, Zeitschr. f. Physik **94** (1935), S. 277–302.

[20] Feldtkeller, R., und Wilde, H.: Hysterese in weichmagnetischen Werkstoffen, ETZ-A **77** (1965), S. 449–453.

[21] Wilde, H.: Modellvorstellungen zu den Erscheinungen der ferromagnetischen Hysterese, Nachrichtentechn. Zeitschrift (1957), H. 10, S. 497–502.

[22] Wilde, H., und Girke, H.: Die Messung der Wahrscheinlichkeitsverteilung der Barkhausensprünge in einem Ferromagnetikum, Z.f. angew. Physik **11** (1959), H. 9, S. 339–342.

[23] Seidel, H.: Ein Verfahren zur Analyse der magnetischen Vorgeschichte einer ferromagnetischen Meßprobe mit Hilfe des Preisach-Diagramms, Z.f. angew. Physik **12** (1960), H. 11, S. 493–501.

[24] Girke, H.: Der Einfluß innerer magnetischer Kopplungen auf die Gestalt der Preisach-Funktion hochpermeabler Materialien, Z.f. angew. Physik **12** (1960), H. 11, S. 502–508.

[25] Brown, W. F.: Failure of the local-field concept for hysteresis calculations, J. appl. phys. suppl. **33** (1962), H. 3, S. 1308–1309.

[26] Haroske, D., und Vogler, G.: Untersuchungen über die Ummagnetisierungsvorgänge in Rechteckferriten mittels des erweiterten Preisach-Modells, Z. f. angew. Phys. **15** (1963), H. 2, S. 150–154.

[27] Widmann, A.: Die begrenzte Gültigkeit des Preisachschen Modells und ihre Ursachen, Z. f. angew. Phys. **20** (1966), H. 6, S. 516–521.

[28] Bate, G.: Statistical stability of the Preisach-Diagramm for particles of γ-Fe_2O_3 J. Appl. Phys. **33** (1962), S. 2263.

[29] Völz, H., und Ganzke, M.: Versuch einer oszillographischen Darstellung eines preisachähnlichen Gebirges, Bericht zur II. Internat. Konferenz für Signalspeicherung Budapest 1966, S. 240–245.

[30] Straubel, R., und Riesch, W.: Modellvorstellungen zur Magnetisierung von magnetisch anisotropen Einbereichsteilchen, Z. f. angew. Phys. **22** (1966), H. 1, S. 33–37.

[31] Münster, E.: Aufbau einer Apparatur zur Messung der statischen Hystereseeigenschaften von Magnetbändern und Auswertung zur Klärung des Aufzeichnungsvorganges, Diplomarbeit an der Humboldt-Universität, Berlin 1966.

3. Juristische Probleme der Verwendung von Magnettonaufzeichnungen

Von Christian Koristka

3.0. Einleitung

Je mehr ein bestimmtes Verfahren, ein bestimmter Gegenstand oder generell eine wissenschaftliche Entdeckung in der Gesellschaft Anwendung findet, desto dringender wird für den Juristen die Aufgabe, sich mit den rechtlichen Fragen, die die Anwendung dieser Möglichkeiten mit sich bringt, auseinanderzusetzen.

Die Möglichkeit, akustische Signale aufzunehmen, speichern und beliebig oft wiedergeben zu können, besteht in der Form der Schallplatte schon etwa seit Beginn dieses Jahrhunderts [1]. Allein der erhebliche Aufwand, der zur Herstellung einer solchen Aufzeichnung notwendig ist, hat die Schallplatte und den in den dreißiger Jahren entdeckten Lichtton nur in bestimmten Bereichen für die Gesellschaft eine Bedeutung erlangen lassen. Die Aufgabe genereller juristischer Einordnung schien wenig aktuell. Trotzdem wurde bereits vorausschauend 1912 von Kohler auf einige Probleme bei der Verwendung von Schallspeichern aufmerksam gemacht [2]. Erst in den letzten Jahren begann die Entwicklung des Magnettonverfahrens, und ihr folgte seine Vervollkommnung. Hierdurch erlangte die Möglichkeit, akustische Signale zu speichern, allgemeine Beachtung. Die Vorteile des Magnettonverfahrens gegenüber den bisher bekannten Speichermethoden sind vor allem durch die Handlichkeit der Aufzeichnungs- und Wiedergabeapparatur sowie des Informationsträgers, durch die Größe der Aufnahmekapazität und die Möglichkeit des wiederholten Gebrauchs des Informationsträgers gegeben. So kann jetzt generell eine Aufzeichnung von akustischen Signalen an allen Orten und zu jeder Zeit erfolgen. Dies hat dazu beigetragen, daß das Magnettonverfahren in den letzten Jahren auf allen Gebieten unseres gesellschaftlichen oder privaten Lebens große Verbreitung gefunden hat [1].

Damit ergeben sich für den Juristen im wesentlichen zwei Aufgaben:

1. Es ist zu klären, wann und unter welchen Bedingungen Schallaufzeichnungen von einem juristisch relevanten Ereignis als prozessuale Beweismittel verwendet werden können.
2. Es ist zu bestimmen, in welchen Grenzen und unter welchen Voraussetzungen eine Schallaufzeichnung urheberrechtlich zu schützen ist.

3.1. Die Bedeutung akustischer Informationen für die menschliche Gesellschaft

Die Bedeutung akustischer Informationen für die Menschheit war schon immer groß. Sie ist mit der technischen Entwicklung unseres Lebens noch gestiegen. Neben der Lautsprache als der Tätigkeit des Menschen, Ergebnisse der Erkenntnistätigkeit mit akustisch hörbaren, vereinbarten Signalen (Lauten) auszudrücken, sind neue, synthetisch erzeugte, akustische Signale entstanden (z. B. Huptöne), die in hohem Maße Verhaltensweisen vom Menschen bestimmen bzw. beeinflussen. Das ist der Grund dafür, daß unabhängig von ihrer bisher unklaren juristischen Stellung die Möglichkeiten der objektiven Speicherung akustischer Signale eine große gesellschaftliche Bedeutung erlangt haben.

Das juristische Beweisverfahren ist im höchsten Maße von gespeicherten Informationen [3] abhängig, weil in ihm stets ein zeitlich zurückliegendes, juristisch erhebliches Ereignis dahingehend untersucht werden soll, ob bestimmte Menschen durch ihre Handlungsweisen, die in einer Beziehung zu dem vergangenen Ereignis standen oder stehen, gegen bestimmte Gesetzesnormen schuldhaft verstoßen haben [4]. Dies geschieht auf der Grundlage von Beweisen, die aus bestimmten Beweismitteln geschöpft werden [5], welche wiederum in einer direkten oder indirekten Beziehung zu diesem vergangenen Ereignis standen oder stehen. Die im Beweisverfahren verwendeten Beweismittel können als Träger von im Speicherzustand befindlichen Informationen aufgefaßt werden. Die Findung der Wahrheit über ein zurückliegendes, im Strafverfahren zu untersuchendes Ereignis ist damit von der Summe und der Qualität der von diesem Ereignis ausgegangenen, gespeicherten, wiedergegebenen und danach ausgewerteten Informationen abhängig [6]. Je direkter die Übermittlung der Informationen ist, je weniger Umwandlungen notwendig sind, um so größer ist die Gewähr dafür, daß die Informationen in der Form und dem Inhalt, in dem sie tatsächlich ursprünglich vorhanden waren bzw. gesendet wurden, zur Kenntnis des Gerichtes gelangen, das sie prüfen und nutzen soll.

Vom juristischen Standpunkt stellt sich das Magnettonverfahren als eine Methode zur Speicherung von rechtserheblichen Informationen durch die Umwandlung beliebiger Signale in magnetische Impulse und deren Aufzeichnung auf einen magnetisierbaren Informationsträger dar. Ziel einer solchen Aufzeichnung ist in der Regel die Speicherung und Übermittlung. Die Aufzeichnung ist die notwendige Voraussetzung und die Wiedergabe der logische Zweck der Speicherung. Wenn im folgenden der Begriff der Magnettonaufzeichnung verwendet wird, so sind darunter die Speicherzustände der mittels des Magnettonverfahrens auf einem band-, scheiben- oder trommelförmigen Informationsträger in Form von Remanenzstrukturen fixierten Informationen zu verstehen.

3.2. Einteilung der Magnettonaufzeichnung

Unter beweisrechtlichen Gesichtspunkten sind Magnettonaufzeichnungen in zwei Richtungen zu untergliedern:

1. nach ihrer Herkunft; 2. nach ihrem Inhalt.

3.2.1. Juristische Fragen des Entstehens einer Magnettonaufzeichnung

Magnettonaufzeichnungen können bei den heute möglichen technischen Voraussetzungen unter vielfältigen Bedingungen entstehen. Dabei ist zunächst rechtlich relevant, ob eine Aufzeichnung mit einer Beweisabsicht erfolgte oder ob ihr Speicherzustand zufällig oder aus anderen, nicht mit einer Beweisabsicht verbundenen Gründen entstand. Magnettonaufzeichnungen, die mit dem Ziel der Beweisabsicht aufgenommen wurden, werden als Zweckaufzeichnungen, die anderen als Zufallsaufzeichnungen bezeichnet [6]. Eine solche Unterteilung ist auch zur Klärung eines weiteren Problems notwendig. Magnettonaufzeichnungen können offen oder versteckt erfolgen. Im ersteren Fall ist allen an der Aufzeichnung Beteiligten bekannt, daß die von ihnen ausgesendeten akustischen Signale in Form einer Magnettonaufzeichnung festgehalten werden.[1]) Im letzteren Fall wird zumindest ein Beteiligter über die Tatsache einer Aufzeichnung der akustischen Situation nicht informiert sein. Hieraus ergeben sich insofern rechtliche Konsequenzen, als daß Aussagen von Personen, die nur unter dem Gesichtspunkt der Geheimhaltung mitgeteilt wurden, später gegen diese aussagende Person verwendet werden könnten. Das gegenwärtige Recht kennt jedoch den Tatbestand der ungerechtfertigten geheimen oder offenen Aufzeichnung von akustischen Signalen nicht. Hierauf wird noch unter dem Gesichtspunkt des urheberrechtlichen Schutzanspruches einzugehen sein.

3.2.2. Inhalt einer Magnettonaufzeichnung

Magnettonaufzeichnungen dienen heute nicht mehr nur zum Speichern von akustischen Signalen, sondern darüber hinaus werden auf Magnetbändern Videosignale, Rechen- und Meßwerte sowie andere Daten festgehalten [1]. Zu unterscheiden wären also zunächst Aufzeichnungen, deren Signalen eine bestimmte vereinbarte Semantik zugeordnet wurde (z. B. Sprachsignale, Meßwerte etc.), und Aufzeichnungen, die Geräusche oder ähnliche Impulse beinhalten, die einer solchen vereinbarten Semantik entbehren. Eine solche Abgrenzung ist nicht nur, wie bisher vielfach angenommen wurde, unter dem Gesichtspunkt der Verfälschbarkeit notwendig. Selbst die Verfälschung eines rechtserheblich gespeicherten Geräusches wäre tatbestandsmäßig genauso strafrechtlich zu verfolgen, wie die Verfälschung einer sprachlichen Nachricht oder eines gespeicherten Meßwertes. Diese Unterteilung soll vielmehr darauf verweisen, daß dem Gericht einmal eine bestimmte, z. B. akustische Situation, also modale Informationselemente [3] (wie wurde geklopft, geschrien, geschlagen usw.), und zum

---

[1]) Hierzu ist es nicht unbedingt erforderlich, daß das Mikrofon sichtbar angebracht ist; offen ist eine Aufzeichnungssituation ebenfalls, wenn dem Sprechenden der Umstand der Aufzeichnung nur mitgeteilt wurde, umgekehrt wird beim Vorhandensein eines Mikrofons eine Aufzeichnungsmöglichkeit vermutet werden müssen. Stillschweigendes Einvernehmen gilt als Einverständnis.

anderen ein bestimmter Inhalt zur Beurteilung vorgelegt wird.[1]) Der Inhalt einer bestimmten Aufzeichnung aber bestimmt im Speziellen die Beweismittelkategorie, unter der eine bestimmte Aufzeichnung im Beweisverfahren Verwendung finden kann.

3.3. Magnettonaufzeichnungen als Beweismittel

Ein Beweismittel ist materieller Träger gespeicherter Informationen über ein zurückliegendes, juristisch relevantes Ereignis. Daraus ergibt sich die Notwendigkeit, zu untersuchen, was beim Magnettonverfahren als Beweismittel anzusehen ist. Zunächst kann das Magnetband (der stoffliche Träger) wie jede andere Sache Beweismittel sein, wenn z. B. seine Substanz und seine spezielle Farbe Gegenstand der Beweisführung wäre. Das Magnetband hat aber neben diesen allgemeinen Beweismitteleigenschaften noch die spezifische, Speicher von akustischen Signalen sein zu können, und in der Mehrzahl der Fälle wird es auch in dieser Form als Speicher von Gedankeninhalten oder andersartigen Informationen dem Gericht vorgelegt werden. In diesem Falle ist die Magnettonaufzeichnung (MTA), d. h. der Speicherzustand des Magnettonverfahrens, Beweismittel.

3.3.1. Kriminalistische Untersuchungen zum Beweiswert

Im gültigen Strafprozeß der DDR können nach § 23 Strafprozeßordnung (StPo) nur Aussagen von Zeugen, Beschuldigten, gesellschaftlichen Anklägern oder Verteidigern, Sachverständigengutachten, Beweisgegenstände und Aufzeichnungen als Beweismittel verwendet werden. Damit sind nur solche Tatsachen, die sich aus den eben genannten Beweismitteln ergeben, im Prozeß vor Gericht als Grundlage der Beweiserkenntnis ausschöpfbar [5], [11], [12]. Darüber hinaus hat das Gericht stets zu überprüfen, ob der Informationsgehalt der Beweismittel objektiven Tatsachen entspricht. Letzteres schien bei Magnettonaufzeichnungen bisher nicht durchführbar. Neuere kriminalistische Untersuchungen haben gezeigt, daß ebenso wie bei Schriftstücken der Beweiswert der Magnettonaufzeichnung nachprüfbar ist (Abb. 1—7). Die kriminalistische Untersuchung von Magnettonaufzeichnungen, als ein neues Gebiet kriminalistischer Expertisentätigkeit, umfaßt Untersuchungen in vier Richtungen:

1. Untersuchungen zum Nachweis von Verfälschungen bzw. Veränderungen an Magnettonaufzeichnungen mit z. B. folgenden Fragestellungen: „Stellt die als Beweismittel vorgelegte MTA das Original dar? Wurde die vorgelegte MTA verfälscht; was wurde verfälscht? Wie und womit wurde die vorgelegte

[1]) In der Vergangenheit wurde versucht, Schallaufzeichnungen mit Sprachsignalen und Schallaufzeichnungen von anderen Schallereignissen zu verschiedenen Beweismitteln zu zählen. Schallaufzeichnungen mit sprachlichen Inhalten sollten Urkunden, Schallaufzeichnungen von übrigen Schalleindrücken, wie Geräuschen, Musikstücken etc., Beweisgegenstände bzw. Augenscheinobjekte darstellen [7] bis [10].

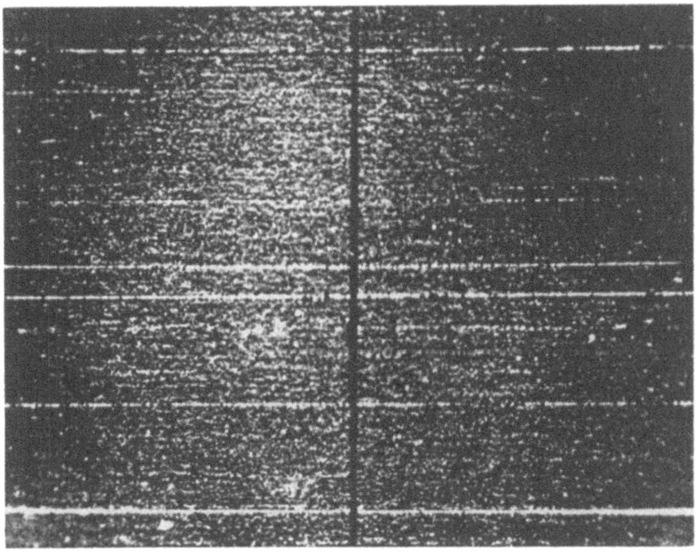

Abb. 1. Die Identifizierung eines Magnettongerätes an Hand mechanischer Schichtverletzungen des auf ihm benutzten Magnetbandes. Die linke Bildhälfte zeigt das Tatband, die rechte Bildhälfte das Vergleichsband, das auf dem beim Beschuldigten sichergestellten Gerät benutzt wurde

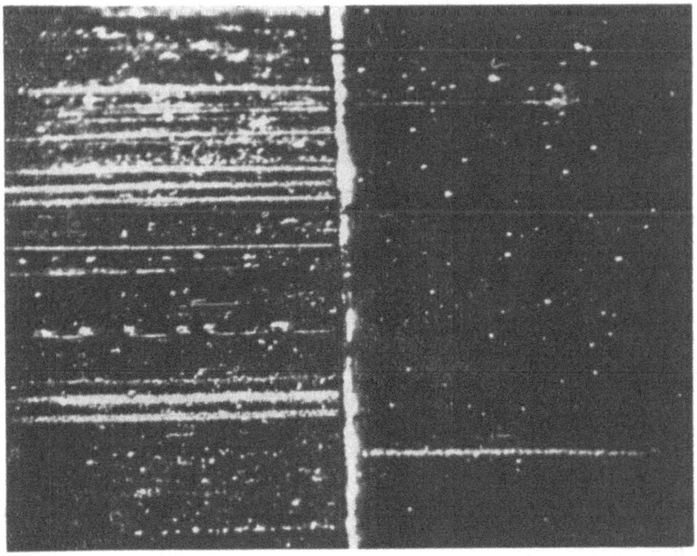

Abb. 2. Schichtverletzungen eines Magnetbandes vom Typ CR 35 U 6, die von zwei verschiedenen Magnettongeräten stammen

Abb. 3. Der Nachweis von Löschungen an Hand von Löschbildern verschiedener Magnettongeräte

Obere Spur: Löschbild eines Studiogerätes zur Stereoaufzeichnung
Mittlere Spur: Löschbild eines KB 100 bei künstlicher Unterdrückung der Stoppimpulse
Untere Spur: Löschbild und „Stoppimpuls" eines Magnettongerätes mit Permanentmagnetlöschung

Abb. 4. Start- und Stoppimpulse zum Nachweis von Aufzeichnungsunterbrechungen und zur Identifizierung der Aufzeichnungsapparatur bei einem Magnettongerät vom Typ KB 100

Obere Spur: Startimpuls
Mittlere Spur: Start- und Stoppimpuls in einem Arbeitsgang
Untere Spur: Stoppimpuls

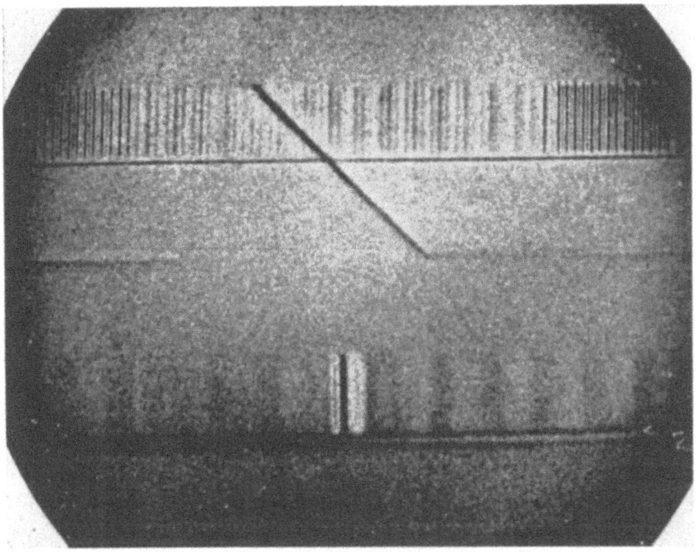

Abb. 5. Nachweis von Schnittimpulsen nach einer Umspielung der gekutterten Aufzeichnungen

Obere Spur: Schnittimpuls in einer Magnettonaufzeichnung bei $v = 9{,}5$ cm/s

Untere Spur: Schnittimpuls dieser Originalaufzeichnung nach Umspielung auf ein neues Magnetband bei $v = 19{,}05$ cm/s

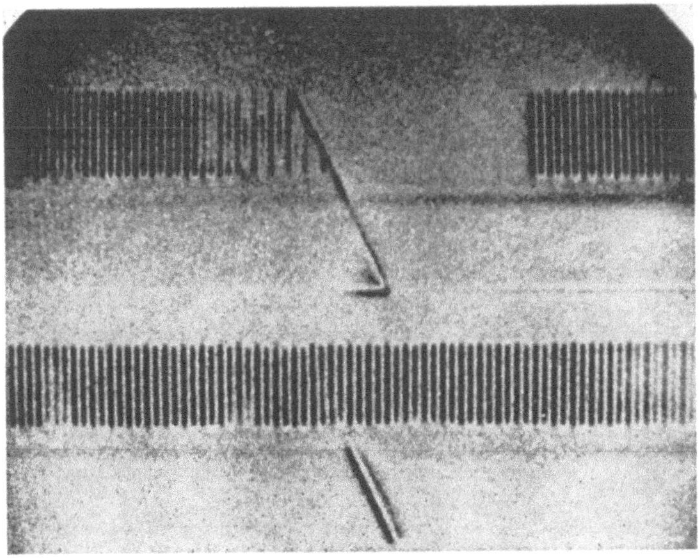

Abb. 6. Unterscheidung von Schnittimpulsen in einer Aufzeichnung zu Schnittimpulsen, die schon vor dieser Aufzeichnung im Band vorhanden waren

Obere Spur: Schnitt innerhalb einer Aufzeichnung

Untere Spur: Schnitt, der schon vor der Aufnahme im Band vorhanden war

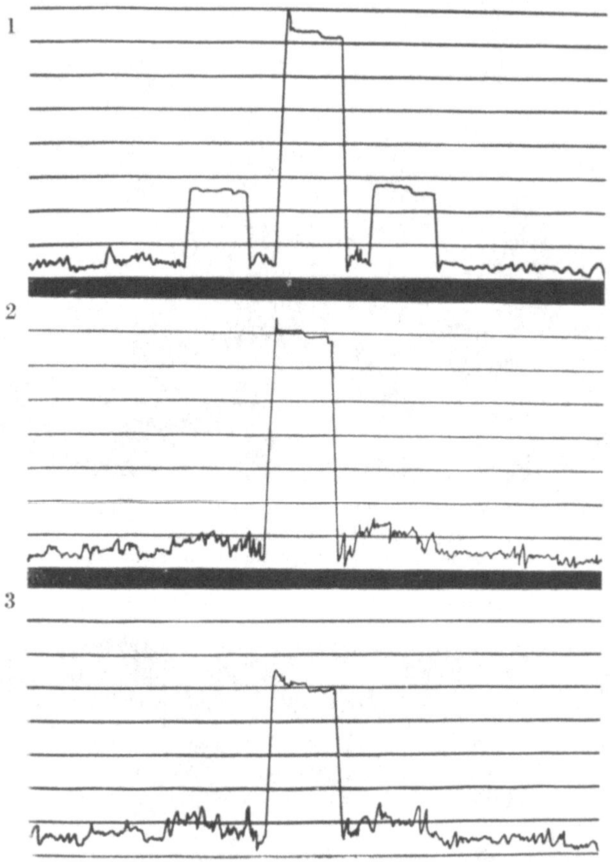

Abb. 7. Zur Unterscheidung einer originalen Aufzeichnung von einer Umspielung an der Speziallöschung von Kopiersignalen. (Zur Übersichtlichkeit sind nur die Pegel der ersten Vor- und Nachechos abgebildet)

Erstes Bild: Pegelverlauf des Nutzsignals und seines Vor- und Nachechos in der originalen Aufzeichnung

Zweites Bild: Pegelverlauf des Nutzsignals der originalen Aufzeichnung, nachdem die Kopiersignale durch eine Speziallöschung beseitigt wurden.

Drittes Bild: Pegelverlauf des Nutzsignales einer Umzeichnung, nachdem die Kopiersignale unter gleichen Bedingungen wie im zweiten Bild gelöscht wurden.

Der Nachweis der Umspielung erfolgt durch die Möglichkeit, in einer originalen Aufzeichnung Kopiersignale, ohne die Nutzsignale zu beschädigen, löschen zu können. Ist dies nicht möglich (max. Abfall des Nutzsignales von 4 dB), so handelt es sich nicht um originale, sondern um umgezeichnete Kopiersignale.

MTA verfälscht? Wurde die untersuchte MTA kopiert? Welche der aufgezeichneten Signale sind die ursprünglichen; welche wurden nachträglich aufgezeichnet?“ usw.

2. Untersuchungen zu Identifizierungen der Aufzeichnungsapparatur nach Gruppen und Individualeigenschaften anhand von Magnettonaufzeichnungen (bzw. Vergleichsaufzeichnungen) mit z. B. folgenden Fragenkomplexen: „Mit welchem Typ einer Aufzeichnungsapparatur wurde die vorgelegte MTA aufgezeichnet? Ist die sichergestellte Aufzeichnungsapparatur das Bandgerät, mit dem die relevante Magnettonaufzeichnung aufgezeichnet wurde? Wurde die vorliegende MTA mit einer bestimmten Aufzeichnungsapparatur verfälscht?“ usw.

3. Untersuchungen zur Identifizierung eines Sprechers anhand der auf Magnetband gespeicherten menschlichen Sprachlaute mit z. B. folgenden Fragestellungen: „Stammen die aus der vorliegenden Magnettonaufzeichnung gespeicherten menschlichen Sprachlaute von einer bestimmten bezeichneten Person? Sind bestimmte Wörter, Sätze usw. von einer anderen Person gesprochen wor den als die übrigen Sprachlaute auf einer MTA?“ usw.

4. Untersuchungen zur Verständlichmachung undeutlicher oder verzerrter Aufzeichnungen mit z. B. folgenden Fragestellungen: „Was für ein Text wurde gesprochen? Welche Worte oder Laute wurden verändert bzw. beseitigt? Welchen Inhalt hat eine bestimmte vorliegende unverständliche MTA?“ usw. [13].

Die Verwendung von Schallaufzeichnungen im Prozeß werden demnach nach gegenwärtigem Recht möglich, wenn sich solche Aufzeichnungen in eine der oben aufgezählten Beweismittelkategorien eingliedern ließen.

3.3.2. Einteilung der Beweismittel

Nach der Art ihres Speicherzustandes sind die im Strafprozeß verwendbaren Beweismittel in zwei Gruppen, die persönlichen und sachlichen Beweismittel, eingeteilt. Die *persönlichen Beweismittel* stellen ideelle Speicherzustände dar, die in Form von Aussagen reproduziert werden. Die *sachlichen Beweismittel* sind sachlich fixierte Speicherzustände, aus denen je nach vorhandenem Kenntnisstand Informationen über das kriminalistisch relevante Ereignis erhalten werden können.

Die Schallaufzeichnung kann nicht als Ersatz für Zeugen oder Sachverständige fungieren. Sie ist also kein persönliches Beweismittel, und zwar auch dann nicht, wenn sie Aussagen von Personen beinhaltet. In jedem dieser Fälle handelt es sich um Speicherungen früher getätigter Aussagen, denen die vom Strafprozeß für das persönliche Beweismittel geforderte Unmittelbarkeit der Aussage vor dem Gericht fehlt.

Damit bleibt noch zu untersuchen, ob Magnettonaufzeichnungen als sachliche Beweismittel verwenbar wären.

Das unmittelbare akustische Signal, d. h. die Schallwelle, ist prozessual schwer als sachliches Beweismittel erfaßbar. Dagegen wird seine Sachlichkeit als eine auf einem Träger fixierte Summe z. B. magnetischer Zustände ganz augenscheinlich. Zunächst ist also das gesprochene Wort oder generell ein beliebiges Signal, wenn es in irgendeiner Form materiell gespeichert vorliegt, etwas durchaus prozessual Sachliches. Da das gegenwärtige Strafprozeßrecht als sachliche Beweismittel nur Beweisgegenstände und Aufzeichnungen kennt (siehe § 23 Abs. 1, Zif. 4 StPo), bleibt zu prüfen, ob die Schallaufzeichnung in eine dieser Beweismittelformen eingegliedert werden kann.

3.3.3. Magnettonaufzeichnungen als Beweisgegenstände

Nach § 49, Abs. 1 StPo sind Beweisgegenstände Sachen, die durch ihre Beschaffenheit und Eigenart oder ihre Beziehung zu der Handlung (die Gegenstand der Untersuchung ist) Aufschluß über die Straftat und den Beschuldigten oder Angeklagten geben können. Einmal können Beweisgegenstände als *Träger* einer Substanzstruktur o. ä. von einem juristisch relevanten Geschehen auftreten (z. B. ein mit Blut beflecktes Kleidungsstück). Zum anderen können Beweisgegenstände durch ihre Substanz oder spezielle Struktur (z. B. ein Messer, das einen speziellen Stichkanal verursacht hat) zur Beweisführung dienen. Daß die Magnettonaufzeichnung etwas Sachliches ist, wurde bereits erläutert. Unter Beachtung der schon erörterten Gesichtspunkte ist ebenso unstrittig, daß die Möglichkeiten der Fixierung akustischer, elektrischer oder magnetischer Signale eine Eigenart dieses Magnetbandes ist.

Die „Beziehung zur Handlung" des relevanten Geschehens und der „Aufschluß über die Straftat und den Beschuldigten" wird demnach nur noch vom Informationsgehalt der fixierten Signale abhängig sein. Damit wird zunächst deutlich, daß ein Magnetband über seine Eigenschaften generell als Beweisgegenstand verwendbar ist, und zwar unabhängig davon, ob Farbenzusammensetzung, Größe oder Zerreißlänge oder die in Form von Geräuschen, Daten oder Sprachmodulationen auf ihm fixierten remanenten Strukturen im Prozeß zur Diskussion stehen. Für Beweisgegenstände, die nur durch ihren Inhalt, d. h. ihre in Zeichen fixierte Semantik zur Beweisführung verwendet werden, existiert jedoch auf Grund ihrer gesellschaftlich-praktischen Bedeutung eine besondere Regelung [14]. Hierzu wurde das prozessuale Rechtsinstitut der Aufzeichnung neu geschaffen, das u. U. über eine bestimmte Qualifizierung auch Urkundencharakter annehmen kann und dessen Beweiskraft dann unter strafrechtlichem Schutz steht.

3.3.4. Fragen der Schriftlichkeit

Eine solche besondere rechtliche Stellung betraf bisher vor allem schriftliche Aufzeichnungen, weil eine andere Form der Speicherung von Mitteilungsinhalten, außer der über die Umwandlung akustischer Sprachlaute in grafische Zeichen, nicht bekannt war. Da es nun praktisch möglich ist, diese akustischen Kommunikationsparameter, die menschlichen Sprachlaute, unmittelbar zu speichern, entsteht die Frage, ob für solche Aufzeichnungen gleiches wie für Schriftstücke gilt bzw. ob Magnettonaufzeichnungen nicht auch Schriftstücke darstellen. Der Schriftcharakter von Magnettonaufzeichnungen hat in der Diskussion um die strafprozessuale Einordnung der Magnettonaufzeichnung eine große Rolle gespielt, da hiervon ihre Erfassung als prozessuale Urkunde abhängig schien [15] bis [19]. Magnettonaufzeichnungen sind jedoch keine Schriftstücke. Auch eine analoge Anwendung des Wortes „Schrift" auf die nach physikalischen Gesetzen entstandene Aufzeichnung von Schallwellen kann de lege lata wie de lege ferenda nicht vorgenommen werden. Der wesentlichste Unterschied zwischen ihnen besteht darin, daß Schriftzeichen gesellschaftlich vereinbarte Formen der Umwandlung eines akustischen Signals in ein optisches Zeichen darstellen, die in allen Phasen dem Gestaltungswillen des Menschen unterliegen. Dagegen können Vereinbarungen in dieser Weise über die durch technische Apparaturen nach dem Magnettonprinzip aufgezeichneten Remanenzstrukturen nicht erfolgen. Diese Strukturen sind prinzipiell durch den objektiv vorgegebenen Verlauf der physikalischen Struktur der Schallwellen eines Lautes festgelegt und bleiben damit dem Gestaltungswillen des Menschen letztlich entzogen [15], [16].[1]) Um jedoch den Grundsatz der besonderen Regelung von sachlichen Beweismitteln, die durch ihren Inhalt zur Beweisführung verwendet werden, nicht zu durchbrechen, hat der Gesetzgeber in das Gesetz den Begriff der *Aufzeichnung*[2]) aufgenommen und damit zum Ausdruck gebracht, daß künftig neben schriftlich fixierten Mitteilungsinhalten auch in anderer Form gespeicherte rechtserhebliche Nachrichten zur gerichtlichen Beweisführung verwendet werden können. Damit ist nun endgültig klargestellt, daß als Speicher akustischer Geschehnisse einschließlich menschlicher Laute, als Speicher von Videosignalen, Meßwerten, Rechenwerten oder anderen Daten Magnettonaufzeichnungen als Beweismittel im gerichtlichen Beweisverfahren verwendbar sind, wenn ihre Echtheit nachweisbar und ihre Tatbezogenheit bzw. Deliktbezogenheit augenscheinlich ist.

3.4. Magnettonaufzeichnungen als Urkunden

3.4.1. Voraussetzungen für eine Urkunde

Eng mit der bisherigen Diskussion um die Beweismittelqualität von Magnettonaufzeichnungen verbunden ist die Frage, ob Magnettonaufzeichnungen auch als Urkunden anzusehen sind und damit den für dieses Rechtsintitut durch das Strafgesetzbuch ausgedrückten Schutz genießen [7], [9], [13], [15], [16], [18].

[1]) Vereinbarungen der Spurhöhe, Spaltstellung usw. ändern an dieser Grundtendenz nichts, sie wären etwa mit der Vereinbarung der Buchstabenform vergleichbar.

[2]) Der Begriff der Aufzeichnung ist insofern gut geeignet, da durch ihn, unabhängig von ihrer Form, alle zur Zeit und alle noch in Zukunft zu erwartenden Formen der Fixierung eines Informationsanfalls auf einem sachlichen Träger erfaßt werden können. Unter einer Aufzeichnung sind alle auf einem Träger aufgezeichneten, fixierten oder generell gespeicherten Signale, Zeichen oder informationstragenden Strukturen zu verstehen, denen in direkter Form ein bestimmter Mitteilungsinhalt zugeordnet wurde oder denen eine bestimmte Information eigen ist. Die Aufzeichnung kann in optisch, akustisch, geschmacklich oder geruchlich wahrnehmbarer Form erfolgen oder durch Tasten wiedergebbar sein.

Nach § 240 Absatz 3 StGB sind Urkunden „schriftliche oder in anderer Form aufgezeichnete Erklärungen, die in Ausübung dienstlicher oder sonstiger beruflicher Befugnisse oder in Wahrnehmung persönlicher Rechte und Pflichten ausgestellt wurden und Rechte und Pflichten begründen, aufheben oder rechtserhebliche Tatsachen beweisen und ihren Aussteller erkennen lassen.“

Damit ist klargestellt, welche besonderen Anforderungen erfüllt sein müssen, damit der in den §§ 240/1; 2; (Urkundenfälschung), 241/1; 2 (Urkundenvernichtung) und 242/1; 2 (Falschbeurkundung) des Strafgesetzbuches (StGB) ausgesprochene Schutz auf das entsprechende Beweismittel übergehen soll. Hiernach müssen Urkunden

1. einen bestimmten rechtserheblichen Mitteilungsinhalt umfassen;
2. ihre Herkunftsidentität ermöglichen, d. h. ausweisen, wer ihr Aussteller bzw. wer ihr Urheber ist;
3. für den Rechtsverkehr bestimmt sein und Rechte oder Pflichten begründen, aufheben, ändern oder beweisen können;
4. in schriftlicher oder in anderer sachlich aufgezeichneter (fixierter) Form vorliegen;
5. im Zweifelsfalle auf Echtheit nachgeprüft werden können.

3.4.2. Folgerungen für die Magnettonaufzeichnung

Diese Anforderungen können Magnettonaufzeichnungen unter bestimmten Bedingungen erfüllen. Damit wäre zunächst einmal klargestellt, daß natürlich nicht jede beliebige Magnettonaufzeichnung eine Urkunde sein kann, deren z. B. Verfälschung nach § 240 Abs. 1 StGB strafbar wäre. Urkunden sind nur solche Magnettonaufzeichnungen, die die obengenannten Anforderungen erfüllen, was im einzelnen nachgeprüft werden muß. Magnettonaufzeichnungen mit Urkundencharakter werden als *Magnettonurkunden* bezeichnet, wenn als Träger ein Magnetband, eine Magnetscheibe oder ein Magnetblatt auftritt, und als *Schallurkunden*[1]), wenn sie nach dem Schallplatten- oder nach dem Lichttonprinzip aufgezeichnet wurden.

Wesentlichstes Merkmal einer Urkunde ist, wie dargestellt, ihr relevanter Inhalt. Zunächst muß also jede Magnettonurkunde einen Inhalt mit einer vereinbarten Semantik umfassen. Aufzeichnungen von Musik, Geräuschen, Tierlauten etc. können diese Anforderungen nicht erfüllen, sind also keine Urkunden.

Die zweite Anforderung an eine Magnettonurkunde, die der Herkunftsidentität, können Magnettonaufzeichnungen ebenfalls erfüllen. Durch die Methoden der Stimmidentifizierung kann in prozessual zulässiger Weise bestimmt werden, welche Person welche Sprachlaute gesprochen hat (siehe auch Abb. 8, 9). Diese

[1]) Diese Bezeichnung ist der umfassendere Begriff und bezieht sich an und für sich auf alle fixierten Schallereignisse. Insofern wäre eine Verwendung des Begriffes der „Schallurkunde“ durch das Gesetz, wie sie z. B. nach sowjetischem Strafprozeß der RSFFR erfolgt, angeraten.

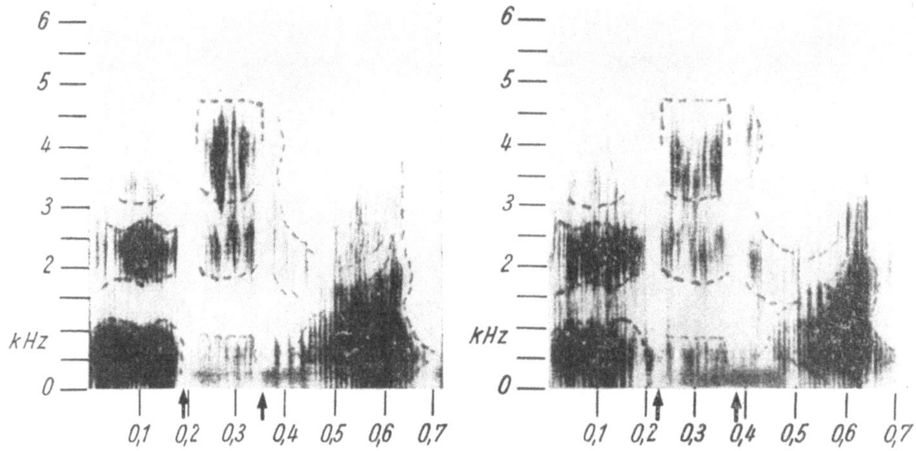

Abb. 8. Identifizierung eines Sprechers an Hand von Sonagrammen seiner Wortmodulationen. Links die Sonagrammstruktur des Wortes „Külzstraße“ vom Täter gesprochen, rechts das Sonagramm des unter gleichen äußeren und inneren Bedingungen gesprochenen Wortes durch den Beschuldigten. Die übereinstimmenden Strukturen sind durch Hilfslinien deutlich gemacht

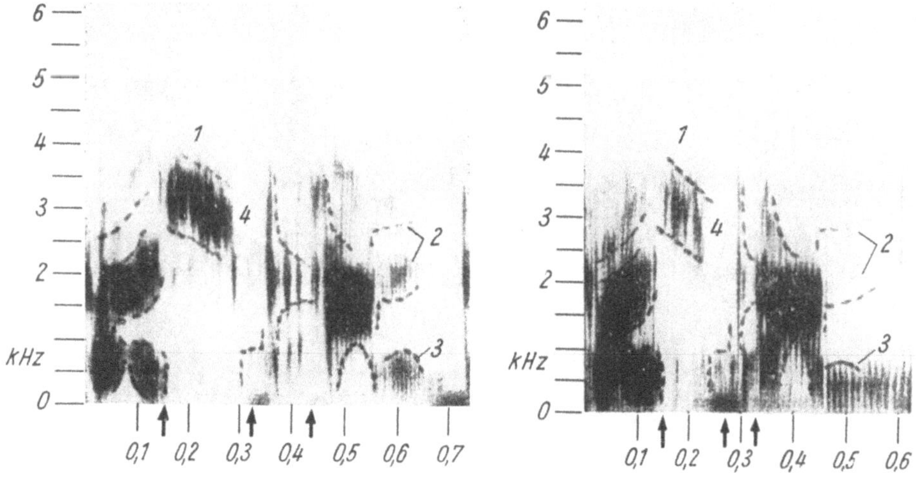

Abb. 9. Übereinstimmende Sonagrammstruktur eines Wortes des gleichen Sprechers, wobei zwischen der Tataufzeichnung (links) und der Vergleichsaufzeichnung des Verdächtigten (rechts) die Zeitspanne von einem Jahr liegt

Abb. 10. Spitze eines Magnetschreibstiftes mit eingearbeitetem Permanentmagneten zum Unterschreiben von Magnettonaufzeichnungen

Methode ist mit der bei Schriftstücken angewendeten Schriftidentifizierung vergleichbar. Darüber hinaus ist auch eine weitere Form der Identifizierung der Herkunft bzw. des Ausstellers einer Schrifturkunde, die Unterschriftsmöglichkeit ebenfalls bei Magnettonaufzeichnungen anwendbar. Mittels eines Magnetschreibstiftes (Abb. 10) wird die entsprechende Magnettonaufzeichnung einmal am Ende und einmal an einer Stelle über die relevante Aufzeichnung in Form einer flächenhaften magnetischen Aufzeichnung unterschrieben (siehe auch Abb. 11) [20]. Eine solche „Magnetische Unterschrift" stellt auf einem Magnetband nicht nur die Erfüllung des strafprozessualen Erfordernisses der Herkunftsidentität dar, sondern sie ist darüber hinaus auch gleichzeitig eine sehr wirkungsvolle und praktische Form der Sicherung einer Magnettonaufzeichnung. Magnetisch unterschriebene Magnettonaufzeichnungen können nicht mehr umgespielt werden, was zur Verdeckung von mechanischen Veränderungen des Inhaltes der Aufzeichnung ausgenutzt werden könnte.

Abb. 11. Mittels eines magnetic-tape-viewer sichtbar gemachte magnetische Unterschrift auf einem Magnetband vom Typ CR 35 U6-Wolfen, die zur Sicherung der Aufzeichnung und zur Feststellung ihrer Herkunftsidentität dient

Das dritte Erfordernis, das der Rechtsverkehrsbestimmtheit, ist mehr eine Frage der Zuordnung. Es wird im einzelnen zu entscheiden sein, welche Rechtserheblichkeit einer bestimmten Aufzeichnung eigen ist. Generell werden natürlich, worauf schon hingewiesen wurde, nur solche Magnettonaufzeichnungen Urkundencharakter haben können, die irgendwelche Rechtsverhältnisse begründen, beweisen oder aufheben. Das ist bei Magnettonaufzeichnungen von Verträgen, Testamenten, Protokollen usw. augenscheinlich und spricht in der praktischen Konsequenz keinesfalls gegen die Verwendungsmöglichkeit von Magnettonaufzeichnungen im Wege des Urkundenbeweises.

Die vierte Anforderung machte bisher die größten Schwierigkeiten bei der Einordnung der Magnettonaufzeichnung als Urkunde, da bislang nur ausschließlich schriftliche Aufzeichnungen von Mitteilungsinhalten bei Erfüllung der übrigen Anforderungen, Urkunden sein konnten. Diese Forderung ergab sich aus der bei der Fassung des alten Straf-Gesetzes bestehenden technischen Entwicklung, die sich heute grundlegend geändert hat. Heute bestehen neben der schriftlichen Fixiermöglichkeit einer Mitteilung noch eine Reihe weiterer praktikabler Verfahren, von denen das Magnettonverfahren eines der wesentlichsten ist. Insofern tat der Gesetzgeber daran gut, diese gesellschaftliche Entwicklung zu beachten und auch in anderer Form fixierte Mitteilungsinhalte, soweit sie die übrigen Urkundenanforderungen erfüllen, in diese besondere Beweismittelform aufzunehmen, indem nach § 240/3 StGB auch „in anderer Form aufgezeichnete" Erklärungen Urkunden sein können.

Wie schon erläutert wurde, besitzt die moderne Kriminalistik Verfahren und Methoden des Nachweises von Veränderungen an Magnettonaufzeichnungen. Mit ihnen ist die im einzelnen vorhandene Beweismittelqualität einer Magnettonaufzeichnung in der prozessual zulässigen Form des Sachverständigengutachtens bestimmbar.

Damit spricht dann nichts gegen eine Verwendung von Magnettonaufzeichnungen im Wege des Urkundenbeweises, wenn eine solche Aufzeichnung einen für den Rechtsverkehr bestimmten Mitteilungsinhalt enthält, magnetisch unterschrieben und ihre Echtheit bzw. Unverfälschtheit nachgewiesen ist. Personen, die eine solche Magnettonaufzeichnung verfälschen oder eine verfälschte Magnettonaufzeichnung wissentlich gebrauchen, werden demnach nach § 240 StGB mit einer Freiheitsstrafe bis zu zwei Jahren oder mit einer Verurteilung auf Bewährung, Geldstrafe oder mit öffentlichem Tadel bestraft werden.[1]) Mit gleichem werden nach § 241 StGB auch diejenigen rechnen müssen, die zur Täuschung im Rechtsverkehr eine Magnettonurkunde vernichten, beschädigen oder beiseite schaffen oder zurückhalten.[2]) Ebenso werden auch Personen bestraft werden, die nach § 242 StGB zur Täuschung im Rechtsverkehr eine Magnettonurkunde eines Staatsorganes, Wirtschaftsorganes, einer gesellschaftlichen In-

[1]) Das könnte z. B. dann erfolgen, wenn die Schallurkunde eines Kaufvertrages mit dem Ziel, materielle Vorteile zu erlangen, verfälscht wird.

[2]) So wurde z. B. durch einen Angehörigen die auf Magnetband aufgenommene letzte Verfügung eines Erblassers vernichtet, weil sie zu seinen Ungunsten ausgefallen war.

stitution, eines Notars oder einer gesellschaftlichen Organisation zum Beweis rechtserheblicher Tatsachen inhaltlich falsch herstellen, die Herstellung wissentlich bewirken oder von einer solchen Magnettonurkunde mit falschem Inhalt wissentlich Gebrauch machen.[1])

3.4.3. Verkehrsfähigkeit

Bei dieser künftigen Stellung von bestimmten Magnettonaufzeichnungen wird jedoch ein weiteres Problem akut, das bei Magnettonaufzeichnungen unbedingt zu beachten ist. Dies ist die unter Umständen mangelnde Verkehrsfähigkeit von Magnettonaufzeichnungen. Sie ergibt sich aus den technischen Bedingungen des Magnettonverfahrens. Zur Aufnahme und Wiedergabe beliebiger Informationen sind nämlich eine ganze Reihe von technischen Aggregaten notwendig. Infolge dieser Zwischenschaltung der technischen Apparatur ist der Inhalt einer Aufzeichnung nicht unmittelbar durch menschliche Sinnesorgane nachprüfbar, womit eine juristisch zu beachtende Problemstellung entstehen kann. Bei der Übergabe eines Magnetbandes ist ohne Wiedergabeapparatur nicht ohne weiteres zu entscheiden, welchen Inhalt die Magnettonaufzeichnung hat oder ob überhaupt etwas auf dem übergebenen Magnetband fixiert wurde. Eine solche mangelnde Verkehrsfähigkeit kennt z. B. das Schriftstück nicht, da bei ihm in der Regel der Inhalt unmittelbar durch menschlichen Augenschein nachprüfbar ist. Die Ausnahme zunächst latenter Schriftzeichen würde jedoch bei Magnetbändern die Regel bedeuten. Schon aus diesem Grunde wäre es falsch, für den beweisrechtlichen Bereich von einer künftigen Verdrängung des Schriftstückes durch Magnetbandaufzeichnungen zu sprechen. Auch in Zukunft wird die Anwendung der Magnettonaufzeichnung im Wege des Urkundenbeweises auf spezielle Möglichkeiten beschränkt bleiben müssen, und zwar auf solche, bei denen die Vorzüge des Magnettonverfahrens auch echte Vorteile der Beweisführung sind. Hierbei ist vor allem die Objektivität und Unmittelbarkeit der Fixierung, der große Informationsgehalt und die erreichbare Speicherdichte zu beachten. Dies wird insbesondere zur Übermittlung besonderer Nachrichten oder bei der Speicherung von Aussagen in protokollarer Form der Fall sein.

3.5. Magnettonaufzeichnungen als Protokolle

3.5.1. Einteilung der Protokolle

Unter juristischen Gesichtspunkten ist ein Protokoll die in formulierten Mitteilungsinhalten fixierte Form einer Aussage bzw. Beschreibung eines Vorganges oder Sachverhaltes. Nach beweisrechtlichen Gesichtspunkten sind drei Arten von Protokollen zu unterscheiden:

1. Protokolle von zivilen Verhandlungen,
2. Protokolle von polizeilichen Untersuchungsergebnissen,
3. Protokolle von gerichtlichen Hauptverhandlungen.

[1]) Dieser Tatbestand würde z. B. dann eintreten, wenn eine auf Magnetband aufgenommene Vernehmung eines Beschuldigten oder Zeugen verändert würde.

Protokolle stellen beweisrechtlich besondere Uıkundenformen dar, an die außer den schon erwähnten Urkundenforderungen noch besondere Vorschriften des Inhaltes und der Form gestellt sind. Generell müssen gültige Protokolle durch die am Protokoll beteiligten Personen bzw. deren gesetzliche Vertreter unterschrieben werden und haben darüber hinaus über diese Personen, über den Gegenstand der Verhandlung, über Ort, Zeit und Inhalt der Vereinbarungen Auskunft zu geben [21]. Auch der Form nach sind drei Protokollarten zu unterscheiden:

1. vollständige wörtliche Aufzeichnungen (z. B. Stenogramme);
2. zusammengefaßte Niederschriften des Inhaltes der Protokollverhandlung;
3. wörtliche und zusammengefaßte Teile, die miteinander verbunden sind.

Magnettonaufzeichnungen können in allen den genannten Formen und Arten von Protokollen auftreten, wobei im Einzelfall Besonderheiten zu beachten sind.

3.5.2. Besonderheiten bei der Magnettonprotokollierung

Bei geschäftlichen Verhandlungen sind Magnettonaufzeichnungen zur Protokollierung dann möglich, wenn anschließend eine Unterschriftsmöglichkeit der am Protokoll Beteiligten vorhanden ist.

Während die Anwendung von Magnettonaufzeichnungen zu zivilen Protokollen den verhandelnden Partnern überlassen bleibt, wird die Entscheidung darüber, ob Magnettonaufzeichnungen für Untersuchungsprotokolle und Protokolle von gerichtlichen Hauptverhandlungen verwendet werden können, durch das Gesetz bestimmt. Wegen prozessualer Handlichkeit und Zweckmäßigkeit geht das Gesetz auch weiterhin primär von den Schriftprotokollen als den grundsächlichsten Protokollarten aus. Schriftlichkeit ist zwar nach § 106 StPO nicht ausdrücklich gefordert, ergibt sich aber de facto daraus, daß im Gesetz ausdrücklich von Verlesung von Protokollen gesprochen wird. Um jedoch die Vorteile einer Schallaufzeichnung und die Vorteile der Schriftfixierung in geeigneter Weise zu verbinden, ist es möglich, Magnettonaufzeichnungen von Vernehmungen bzw. Untersuchungsverhandlungen und Magnettonaufzeichnungen von gerichtlichen Hauptverhandlungen zusätzlich als *Anlagen* zu den entsprechenden Schrift-Protokollen zu Beweiszwecken zu verwenden.

Als Anlagen zu einem Vernehmungsprotokoll sind Magnettonaufzeichnungen in allen o. g. drei Formen -- als vollständige Aufzeichnung der Vernehmung, als zusammengefaßte Diktierung des Vernehmenden und als Kombination von zeitweiliger Aufzeichnung und einem Diktat — einsetzbar. In solcher Kombination zwischen Schallaufzeichnung und Schriftprotokoll ist es möglich, ein Maximum an Informationselementen, die in Auswertung von Vernehmungen eine große beweisrechtliche Bedeutung erhalten können, zu fixieren, da so nicht nur der Inhalt der Aussage festgehalten wird, sondern auch die Art und Weise, wie Frage und Antwort gestellt und formuliert wurden etc.

Im Untersuchungsverfahren ist die Anwendung einer Schallaufzeichnung bei amtlichen Vernehmungen von Zeugen, Beschuldigten oder Sachverständigen möglich (§ 106 St PO), wobei in jedem Falle dem Aussagenden bekannt sein muß, daß eine solche Schallaufzeichnung vorgenommen wird. Nach Abschluß der Vernehmung muß die entsprechende Aufzeichnung ihm vorgespielt werden, und der Vernommene muß sein Einverständnis mit dem Inhalt dieser Aufzeichnung auf Band sprechen und danach diese Aufzeichnung magnetisch unterschreiben. (Unterschrieben wird mit Vor- und Zunamen; zur Vermeidung von mechanischen Beschädigungen des Bandes beim Unterschriftsvorgang empfiehlt es sich zwischen Band und Magnetschreibstiftspitze ein Blatt dünnes Papier — unter dem noch die Konturen des Magnetbandes zu erkennen sind — zu legen.)

Als Anlagen zu Vernehmungsprotokollen werden Magnettonaufzeichnungen jedoch nur in bestimmten Fällen einzusetzen sein. Das gilt vor allem bei Aussagen von

Kindern und Jugendlichen, die als Geschädigte bzw. Zeugen im Zusammenhang mit Verbrechen auftreten,

Erwachsenenzeugen, deren Wahrnehmungen für die Aufklärung des Sachverhaltes von besonderer Bedeutung sind und deren Aussagen später nicht wiederholbar wären,

Beschuldigten, deren Einlassungen für die weiteren Untersuchungen von besonderer Bedeutung sind.

Darüber hinaus können Magnettonaufzeichnungen in jedem Fall als *Grundlage* für spätere Schriftprotokolle auftreten, in dem der zunächst auf Magnetband aufgenommene Mitteilungsinhalt später in ein Schriftprotokoll übertragen wird. Dabei dürfte lediglich zu beachten sein, daß mit jeder Zwischenschaltung eines neuen Speicherverfahrens die Störanfälligkeit der Informationsübertragungskette vergrößert werden kann, was jedoch zu verhindern bei richtiger Anwendung des Magnettonverfahrens keine Schwierigkeiten bereiten wird.

3.6. Urheberrechtlicher Schutz des gesprochenen Wortes

Ebenfalls mit dem Aufkommen von sachlichen Schallspeichermöglichkeiten ist die Frage nach dem urheberrechtlichen Schutz des gesprochenen Wortes akut geworden [22] bis [26]. Das Problem stellt sich in folgender Frage dar:

Unter welchen Gesichtspunkten bzw. Bedingungen ist das von einem Menschen gesprochene Wort in sachlicher Fixierung rechtlich zu schützen, damit Dritte von diesem Wort nicht unberechtigt Gebrauch machen?

Diese Frage beinhaltet noch eine andere Problemstellung, nämlich ob oder wann es berechtigt ist, eine Aussage bzw. generell einen menschlichen Laut aufzunehmen [18], [19], [27] bis [33]. Eine solche Fragestellung erhält in der modernen, technisch hoch entwickelten Gesellschaft eine große Bedeutung, zumal mit den jetzigen Möglichkeiten an allen Orten und zu jeder Zeit Schallaufzeichnungen durchgeführt werden könnten. Die akustische Sphäre ist, worauf schon hingewiesen wurde, für den Menschen insofern die wesentlichste Sphäre, in dem die direkte menschliche Kommunikation zum Austausch von Nachrichten meist durch akustische Signale geschieht. Erfolgen ungerechtfertigte Fixierungen bzw. Fixierungen durch unberechtigte Dritte, so kann es geschehen, daß Nachrichten, die nur für einen bestimmten Empfänger bestimmt waren, zum Nachteil des Senders bzw. Sprechers ausgenutzt und verwendet werden. Damit entsteht für den Juristen die Aufgabe, Kriterien zu finden, unter denen eine solche nicht vorbestimmte Verwendung gerechtfertigt ist bzw. eine Verwendung durch Dritte nicht erfolgen darf.

Die mit Magnettonaufzeichnungen entstehenden urheberrechtlichen Probleme erwachsen aus dem Inhalt der Aufzeichnungen und erstrecken sich auf die durch diesen Inhalt ausgewiesene menschliche Leistung. Dabei ist grundsätzlich zu beachten, daß das Magnettonverfahren natürlich nur eine Form zur Fixierung einer geistigen Leistung, z. B. im Bereich der Sprache oder Musik, darstellt. Sofern solche geistigen Leistungen urheberrechtlichen Schutz genießen, gilt dies gleichfalls auch für andere Aufzeichnungsformen.

3.6.1. Urheberrechtlich geschützte Magnettonaufzeichnungen

Der Schutz und die Nutzbarmachung menschlicher Erkenntnisse und Leistungen liegt im Interesse eines jeden Staates wie im Interesse des Einzelnen. Das Urheberrecht der DDR hat nach § 1 des Gesetzes über das Urheberrecht der DDR vom 13. Dezember 1965 [32] die Aufgabe, literarische, künstlerische und wissenschaftliche Leistungen zu fördern und zu schützen. Der wesentlichste Grundsatz ist also, daß eben nur besondere Leistungen in Form von Werken geschützt werden. Werke in diesem Sinne sind nach § 2 des Urhebergesetzes Sprachwerke, Schriftwerke, Werke der Musik, Bühnenwerke, Rundfunkwerke, Fernsehwerke, Fotografien usw., die Ergebnisse einer schöpferischen Leistung darstellen und in objektiv wahrnehmbarer Gestalt in Erscheinung treten. Dann wird für die erbrachte individuelle oder kollektive schöpferische Leistung urheberrechtlicher Schutz gewährt. Das bezieht sich nicht nur auf das gesamte Werk, sondern kann sich auch auf dessen Teile bzw. entsprechende Bearbeitungsleistungen etc. erstrecken.

Urheber eines Werkes oder einer Bearbeitung ist nach § 6 des Urhebergesetzes derjenige, der es geschaffen hat. Das bezieht sich bei Magnettonaufzeichnungen weder auf den Aufnahmevorgang noch auf die Wiedergabe des fixierten Inhaltes einer Magnettonaufzeichnung, sondern, wie schon betont wurde, auf jene geistige Leistung, die den Inhalt der Magnettonaufzeichnung bildet. Damit wird deutlich, daß dann Erklärungen von Personen nicht auf Magnetband aufgenommen werden dürfen, wenn sie einen urheberrechtlich geschützten Inhalt umfassen und dem Sprecher die Nutzungsbefugnisse nach § 18 des Urhebergesetzes zustehen. Diese Nutzungsbefugnisse umfassen die Entscheidungsbefugnis über:

Vervielfältigung oder Fixierung,

Verbreitung zu Erwerbszwecken,

öffentliches Vortragen, Aufführen, Vorführen,

öffentliche Ausstellung,

Verfilmung oder Sendung.

Erfolgt dennoch eine solche Aufnahme, so besteht die Möglichkeit der Klage auf Unterlassung der unberechtigten Nutzung, Klage auf Wiederherstellung des rechtlichen Zustandes, Klage auf Ersatz des entstandenen Vermögensschadens usw. Ausgenommen von dem Urheberschutz sind Reden und Vorträge, die bei gesellschaftlichen Veranstaltungen oder im Rahmen der öffentlichen Tätigkeit der Staatsorgane gehalten werden (§ 30 des Urhebergesetzes).

Wenn ein Werk nach § 12 des Urhebergesetzes veröffentlicht, d. h. mit Einwilligung des Urhebers öffentlich vorgetragen, aufgeführt, vorgeführt, gesendet ausgestellt usw. worden ist, dann ist eine Vervielfältigung zum persönlichen und beruflichen Gebrauch nach § 23 zulässig, sofern sie den persönlichen oder beruflichen Interessen dient und das Vervielfältigungsstück nicht der Öffentlichkeit übergeben wird. Damit wird augenscheinlich, daß Magnettonaufzeichnungen von veröffentlichten Werken (z. B. im Rundfunk gesendeten Liedern oder Musikstücken) zum persönlichen Bedarf erlaubt sind, wenn diese Aufzeichnungen nicht zu einem gewerblichen Einsatz genutzt werden.

Damit ist weiter deutlich geworden, daß sprachliche Mitteilungen eines Menschen nur dann urheberrechtlich nach § 91 des Urhebergesetzes geschützt sind wenn der Mitteilungsinhalt eine künstlerische, literarische oder wissenschaftliche Leistung mit den genannten Kriterien eines Werkes darstellt. Darüber hinaus gesprochene bzw. gesendete menschliche Laute haben jedoch keinen Anspruch auf einen solchen Schutz, und ihre Aufnahme kann auf Grund urheberrechtlicher Bestimmungen generell nicht untersagt werden.

3.6.2. Schutz vertraulicher Aufzeichnungen und Mitteilungen

Außer den Rechtsverhältnissen für die Werke bzw. Objekte im Sinne des Urheberrechtes sind durch das Gesetz vom 13. September 1965 — II. Teil auch einige angrenzende Rechte geregelt. Hierzu gehören die Leistungsschutzrechte (§§ 73—83), die Werktitelrechte (§§ 84 und 85), die Rechte an Personenbildnissen (§§ 86—88) sowie an Briefen und Tagebüchern (§§ 89 und 90). Insgesamt handelt es sich dabei also um Rechtsbeziehungen der sogenannten Persönlichkeitssphäre des Menschen, das heißt Schutzrechte der menschlichen Intim- und Privatsphäre, z. B. das Recht am eigenen Bild, das „Recht am eigenen Wort", Recht auf Unverletzlichkeit der Wohnung usw., die auch als Persönlichkeitsrechte bezeichnet werden [33], [34].

Nach dem gegenwärtigen Recht gibt es keine Regelungen bezüglich der geheimen Schallaufnahme. Daher besitzen die Bestimmungen zum Bildnisschutz und Schutz schriftlicher, vertraulicher Aufzeichnungen und Mitteilungen in ihrer analogen Anwendung auf den „Wortschutz" Bedeutung. Nach § 86 UHG dürfen Personenbildnisse nur mit Einwilligung des Abgebildeten verbreitet und veröffentlicht werden. Gleiches trifft auch auf Schriftstücke persönlichen Charakters, wie Briefe, Aufzeichnungen oder Tagebücher zu.

Die Veröffentlichung von Briefen bedarf darüber hinaus auch noch der Einwilligung des Empfängers. Unter bestimmten Voraussetzungen dürfen jedoch Personenbildnisse auch ohne Einwilligung des Abgebildeten veröffentlicht werden. Das kann dann erfolgen, wenn sie zur Information der Öffentlichkeit über das Zeitgeschehen, zu wissenschaftlichen oder künstlerischen Zwecken oder durch die zuständigen staatlichen Organe zur Wahrung der Rechtspflege oder der staatlichen Sicherheit zur Veröffentlichung verwendet werden. Diese Bestimmungen können analog auch auf Aufzeichnungen akustischer Mitteilungen, z. B. Magnetton-, Schallplatten- oder Filmtonaufzeichnungen angewendet werden. In diesem Sinne wird deutlich, daß unter Beachtung der schon genannten Ausnahmegründe (§ 87) akustische Mitteilungen, insbesondere menschliche Sprachlaute, grundsätzlich nur mit Einwilligung der betreffenden Sprecherperson veröffentlicht oder verbreitet werden dürfen. Ebenso, wie bei schriftlichen Briefen, ist es für die Veröffentlichung und Verbreitung fixierter akustischer Mitteilungen, die als sogenannte „Tonbriefe" versandt werden, notwendig, auch vom Empfänger der Schallaufnahme die Einwilligung zu erwirken. Bei der analogen Anwendung der im II. Teil des UHG genannten Persönlichkeitsrechte auf Schallaufnahmen wird jedoch ein wesentlicher, nach gegenwärtigem Recht noch nicht beachteter Umstand deutlich. In allen Fällen bezieht sich das Gesetz nur auf die Rechtsbeziehungen, die durch die Veröffentlichung bzw. Verbreitung akut werden, nicht aber auf das derVeröffentlichung vorausgehende Stadium der Aufzeichnung, das heißt der Speicherung selbst.

Dieser Vorgang ist jedoch bei allen Speicherungen privater Mitteilungen, bei denen der Aufzeichnungsvorgang nicht durch die Sprecherperson selbst vorgenommen wird, das entscheidende Rechtsproblem, da der Eingriff in die Persönlichkeitsrechte schon mit der Fixierung z. B. eines vertraulichen Gespräches beginnt.

Indem ein beliebiger Informationsanfall gespeichert, d. h. dauerhaft fixiert wird, ist jedoch noch keinesfalls eine Veröffentlichung bzw. Verbreitung im Sinne des Gesetzes erfolgt, sondern höchstens eine Voraussetzung dafür gelegt. Erst wenn also Foto- oder Schallaufzeichnungen nach geheimer Aufnahme Dritten zugänglich gemacht werden, können die genannten Schutzbestimmungen des § 73 UHG ff. angewendet werden. Damit wird augenscheinlich, daß ein Verbot der Fixierung selbst — ohne Einwilligung des Sprechenden — de lege lata auch auf dieser Grundlage nicht verfügbar ist. Dies wird bei künftigen Gesetzesfassungen unbedingt zu beachten sein.

3.7. Literatur

[1] VÖLZ, H.: Beitrag zur Geschichte und Systematik der Magnetspeichertechnik, Hochfr. u. Elektroakustik 74 (1965), H. 2, S. 47.

[2] KOHLER, J.: Deutsche Juristen Zeitung 1912, 25 ff. und 1915, S. 80ff.

[3] KORISTKA, CHR., und STRAUBEL, R.: Zu einer Theorie des Informationsflusses und der Informationsspeicherung bei kriminalistischen Untersuchungsgeschehen, Staat und Recht (1967), H. 1, S. 52ff.

[4] LEKSCHAS, J., LOOSE, W., und RENNEBERG, J.: Verantwortung und Schuld im neuen Strafgesetzbuch, Berlin 1964.

[5] HARTISCH, H.: Die strafprozessualen Grundlagen für die Erforschung der objektiven Wahrheit, Fernstudienmaterialien der Juristischen Fakultät der Humboldt-Universität, Berlin 1964, H. 1a.

[6] KORISTKA, CHR.: Die Magnettonaufzeichnung – ihre technische Leistungsfähigkeit, kriminalistische Bedeutung und strafprozessuale Stellung, Diss. Berlin 1966, S. 7ff.

[7] KOHLHAAS, M.: Das Tonband als Beweismittel im Strafprozeß, Neue Juristische Wochenschrift 1957, H. 3, S. 81ff.

[8] WEINMANN, H. J.: Das Tonband als Beweismittel im Strafprozeß, Diss. Mainz 1959.

[9] HENKEL, H.: Zulässigkeit und Verwertbarkeit von Tonbandaufnahmen bei der Wahrheitserforschung im Strafverfahren, Juristen-Zeitung 1957, S. 148ff.

[10] ALSBERG-NÜSSE: Der Beweisantrag im Strafprozeß, Berlin–Köln 1956, S. 286ff. u. a.

[11] SCHINDLER, R.: Der Beweis im Strafprozeß der DDR, Neue Justiz 1957, H. 1, S. 6ff.

[12] SCHINDLER, R.: Die Allseitigkeit der Erforschung der objektiven Wahrheit im sozialistischen Strafprozeß, Neue Justiz 1963, H. 19, S. 614ff.

[13] KORISTKA, CHR.: Die Magnettonaufzeichnung – ihre kriminalistische und rechtliche Stellung und Bedeutung, MdJ Verlag, Berlin 1967.

[14] GROTH, G.: Der Urkundenbeweis im Strafprozeß, 1937.

[15] ROGGEMANN, H.: Das Tonband im Verfahrensrecht, Diss. Göttingen 1962.

[16] FELDMANN, C.: Das Tonband als Beweismittel im Strafprozeß, Neue Juristische Wochenschrift 1958, S. 1166ff.

[17] FLECKNER, H.: Die Verwendbarkeit von Tonbandaufnahmen als Beweismittel im Strafprozeß, Diss. Köln 1962.

[18] SCHMIDT, E.: Zulässigkeit und Verwendbarkeit von Tonbandaufnahmen im Strafverfahren, Juristen-Zeitung 1956, S. 206ff.

[19] SIEGERT, K.: Der Mißbrauch von Schallaufnahmegeräten im geltenden Recht, Göttingen 1953.

[20] KORISTKA, CHR.: Der Nachweis von Verfälschungen an Magnettonaufzeichnungen, Forum der Kriminalistik 1965, H. 5, S. 15.

[21] SCHMIDT, E.: Lehrkommentar zur Strafprozeßordnung und zum Gerichtsverfassungsgesetz, Teil I 1952, Teil II 1957, Teil III, Göttingen 1960.

[22] NEUMANN-DUESBERG, H.: Das gesprochene Wort in Urheber- und Persönlichkeitsrecht, 1949.

[23] FISCHER, M.: Kann eine Tonbandaufnahme ein Werk im Sinne des Lit-UrhG darstellen? Neue Juristische Wochenschrift 1957, S. 1018ff.

[24] ROEBER, G., und WERHAHN, J. W.: Das Tonband und seine Stellung im Recht, Schriftenreihe der UFITA, Arch. für das Urheber-, Film-, Funk- und Theaterrecht, München 1957.

[25] ULMER, E.: Urheber- und Verlagsrecht, 1951.

[26] HUBMANN, H.: Der zivilrechtliche Schutz der Persönlichkeit gegen Indiskretion, Juristen-Zeitung 1957, S. 521ff.

[27] ROSKOSCH, H.: Zur Frage der rechtlichen Zulässigkeit des Mithörens von Telefongesprächen oder ihrer Aufnahme auf Tonband, Der Betrieb, 1956, S. 5470 ff.

[28] Süss, T.: Geheimsphäre und moderne Technik, Festschrift für Heinrich Lehmann, 1956, Bd. 1, S. 189ff.

[29] Siegert, K.: Besondere Persönlichkeitsrechte als Schutz gegen ungewollte Ton- und Bildaufnahmen, Der Betrieb, 1958, S. 419ff.

[30] Coing, H.: Die heimliche Tonbandaufnahme als Rechtsproblem, Referat auf der Weinheimer Tagung, S. 30ff.

[31] Neumann-Duesberg, H.: Heimliche Tonbandaufnahmen von Gesprächen über abwesende Personen — der Zivilrechtschutz der Abwesenden, Der Betriebsberater, 1957, S. 865, 1965, Nr. 14.

[32] Gesetzblatt Teil I, Seite 209ff.

[33] Püschel, H.: Das subjektive Urheberrecht als sozialistisches Persönlichkeitsrecht, Neue Justiz **21** (1967), Nr. 11, S. 335.

[34] Püschel, H.: Persönlichkeitsrechte unter dem Schutz des künftigen Zivilrechts, Neue Justiz **21** (1967) Nr. 23 u. 24, S. 726 u. 758.

4. Magnetköpfe[1])

Von Zoltan Vajda

4.0. Einleitung

Magnetköpfe sind elektromagnetische oder magnetoelektrische Wandler.

Als *Aufzeichnungsköpfe* erzeugen sie aus einem elektrischen Signal eine zugeordnete Magnetisierung des Informationsträgers. Für diesen Vorgang kommt das magnetische Feld von elektrischen Strömen zur Anwendung. Das aufzuzeichnende Signal wird also dem Kopf als Stromverlauf zugeführt, und mit seiner Hilfe entsteht daraus die ortsabhängige Magnetisierung des Informationsträgers. Die verschiedenen Arten der Aufzeichnung (analog oder digital bzw. direkt oder moduliert) unterscheiden sich hierbei lediglich in den Eigenschaften des zugeführten Signalstromes. Eventuell wird er zuvor zweckentsprechend abgewandelt. Da aber immer das gleiche Umwandlungsprinzip zur Anwendung kommt, sind alle Aufzeichnungsköpfe gleichartig konstruiert: Ein ferromagnetischer Kern mit zumindest einem Spalt ist von einer oder mehreren Spulen umgeben.

Der *Löschkopf* hat für einen entmagnetisierten Zustand des Informationsträgers zu sorgen. Daher kann er als spezieller Aufzeichnungskopf betrachtet werden, der unabhängig von äußeren Einflüssen ist und die Aufzeichnung „Null" bewirkt.

Für den *Wiedergabekopf* lassen sich mehrere physikalische Effekte nutzen [1]. Abb. 1 gibt einen Überblick und zeigt deutlich zwei Arten des Zusammenhanges zwischen dem magnetischen Fluß und der Ausgangsspannung des Kopfes. Sind beide proportional, so liegt ein flußempfindlicher Kopf vor. Im anderen Fall folgt die Ausgangsspannung der zeitlichen Änderung des Flusses. Hierfür existiert bisher nur der induktive Magnetkopf. Er wird überwiegend angewendet und ist prinzipiell wie ein Aufzeichnungskopf aufgebaut. Die Konstruktion der anderen Wiedergabeköpfe weicht zum Teil wesentlich von ihm ab und soll daher getrennt behandelt werden.

Beim magnetischen Fluß muß zwischen dem remanenten Streufluß des Informationsträgers und dem Fluß, der im Kopf wirksam wird, unterschieden werden. Hierbei ist die magnetische Leitfähigkeit des Kopfes von großer Bedeutung. Zwei Extremfälle können dies erläutern.

Die Flußverteilung um den Informationsträger wird nicht verändert, wenn die magnetische Leitfähigkeit des Magnetkopfes etwa gleich der des Vakuums ist. Unter dieser Bedingung wird die sogenannte „Leerlaufcharakteristik" erhalten. Dies gilt unter anderm bei Köpfen, die nur aus einer Drahtwindung ohne magnetisches Material bestehen. Ist dagegen die magnetische Leitfähig-

[1]) In diesem Kapitel werden alle Gleichungen und Tabellen im MKSA-Maßsystem geschrieben.

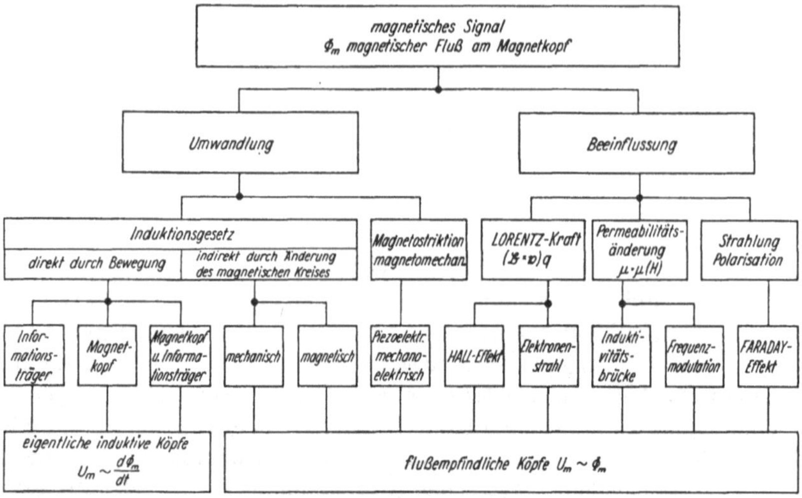

Abb. 1. Systematik der physikalischen Möglichkeiten für Wiedergabeköpfe

keit des Kopfmaterials viel größer als die des Vakuums (hochpermeables Material), so folgt die Wiedergabe unter „Kurzschluß" der Induktionslinien über den Kopf. Zwischen den beiden Extremen gibt es Übergänge. Ein Beispiel ist der Ringkopf mit Abstand gegenüber dem Informationsträger.

4.1. Kennwerte der Magnetköpfe

Die quantitativen Kennwerte der Magnetköpfe sind für ihre Brauchbarkeit zu verschiedenen Anwendungen wichtig. Sie werden im folgenden getrennt sowohl für die Analog- und Digitalaufzeichnung als auch nach den Funktionen Wiedergabe, Aufzeichnung und Löschung behandelt. Obwohl diese Kennwerte meist nur für die gebräuchliche Längsaufzeichnung erörtert werden, dürfte eine sinnvolle Übertragung auf die Quer- und Transversalaufzeichnung leicht möglich sein.

Alle Kennwerte der Magnetköpfe streuen infolge der Herstellung und ändern sich auch im Laufe der Zeit. Hierbei ist die mechanische Ausführung und technologische Kontruktion von großer Bedeutung. Auch die Art des verwendeten Wandlerprinzips hat Einfluß. Die größten Schwierigkeiten bieten die Vielspurköpfe. Einmal besteht bei ihnen nicht die Möglichkeit wie beim einzelnen Kopf, ähnliche Daten zu gruppieren und einzelne Köpfe nachzuarbeiten, und zum anderen werden die Mehrspurköpfe meist dort eingesetzt, wo infolge des Anwendungsgebietes von vornherein engere Toleranzen gefordert werden müssen.

4.1.1. Wiedergabeköpfe für analoge Speicherung

Wechselstromwiderstand

Fast immer muß die Spannung des Wiedergabekopfes verstärkt werden. Hierbei ist sein Widerstand $\mathfrak{R}_w$ bedeutsam, da er dem Eingangswiderstand des

Verstärkers $\mathfrak{R}_e$ angepaßt sein sollte. Dies kann z. B. durch einen Übertrager erfolgen. Da $\mathfrak{R}_w$ und $\mathfrak{R}_e$ frequenzabhängig sind und durch die gegenseitige Belastung Änderungen im Frequenzgang auftreten können, sollte diese Anpassung vorsichtig erfolgen. Ist R_{ek} innerhalb des zu übertragenden Frequenzbereiches der kleinste Betrag des Eingangswiderstandes des Verstärkers und R_{wg} der größte Betrag des Kopfwiderstandes, so kann als maximales Übersetzungsverhältnis etwa

$$\ddot{u}_g = \sqrt{\frac{R_{ek}}{R_{wg}}} \tag{1}$$

angenommen werden. Die Ausgangsspannung des Kopfes verändert sich dabei um den $\ddot{u}_g$-fachen Wert.

Empfindlichkeit

Der remanente Fluß eines magnetischen Informationsträgers Φ_r ist proportional der Spurhöhe h_{sr} der Aufzeichnung. Für die Spurhöheneinheit ergibt sich daraus der spezifische Fluß

$$\psi_r = \Phi_r / h_{sr}\,. \tag{2}$$

Erfolgt die Wiedergabe mit einer Spalthöhe $h_s \leqq h_{sr}$, so wird ein Bandfluß $\psi_r \cdot h_s$ ausgenutzt. Die Verknüpfung mit der dabei erhaltenen Kopfspannung U_m heißt Wiedergabefaktor:

$$\ddot{U}_w = \frac{U_m}{\psi_r\, h_s}. \tag{3}$$

Bei Meßwerten ist die Frequenz und Bandgeschwindigkeit anzugeben.

Der Wiedergabefaktor gestattet noch keinen unmittelbaren Vergleich von Wiedergabeköpfen. Sie müssen zu diesem Zweck auf einen gemeinsamen Widerstand bezogen werden. Besonders einfach ist es, wenn direkt R_{wg} berücksichtigt wird:

$$\varepsilon_w = \frac{\ddot{U}_w}{\sqrt{R_{wg}}} = \frac{U_m}{\psi_r\, h_s \sqrt{R_{wg}}}. \tag{4}$$

Ähnliche Angaben, allerdings nur für induktive Köpfe, sind in [2] und [3] enthalten.

Wiedergebbare Wellenlängen

Die Theorie der Wiedergabe zeigt (vgl. Band 6), daß die wiedergebbaren kurzen Wellenlängen durch die Abmessungen der Spaltweite bestimmt werden, während die wirksame Länge des magnetischen Kopfkontaktes (Koinzidenzlänge) und die Abschirmung bei großen Wellenlängen von Einfluß sind. Die Grenzen ergeben sich aus der gerade noch zugelassenen Abweichung gegenüber dem idealen Verlauf.

Wiedergebbare Frequenzen

Das Frequenzverhalten eines Kopfes muß deutlich von seinen Eigenschaften gegenüber unterschiedlichen Wellenlängen getrennt werden. In der Messung ist dies recht schwierig. Prinzipiell ist es jedoch möglich, indem eine Wellenlänge λ mit verschiedenen Arbeitsgeschwindigkeiten v_s (Relativgeschwindigkeiten zwischen Informationsträger und Köpfen) wiedergegeben wird. Hierbei ergibt sich das reine Frequenzverhalten eines Kopfes. Werden dagegen unterschiedliche Wellenlängen mit solchen Geschwindigkeiten gemessen, daß immer die gleiche Frequenz entsteht, so ergibt sich der Wellenlängeneinfluß. Für die Umrechnung gilt dabei allgemein

$$f = v_s/\lambda \,. \tag{5}$$

Die untere Grenzfrequenz des flußempfindlichen Kopfes ist unter dieser Voraussetzung gleich Null. Er kann also prinzipiell Gleichwerte als Ausgangsspannung erzeugen. Wegen des Wellenlängeneinflusses der Längsmagnetisierung sind hierzu allerdings extrem langsam gegen Null strebende Geschwindigkeiten notwendig. Für den induktiven Kopf setzt der proportionale Spannungsabfall nach tiefen Frequenzen (ω-Gang) sehr bald eine Grenze . In der Praxis liegt sie bei etwa 10 bis 100 Hz.

Die obere Grenzfrequenz eines Wiedergabekopfes wird meist durch die Verluste im Eisenkreis und den Verlauf des Wechselstromwiderstandes bestimmt. In einigen Fällen — z. B. beim Oberwellenkopf — begrenzt auch die Wirkungsweise den Frequenzbereich.

Eigenrauschen des Kopfes

Die Rauschspannung des Kopfes wird größtenteils durch seinen Ohmschen Widerstand und das Kernmaterial verursacht. Bei nichtinduktiven Wandlerprinzipien kommen noch die Rauscherscheinungen der entsprechenden physikalischen Effekte hinzu, z. B. das Rauschen des Halbleitermaterials beim Hall-Kopf. Für die Messung der Rauschspannung muß der Kopf gut gegen magnetische und elektrische Störfelder geschützt sein. Im allgemeinen ist die Rauschspannung des Kopfes U_{rm} nicht weiß, sondern hängt bei konstanter absoluter Bandbreite von der jeweiligen Mittenfrequenz ab. Mit der meist notwendigen Frequenzgangentzerrung $A(\omega)$ durch den Wiedergabeverstärker werden die Verhältnisse noch unübersichtlicher. Innerhalb der Frequenzgrenzen ($\omega_k \ldots \omega_g$) kann dann nur noch die effektive Rauschspannung berechnet werden:

$$U^2_{r a \mathrm{eff}} = \frac{1}{2\pi} \int\limits_{\omega_k}^{\omega_g} U^2_{rm}(\omega)\, A^2(\omega)\, d\omega \,. \tag{6}$$

Liefert der Wiedergabekopf bei der Frequenz ω_0 die Spannung $U_m(\omega_0)$, so lautet der Störabstand am Ausgang des Verstärkers

$$\frac{U_{\mathrm{signal}}}{U_{\mathrm{rausch}}} = \frac{U_m(\omega_0)\, A(\omega_0)}{U_{ra}} = \frac{U_m(\omega_0)}{\left[\dfrac{1}{2\pi} \displaystyle\int\limits_{w_k}^{w_g} U^2_{rm}(\omega) \left(\frac{A(\omega)}{A(\omega_0)}\right)^2 d\omega\right]^{1/2}} \,. \tag{7}$$

Einfluß von Störfeldern

Magnetköpfe sind nicht vollkommen gegenüber äußeren Störfeldern abzuschirmen. Die Empfindlichkeit gegenüber Störfeldern wird in einem definierten Feld als von der Lage des Kopfes abhängige Maximalspannung gemessen. Sie hängt außer von der Abschirmung des Kopfes von seiner Wirkungsweise, Konstruktion und seinen Abmessungen ab.

Lebensdauer

Durch die Reibung zwischen dem magnetischen Informationsträger und den Magnetköpfen findet eine Abnutzung der Magnetköpfe statt. Dabei werden die Übertragungseigenschaften des Kopfes ungünstig beeinflußt. Sobald die zulässigen Toleranzen überschritten sind, ist der Kopf unbrauchbar. Diese Zeit, die Lebensdauer, hängt von der Struktur und Härte des Materials, von der Arbeitsgeschwindigkeit, dem Bandzug und dem Umschlingungswinkel des Kopfes ab.

Nebenspureinfluß

Werden mit einem Mehrspurkopf mehrere Magnetspuren wiedergegeben, so besteht eine gegenseitige Beeinflussung. Sie ist kein reines Maß der Kopfeigenschaften, da sie sich aus mehreren verschiedenen Einflüssen zusammensetzt. Einmal induziert ein erregtes System stets in einem Nachbarsystem des Mehrspurkopfes eine Spannung. Dieser Einfluß kann durch gute Abschirmung gemindert werden. Er tritt bei der Wiedergabe und der Aufzeichnung auf. Außerdem erzeugt eine Magnetspur auch außerhalb ihrer Spurhöhe Induktionslinien. Dieser Einfluß ist wellenabhängig und wirkt sich besonders stark bei großen Wellenlängen aus. Beim Nebenspureinfluß werden meist die drei Einflüsse (Aufzeichnung, Band und Wiedergabe) gemeinsam erfaßt. Bei akustischen Anwendungen wird er häufig mit Übersprechen bezeichnet.

Phasenfehler

Bei einem Mehrspurkopf sind alle Spalte nicht genau auf einer Linie. Infolge dieser Abweichungen treten bei der Wiedergabe einer gleichphasigen Aufzeichnung Phasenfehler in den Wiedergabespannungen der Magnetsysteme auf. Sie werden noch durch Führungsprobleme des Informationsträgers verstärkt. Ähnliche Fehler treten auch bereits bei der Aufzeichnung und in geringem Maße in den nicht voll identischen Verstärkern auf. Die Summe aller Einflüsse ist die Signalverschiebung.

4.1.2. Wiedergabeköpfe für digitale Speicherung

Wiedergabeköpfe für eine Digitalaufzeichnung werden häufig als Leseköpfe bezeichnet. Dieser Begriff sollte jedoch wie der in der Akustik zuweilen gebräuchliche Begriff des Hörkopfes vermieden werden, denn die Wortzusammensetzung entspricht nur sehr mittelbar der Funktion des Kopfes.

Durch die stark abweichenden Aufzeichnungsbedingungen der Digitaltechniken untereinander und gegenüber der Analogtechnik ist es meist recht schwierig, so definierte Kennwerte wie bei der Analogtechnik anzugeben. Einige Kennwerte sind jedoch praktisch gleichartig definiert. Zu ihnen zählen der Wechselstromwiderstand, die Lebensdauer, der Nebenspureinfluß und der Phasenfehler (Signalverschiebung). Untergeordnete Bedeutung haben infolge der weitaus geringeren Dynamik das Eigenrauschen und der Einfluß von Störfeldern. Die noch verbleibenden Kennwerte haben abgewandelte Bedeutung und werden meist als Empfindlichkeit und Auflösungsvermögen zusammengefaßt. Sie hängen stark vom verwendeten Aufzeichnungsverfahren — RZ (return to zero) und NRZ (non return to zero) einschließlich ihrer verschiedenen Varianten — ab (vgl. Band 4). Durch die mögliche Regenerierung der Impulse geht die Wiedergabeelektronik recht stark in die Kennwerte ein.

Empfindlichkeit

Die Empfindlichkeit wird bei den Digital-Wiedergabeköpfen als Spitzenwert oder Spitzen-Spitzenwert von Spannungsimpulsen gemessen, der an ihm bei einer Magnetisierung mit vorgeschriebener Größe und Form entsteht. Neben den verschiedenen Verfahren hängt dieser Wert natürlich auch von dem Abstand des Kopfes gegenüber dem Informationsträger ab. Vergleichbar sind daher nur Empfindlichkeitswerte, die unter gleichen Bedingungen erhalten werden.

Auflösungsvermögen

Für das Auflösungsvermögen eines Wiedergabekopfes wird eine ideale Impulsaufzeichnung vorausgesetzt. Es wird dann die Anzahl der pro Längeneinheit unterscheidbaren Impulse angegeben. Neben den Kopfeigenschaften hat die Aufzeichnungstechnik, die Wiedergabeelektronik und die Arbeitsgeschwindigkeit Einfluß. Es sind daher zwei Werte wichtig: Bei hinreichend langsamer Transportgeschwindigkeit verschwinden alle frequenzabhängigen Verluste des Kopfes, und es ergibt sich eine Zahl, die häufig als maximale Impulsdichte bezeichnet wird. Mit Steigerung der Transportgeschwindigkeit nehmen die frequenzabhängigen Verluste zu, und es ergibt sich eine maximale Impulszahl pro Zeiteinheit. Hierbei muß natürlich die Impulsdichte der Aufzeichnung unter der maximalen Impulsdichte des Wiedergabekopfes liegen.

4.1.3. Aufzeichnungsköpfe für analoge Speicherung

Für die Aufzeichnungsköpfe kommt nach 4.0. nur ein Prinzip in Betracht. Sie sind stets Spulen mit oder ohne Eisenkern. Hierdurch sollte die Definition der Kennwerte viel genauer sein. Leider sind bei ihnen jedoch die Eigenschaften des magnetisierbaren Informationsträgers von wesentlichem Einfluß. Aus diesem Grunde sind die Daten der Aufzeichnungsköpfe nur Vergleichswerte. Es müssen dazu immer die Bedingungen, insbesondere der Typ des Informationsträgers, angegeben werden. Gewisse Werte, wie der Wechselstromwiderstand, der Einfluß von Störfeldern, die Lebensdauer, der Nebenspureinfluß und die Phasenverschiebung sind bei ihnen vollkommen analog zu den Wiedergabeköpfen, so daß sich eine Wiederholung erübrigt.

Die Erklärung der Kennwerte erfolgt auch hier wieder nur für die Längsaufzeichnung. Zusätzlich wird aber vorausgesetzt, daß die Aufzeichnung mit Wechselfeldvormagnetisierung geschieht. Für die Sättigungsaufzeichnung, die Aufzeichnung mit Gleichfeldvormagnetisierung oder die Aufzeichnung nach dem Grenzlinienverfahren sind die angegebenen Kennwerte leicht übertragbar.

Vormagnetisierungsstrom

Die Aufzeichnung erfolgt meist mit zusätzlichem Wechselfeld, das von einem entsprechenden Wechselstrom erzeugt wird. Die Größe dieses Stromes I_v geht wesentlich in die meisten Daten des Kopfes ein. Es gibt allerdings einen Grenzstrom I_{v0}, für den der remanente Fluß unter sonst gleichen Bedingungen ein Maximum besitzt. Dieser Strom heißt zuweilen auch optimaler Vormagnetisierungsstrom. Er ist vor allem von dem Typ des Informationsträgers, aber auch von der aufzuzeichnenden Frequenz und Wellenlänge sowie von dem Abstand zwischen Kopf und Informationsträger abhängig. Da dieser Strom eine fundamentale Bedeutung hat, wird er trotzdem allgemein angegeben.

Empfindlichkeit

Beim Wiedergabekopf ist die Empfindlichkeit ein Maß für die Wandlerkonstante zwischen dem spezifischen remanenten Fluß ψ_r und der wiedergegebenen Spannung unter Berücksichtigung des Wechselstromwiderstandes. Ähnlich, nur umgekehrt, gilt sie für den Aufzeichnungskopf. An die Stelle der Wiedergabespannung tritt der Aufzeichnungsstrom I_z, an die Stelle des Wechselstromwiderstandes die Windungszahl n:

$$\varepsilon_z = \frac{\psi_r h_s}{I_z\, n}. \tag{8}$$

Der Einfluß der Wellenlänge und Frequenz ist hier geringer als beim Wiedergabekopf. Weitaus stärker geht jedoch die Größe des Vormagnetisierungsstromes ein. Deshalb ist meist der Grenzstrom I_{v0} vorausgesetzt.

Vor allem, wenn die Windungszahl des Kopfes nicht bekannt ist, ist noch der Aufzeichnungsfaktor

$$\ddot{U}_z = \frac{\psi_r h_s}{I_z} \tag{9}$$

wichtig.

Vormagnetisierungsleistung

Unter idealen Bedingungen sollte die Vormagnetisierungsleistung eine reine Blindleistung sein. Verluste treten jedoch durch den Kupferwiderstand und im Eisenkreis auf. Leider sind diese Verluste schwer zu bestimmen, so daß meist das Spannungs-Stromprodukt angegeben wird. Besonders wichtig ist seine Größe für den Grenzstrom

$$N_{v0} = I_{v0}\, U_{v0} \tag{10}$$

und für den Arbeitspunkt, der meist etwas vom Grenzstrom abweicht:

$$N_{vn} = I_{vn}\, U_{vn}. \tag{11}$$

Aufzeichenbare Wellenlängen

Aufzeichnungsköpfe besitzen nur eine Grenze für kurze Wellenlängen. Ihre mechanischen Abmessungen haben keinen Einfluß auf die Aufzeichnung beliebig großer (unendlicher) Wellenlängen. Für kurze Wellenlängen ist der Spalt entscheidend, jedoch geht nicht unmittelbar die Spaltweite, sondern vielmehr der meist kürzere Abschnitt der steilen Flanke des abklingenden Spaltfeldes ein (vgl. Band 6). Es können daher häufig Wellenlängen aufgezeichnet werden, die kürzer als die mechanische Spaltweite sind.

Aufzeichenbare Frequenzen

Eine untere Frequenzgrenze besitzt ein Aufzeichnungskopf nur, wenn zu seiner Funktion ein Übertrager notwendig ist. Dies gilt zuweilen für den Aufzeichnungskopf, der aus einer einzelnen Drahtschleife besteht. Prinzipiell ist aber jeder Aufzeichnungskopf auch zur Gleichstromaufzeichnung geeignet. Die obere Frequenzgrenze hängt hauptsächlich von den Eisenkreisverlusten und dem Wechselstromwiderstand ab. Hieran können Wicklungs- und Schaltkapazitäten wesentlich beteiligt sein.

Verzerrungen

Verzerrungen im Aufzeichnungskopf können nur bei hoher Aussteuerung des Eisenkernes auftreten. Sie lassen sich durch die Materialeigenschaften (hohe Sättigungsmagnetisierung) und die Konstruktion (rückwärtiger Scherungsspalt) weitgehend vermeiden.

4.1.4. Aufzeichnungsköpfe für digitale Speicherung

Für die Aufzeichnungsköpfe der digitalen Speicherung gelten die allgemeinen Aussagen, die bereits bei den digitalen Wiedergabeköpfen und analogen Aufzeichnungsköpfen gemacht wurden. Es bleiben daher nur die Empfindlichkeit und das Auflösungsvermögen zu besprechen.

Empfindlichkeit

Für die Empfindlichkeit genügt es hier meist, die Stromstärke anzugeben, welche die Sättigung in dem vereinbarten Informationsträger hervorruft. Außerdem geht noch der eventuelle Kopfabstand vom Informationsträger ein.

Auflösungsvermögen

Gegenwärtig begrenzt überwiegend der Wiedergabekopf das Auflösungsvermögen der digitalen Speicherung. Dies rührt wahrscheinlich von der steilen Aufzeichnungsflanke her. Eine genaue Klärung des Einflusses des Aufzeichnungskopfes steht noch aus. Sie wird auch dadurch gehemmt, daß die Digitalsysteme fast ausnahmslos die Magnetköpfe abwechselnd zur Aufzeichnung und Wiedergabe verwenden.

4.1.5. Löschköpfe

Die Löschung einer aufgezeichneten Information kann durch Gleich- oder Wechselfelder erfolgen. Gleichfelder können auch durch Dauermagnete erzeugt werden. Mit ihnen wird im einfachsten Fall der Informationsträger gesättigt. Durch mehrfache gegenpolig hintereinander geschaltete Permanentköpfe kann der Informationsträger gelöscht und auch weitgehend entmagnetisiert werden.

Ein kleiner Restmagnetismus der ursprünglichen Aufzeichnung bleibt bei jeder Löschung erhalten. Seine Größe im Verhältnis zur Größe der gewesenen Aufzeichnung bestimmt die *Löschdämpfung*. Sie ist natürlich von der ursprünglichen Aufzeichnung und dem verwendeten Informationsträger abhängig.

Bei Löschköpfen, die aus einem Kern mit Spule bestehen, kommt zur Löschdämpfung die *Löschleistung* bzw. der *Löschstrom*, der *Wechselstromwiderstand* des Kopfes und seine *Güte* (Verlustleistung) bei der zu verwendenden *Löschfrequenz* hinzu. Bis auf die Güte wurden diese Größen bereits besprochen. Die Güte hängt vor allem vom Kernmaterial ab und ist wegen der Resonanzabstimmung des Kopfes auf die Löschfrequenz wichtig. Bei Mehrspurköpfen muß auch beachtet werden, daß die Löschung nicht auf Nachbarspuren übergreift. Diese Probleme wurden schon beim Nebenspureinfluß behandelt.

4.2 Theoretische Betrachtung des Eisenkreises

Der Eisenkern des Magnetkopfes dient hauptsächlich zur Konzentration der magnetischen Feldlinien. Hierdurch wird das Auflösungsvermögen für kurze Wellenlängen bei der Wiedergabe und sinngemäß auch bei der Aufzeichnung gesteigert. Zusätzlich wächst die Empfindlichkeit.

Von den zahlreichen möglichen Ausführungsformen hat sich am besten die alte Ringkernform bewährt. Unabhängig von ihrem Wandlerprinzip benutzen fast alle gegenwärtig angewendeten Köpfe einen derartigen Eisenkreis.

4.2.1. Statische und niederfrequente Eigenschaften

Wird von Konstruktionsfragen abgesehen, so zeigt Abb. 2 den prinzipiellen Aufbau des Eisenkreises von Ringkernköpfen. Er ist durch einen oder mehrere

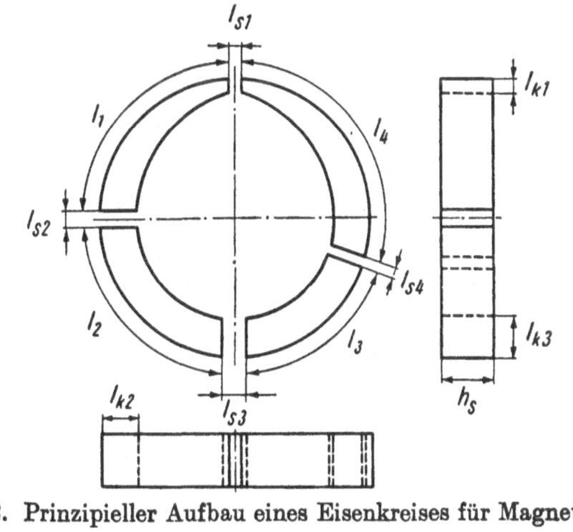

Abb. 2. Prinzipieller Aufbau eines Eisenkreises für Magnetköpfe

Spalte unterbrochen. Meist sind sie zur Fixierung mit einem unmagnetischen Material ausgefüllt. Der wichtigste Spalt, der Arbeitsspalt oder auch Nutzspalt genannt, ist für die Wirkungsweise des Kopfes entscheidend und wird im Betrieb dem Informationsträger zugewandt. Die anderen Spalte sollen eventuelle Nichtlinearitäten oder remanente Magnetisierungen des Kernmaterials mindern bzw. die Herstellung des Kopfes erleichtern.

Magnetischer Widerstand

Der magnetische Widerstand des Kernes kann abschnittweise (Eisen und Spalt getrennt) berechnet werden. Mit dem eventuell ortsabhängigen Querschnitt $S = S(l)$ und der Permeabilität[1]) μ gilt für den magnetischen Widerstand des i-ten Eisenabschnittes

$$\Pi_i = \frac{1}{\mu_i} \int\limits_{l_i} \frac{dl_i}{S_i(l_i)} . \tag{12}$$

Vielfach ist der Querschnitt des Eisenkernes konstant und kann als Produkt aus der Spalthöhe h_s und der Kernbreite l_k berechnet werden:

$$\Pi_i = \frac{1}{\mu_i} \cdot \frac{l_i}{S_i} = \frac{1}{\mu_i} \cdot \frac{l_i}{h_s l_k} . \tag{13}$$

Beim Spalt ist infolge des Streufeldes der wirksame Querschnitt etwas größer zu wählen. Mit der Spaltweite l_{si} gilt daher näherungsweise für den magnetischen Widerstand des i-ten Spaltes:

$$\Pi_{si} = \frac{1}{\mu_{si}} \frac{l_{si}}{(h_{si} + 1{,}5\, l_{si})\,(l_{ki} + 1{,}5\, l_{si})} . \tag{14}$$

Der magnetische Widerstand des gesamten Kernes beträgt somit

$$\Pi_m = \sum_{i=1}^{n} \Pi_{si} + \Pi_i . \tag{15}$$

Wirkungsgrad

Magnetische Kreise können durch elektrische Ersatzschaltbilder veranschaulicht werden. Dem elektrischen Strom entspricht dabei der magnetische Fluß Φ, dem Ohmschen Widerstand der magnetische Widerstand und der elektrischen Spannung die magnetische Spannung. Die magnetische Spannung wird auch als Durchflutung oder Erregung Θ bezeichnet. Sie ist das Linienintegral der magnetischen Feldstärke $\oint H\,ds$. Besitzt das vom Arbeitsspalt des Magnetkopfes abgetastete Stück des magnetisierbaren Informationsträgers den magnetischen Widerstand Π_b und die magnetische Spannung Θ_b, dann gilt für den Kern des Magnetkopfes die Ersatzschaltung nach Abb. 3a. Der Gesamtfluß Φ_{br} des Magnetbandes teilt sich in den Fluß Φ_m durch den Kern mit dem Widerstand $\Pi_m - \Pi_{s1}$ und den Fluß durch den Arbeitsspalt Φ_{s1}. Das Verhältnis

$$\eta_m = \frac{\Phi_m}{\Phi_b} \tag{16}$$

[1]) Wenn nicht in Sonderfällen anders gesagt wird, ist μ die absolute Permeabilität gemäß $\mu = \mu_r \mu_0$. Dabei ist μ_0 die Permeabilität des Vakuums mit $4\,\pi\,10^{-7}$ Vs $A^{-1}m^{-1}$ und μ_r die relative Permeabilität.

kann daher als Wirkungsgrad des Kernes aufgefaßt werden. Für seine Berechnung ist die Parallelschaltung des Widerstandes $\Pi_m - \Pi_{s1}$ mit dem des Arbeitsspaltes notwendig:

$$\Pi_{mw} = \frac{(\Pi_m - \Pi_{s1})\,\Pi_{s1}}{\Pi_m}. \tag{17}$$

Da die Widerstände reziprok zu den Flüssen sind, gilt für den Wirkungsgrad des Kernes

$$\eta_m = \frac{\Pi_{mw}}{\Pi_m - \Pi_{s1}} = \frac{\Pi_{s1}}{\Pi_m}. \tag{18}$$

Der Wirkungsgrad verbessert sich also mit wachsendem Widerstand des Arbeitsspaltes und fallendem Widerstand des Restkernes. Beim Arbeitsspalt sollte

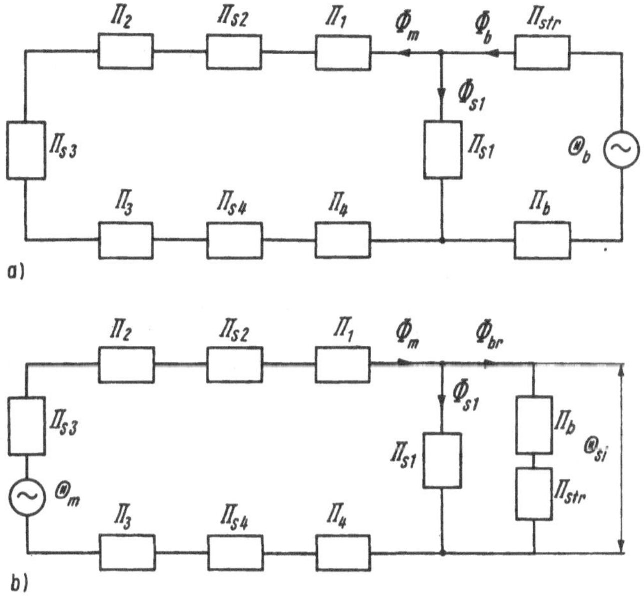

Abb. 3. Elektrische Ersatzschaltbilder des Eisenkreises von Magnetköpfen: a) bei der Wiedergabe; b) bei der Aufzeichnung

daher die Spalttiefe (Querschnitt der Polfläche) recht gering sein, während für den übrigen Teil des Kernes alle Spalte möglichst unwirksam gemacht werden müssen.

Für den Aufzeichnungskopf kann ebenfalls ein Ersatzschaltbild des magnetischen Kreises geschaffen werden (Abb. 3b). Die Erregung erfolgt im Kern durch die Quelle Θ_m. Wie später noch genauer zu zeigen ist, hat hierbei ebenfalls der Wirkungsgrad nach Gl. (18) Bedeutung.

Es sei noch erwähnt, daß Leilich [4], [5] eine abweichende, anschauliche Größe für digitale Aufzeichnungs- und Wiedergabeköpfe einführt.

Mit dem Theorem von WESTMIJZE (vgl. Band 6) kann eine weitere Fassung des Kernwirkungsgrades gegeben werden. Mit der Feldstärkefunktion $H = H(x, y, z)$ des Kopfes bei der Erregung mit einem Strom I und der Magnetisierung $M = M(x, y, z)$ des Informationsträgers gilt für den Magnetfluß im Kern

$$\Phi_m = \mu_{s1} \frac{1}{I} \int\limits_{-\infty}^{+\infty} \int\limits_{y_1}^{y_2} \int\limits_{z_1}^{z_2} M\, H\, dx\, dy\, dz\,. \tag{19}$$

Die Funktion H wird immer für einen idealen verlustlosen Eisenkreis ($\eta = 1$) berechnet. Für einen verlustbehafteten Kern entsprechend Abb. 3b muß zwischen der Erregung Θ_{s1} im Spalt und Θ_m im Kern unterschieden werden. Dieses Verhältnis entspricht dem bereits definierten Wirkungsgrad. Statt die Feldstärke H_{s1} im Arbeitsspalt kann daher eine Ersatzfeldstärke

$$H^+(x, y, z) = \frac{H_{s1}}{\eta_m} = \frac{H_{s1} \Pi_m}{\Pi_{s1}} \tag{20}$$

eingeführt werden. Sie entstünde im Spalt des idealen verlustlosen Kopfes. Für den nutzbaren Fluß eines Kopfes gilt daher

$$\Phi_m = \eta_m \mu_{s1} \frac{1}{I} \int\limits_{-\infty}^{+\infty} \int\limits_{y_1}^{y_2} \int\limits_{z_1}^{z_2} M\, H^+\, dx\, dy\, dz\,. \tag{21}$$

Bei mittleren Wellenlängen wird der maximal mögliche Fluß vom Kern aufgenommen. Das dreifache Integral ohne η_m entspricht dann genau dem Fluß des Informationsträgers. Der zugehörige Fluß im Kern soll mit Φ_{m0} bezeichnet werden. Bei kurzen und langen Wellenlängen wird der nutzbare Fluß durch den Aufbau und die Abmessungen des Kopfes (Spalt- und Spiegelform) geringer. Diese Einflüsse lassen sich aber auch dem Wirkungsgrad zuordnen, wenn in der Gleichung (21) Φ_m durch Φ_{m0} ersetzt wird. Der dann wellenlängenabhängige Wirkungsgrad lautet

$$\eta_m(\lambda) = \frac{\Phi_{m0}}{\mu_{s1} \frac{1}{I} \int\limits_{-\infty}^{+\infty} \int\limits_{y_1}^{y_2} \int\limits_{z_1}^{z_2} M\, H^+\, dx\, dy\, dz}\,. \tag{22}$$

Verzerrungen

Bei den ferromagnetischen Materialien hängt die Permeabilität von der Feldstärke ab. Hierdurch können im Magnetkopf Verzerrungen entstehen. Infolge der Kennliniensymmetrie überwiegt der kubische Anteil. Solange sich die Permeabilität weniger als 25% ändert, kann die RAYLEIGHsche Beziehung benutzt werden [6] (vgl. 2.2.5.). Mit der Anfangspermeabilität $\mu_a = \mu_{ar}\, \mu_0$ der RAYLEIGH-Konstanten ν und dem Spitzenwert H_{gs} einer sinusförmigen Feldstärke besteht für die erste und dritte harmonische Komponente der Induktion eines geschlossenen Eisenkreises mit konstantem Querschnitt die Beziehung

$$\frac{B_3}{B_1} = \frac{8}{15\pi} \cdot \frac{\nu}{\mu_a} H_{gs}\,. \tag{23}$$

Für einen Kern nach Abb. 2 müssen die Luftspalte und eventuell ein variabler Querschnitt berücksichtigt werden. Am besten gelingt dies wieder mit einer elektrischen Ersatzschaltung (Abb. 4). Die im Eisen entstehenden Verzerrungen

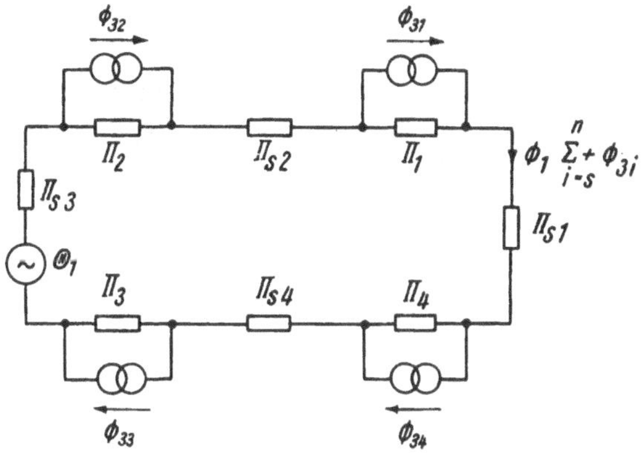

Abb. 4. Ersatzschaltbild zur Berechnung der Verzerrungen eines Eisenkreises

können als zusätzliche harmonische Flußgeneratoren eingefügt werden. Für den i-ten Eisenkreisabschnitt mit konstantem Querschnitt s_i beträgt die vom Fluß Φ_1 bewirkte Induktion

$$B_{1i} = \Phi_1 / S_i \,. \tag{24}$$

Dazu gehört eine Feldstärke

$$H_{1i} = \frac{\Theta_{1i}}{l_i} = \frac{\Phi_1 \cdot \Pi_i}{l_i} \,. \tag{25}$$

Aus Gl. (23) folgt daher für die zugehörige dritte harmonische Komponente der Induktion

$$B_{3i} = \frac{8}{15\pi} \frac{\nu}{\mu_a} \frac{\Phi_1^2 \Pi_i}{S_i l_i} \,, \tag{26}$$

Mit der Materialkennzahl

$$\alpha = \frac{8}{15\pi} \frac{\nu}{\mu_a^3} \cdot \mu_0 \tag{27}$$

ergibt sich die Erregung zu

$$\Theta_{3i} = \frac{B_{3i} l_i}{\mu_a} = \frac{\alpha \mu_a \Phi_1^2 \Pi_i}{S_i} \,. \tag{28}$$

Sie erzeugt im Kern einen Fluß

$$\Phi_{i3} = \frac{\Theta_{3i}}{\Pi_m} = \frac{\alpha \mu_{ar} \Phi_1^2 \Pi_i}{S_i \Pi_m} \,. \tag{29}$$

Der gesamte kubische Fluß folgt durch Addition über alle Eisenabschnitte. Die relative kubische Verzerrung beträgt dann

$$k_3 = \frac{\Phi_3}{\Phi_1} = \alpha \mu_{ar} \Phi_1 \frac{1}{\Pi_m} \sum_{i=1}^{n} \frac{\Pi_i}{S_i} \,. \tag{30}$$

Zuweilen ist auch die Feldstärke im Arbeitsspalt wichtig. Für sie gilt entsprechend

$$k_3 = \alpha\, \mu_{ar}\, \mu_{s1r}\, S_{s1}\, H_{s1} \frac{1}{\Pi_m} \sum_{i=1}^{n} \frac{\Pi_i}{S_i}\,. \tag{31}$$

Die Verzerrungen lassen sich also vermindern, wenn der magnetische Widerstand des Kreises groß gegenüber dem des reinen Eisenwegs ist. Dies geschieht automatisch durch zusätzliche Luftspalte. Durch die Luftspalte sinkt aber gleichzeitig der Wirkungsgrad. Deshalb muß ein günstiger Kompromiß gesucht werden.

Bei nicht konstantem Querschnitt des Eisenweges kann Π_i/S_i durch

$$\frac{1}{\mu_a} \int\limits_{l_i} \frac{dl_i}{S_i^2(l_i)}$$

ersetzt werden.

Sättigung

Die Feldstärke — genauer die Magnetisierung — im Arbeitsspalt kann mit steigender Erregung des Kernes höchstens bis zu Sättigung des Kernmaterials wachsen. Bei konstantem Querschnitt ist die Sättigungsinduktion $B_{\max}$ des Materials entscheidend:

$$H_{s1\,\max} = \frac{1}{\mu_{s1}} B_{\max}\,. \tag{32}$$

Andernfalls legt der kleinste Querschnitt $S_{\min}$ die Grenze fest.

$$H_{s1\max} = \frac{S_{\min}}{S_{s1}} \frac{1}{\mu_{s1}} B_{\max}\,. \tag{33}$$

Es genügt also, wenn der kleinste Eisenquerschnitt mindestens gleich dem am Arbeitsspalt ist.

Remanenz

Ein magnetischer Kern kann nach dem Abschalten seiner Erregung noch magnetisiert sein. Bei Magnetköpfen ist diese Remanenz unerwünscht, da sie im Arbeitsspalt eine störende Induktion hervorruft. Zu ihrer Berechnung sei vorausgesetzt, daß die Magnetisierung in allen Eisenabschnitten die gleiche Richtung aufweist. Weil die magnetische Spannung des geschlossenen Kreises Null sein muß, gilt dann mit der Feldstärke H_e im Eisen

$$H_e \sum_{i=1}^{n} l_i + \sum_{i=1}^{n} H_{si}\, l_{si} = 0\,. \tag{34}$$

Außerdem muß im unverzweigten Kreis überall der gleiche Fluß wirken. Ohne Berücksichtigung des Streufeldes der Spalte gilt deshalb

$$H_{si}\, \mu_{si}\, S_{si} = B_{si}\, S_{si} = B_{s1}\, S_{s1}\,.$$

Mit Gl. (34) ergibt sich die Induktion im Arbeitsspalt zu

$$B_{s1} = \frac{-H_e \mu_{s1} \sum_{i=1}^{n} l_i}{l_{s1} + \sum_{i=1}^{n} l_{si} \frac{S_{s1}}{S_{si}}} . \tag{35}$$

In Abb. 5 sind die entsprechenden Verhältnisse veranschaulicht. Die Kurve *1* gilt für ein weichmagnetisches Material, die Kurve *3* für ein hartmagnetisches Material. Durch die Luftspalte entsteht eine Scherungsgerade *2*. Ihr Schnittpunkt mit der Magnetisierungskurve entspricht der Remanenz. Durch die nahezu rechteckförmige Kurve des weichmagnetisches Materials ist H_e etwa gleich H_c. Für die maximale Remanenz ist also H_e in Gl. (35) durch H_c zu ersetzen. Die Remanenz kann durch Vergrößern der Nebenspalte (geringere Steigung der Scherungsgeraden) gesenkt werden.

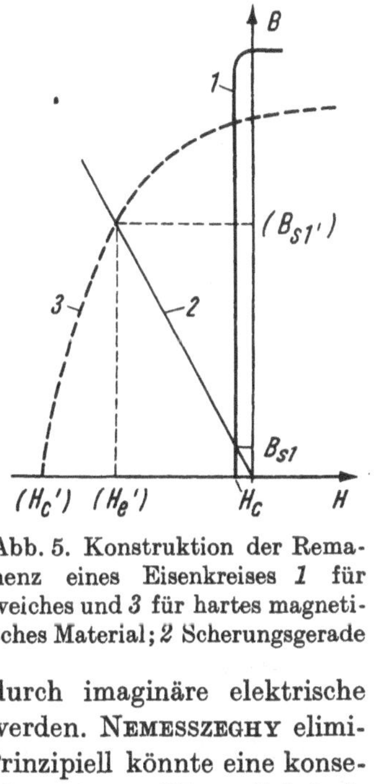

Abb. 5. Konstruktion der Remanenz eines Eisenkreises *1* für weiches und *3* für hartes magnetisches Material; *2* Scherungsgerade

4.2.2. Dynamische Eigenschaften

Frequenzabhängiger Wirkungsgrad

In einem Eisenkreis treten unter anderem frequenzabhängige Wirbelstrom- und Hysteresisverluste auf. Prinzipiell könnten diese Verluste in den elektrischen Ersatzschaltungen durch Blindwiderstände erfaßt werden. Leider führt dies zu gewissen Komplikationen, da landläufig der magnetische Widerstand physikalisch als rein imaginäres, verlustfreies Blindelement und die frequenzabhängigen Verluste durch imaginäre elektrische Elemente (Induktivität, Kapazität) dargestellt werden. NEMESSZEGHY eliminiert daher den magnetischen Widerstand [7]. Prinzipiell könnte eine konsequent aufgebaute Analogie diese Schwierigkeiten beseitigen. Hier soll jedoch der heute übliche Weg der komplexen Permeabilität verwendet werden. Für den i-ten Eisenabschnitt des Kernes gilt dann

$$\vec{\mu}_i = \mu_{1i}(\omega) - j\,\mu_{2i}(\omega) . \tag{36}$$

Die statischen Werte ($\omega \to 0$) erhalten eine zusätzliche 0 als Index. $\vec{\mu}_i\,(\omega \to 0)$ ist daher gleich der reellen statischen Permeabilität und wird mit μ_{10i} bezeichnet. Der Anteil μ_{20i} ist gleich Null. Entsprechend Gl. (12) gilt somit für den magnetischen Widerstand eines Eisenabschnittes

$$\vec{\Pi}_i = \frac{1}{\mu_{1i}(\omega) - j\,\mu_{2i}(\omega)} \int\limits_{l_i} \frac{dl_i}{S_i(l_i)} . \tag{37}$$

Besteht der gesamte Eisenkreis aus gleichem Material, so soll der entsprechende magnetische Summenwiderstand mit $\vec{\Pi}_e(\omega)$ bezeichnet werden. Mit der Zusammenfassung der Spaltwiderstände als Π_s folgt dann für den komplexen Wirkungsgrad

$$\vec{\eta}_m(\omega) = \frac{\Pi_{s1}}{\Pi_s + \vec{\Pi}_e(\omega)}. \tag{38}$$

Für seine Frequenzabhängigkeit ist dieser Wert auf η_{m0} $(\omega \to 0)$ zu beziehen und dann der Betrag zu bilden [93]

$$\left|\frac{\vec{\eta}_m(\omega)}{\eta_{m0}}\right| = \left|\frac{\Pi_s + \Pi_{e0}}{\Pi_s + \vec{\Pi}_e(\omega)}\right| = \frac{\Pi_{e0} + \Pi_s}{\Pi_s} \sqrt{\frac{\left(\frac{\mu_1}{\mu_{10}}\right)^2 + \left(\frac{\mu_2}{\mu_{10}}\right)^2}{\left(\frac{\Pi_{e0}}{\Pi_s} + \frac{\mu_1}{\mu_{10}}\right)^2 + \left(\frac{\mu_2}{\mu_{10}}\right)^2}}. \tag{39}$$

Mit steigender Frequenz entstehen also stets zusätzliche Verluste. Sie sind durch zusätzliche Luftspalte zu mindern. Hierbei sinkt aber der statische Wirkungsgrad η_{m0}. Diese Tendenz zeigt Tabelle 1 bei Köpfen für verschiedene Anwendungsgebiete. Zugunsten eines großen Frequenzbereiches verringert sich der statische Wirkungsgrad.

Tabelle 1

Wirkungsgrade des Kernes bei verschiedenen Anwendungsgebieten

Anwendungsgebiet	Arbeitsgeschwindigkeit in m/s	obere Grenzfrequenz in kHz	Wirkungsgrad in %
Schallspeicherung	0,381	16	93
Meßwertspeicherung	2,54	250	29
Bildspeicherung	5,08	3000	6,5

Wirbelstromverluste

Bei hochpermeablen Legierungen, wie sie fast ausschließlich für Magnetköpfe verwendet werden, überwiegen die Wirbelstromverluste. Für plattenförmige Bleche der Dicke d mit dem spezifischen Widerstand ϱ gibt es dann bei kleinen Magnetisierungen und der Frequenz f eine Größe

$$\Gamma = d \sqrt{\frac{\pi f \mu_{10}}{\varrho}}. \tag{40}$$

Sie ist sehr gut zur Berechnung der Anteile der komplexen Permeabilität geeignet [6], [8]:

$$\mu_1 = \frac{\mu_{10}}{\Gamma} \frac{\sinh \Gamma + \sin \Gamma}{\cosh \Gamma + \cos \Gamma} \tag{41}$$

und

$$\mu_2 = \frac{\mu_{10}}{\Gamma} \frac{\sinh \Gamma - \sin \Gamma}{\cosh \Gamma - \cos \Gamma}. \tag{42}$$

Eine Auswertung dieser Funktionen zeigt Abb. 6. Für Werte mit $\Gamma \leqq 2$ ergibt eine Reihenentwicklung für den imaginären Permeabilitätsanteil

$$\mu_2 \approx \Gamma^2 \approx \frac{d^2 f}{\varrho}. \tag{43}$$

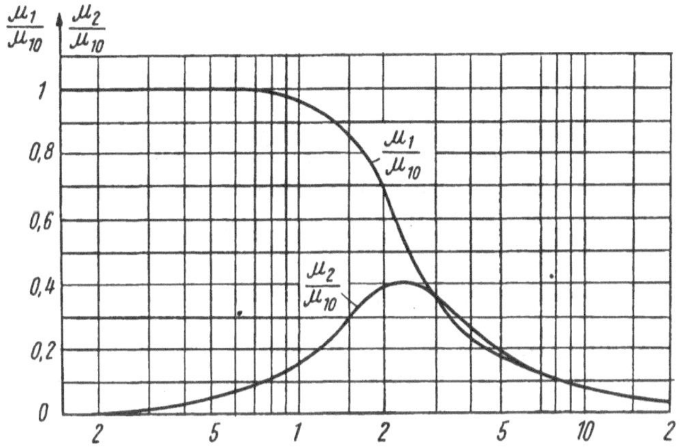

Abb. 6. Reeller und imaginärer Anteil der Permeabilität als Funktion von Γ. Auswertung der Gleichungen (41) und (42)

In guter Näherung sind deshalb die Wirbelstromverluste der Frequenz direkt der Blechdicke quadratisch und dem spezifischen Widerstand reziprok proportional.

Es ist günstig, eine Grundfrequenz des Materials einzuführen:

$$f_h = \frac{4\varrho}{\pi \mu_{10} d^2}. \tag{44}$$

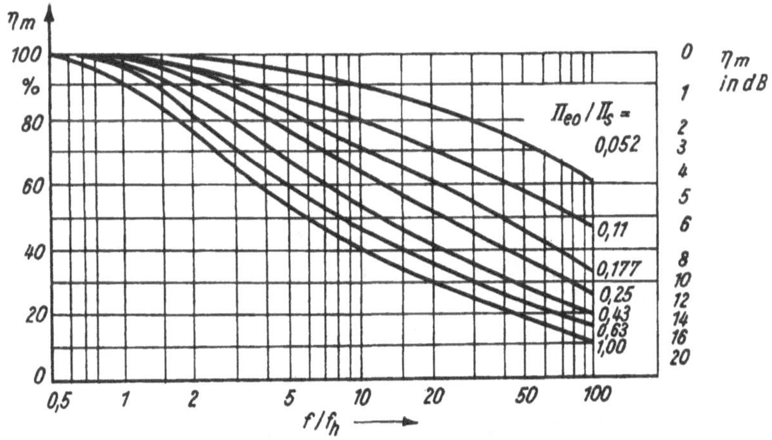

Abb. 7. Abnahme des Wirkungsgrades des Eisenkernes infolge von Wirbelstromverlusten als Funktion der materialnormierten Frequenz mit dem Verhältnis des Eisen-Spalt-Widerstandes als Parameter

Für f_h sinkt der reelle Anteil der Permeabilität auf $1/\sqrt{2}$ ab, und Γ besitzt den Wert 2. Mit dieser Frequenz ist der frequenzabhängige Wirkungsgrad leicht zu normieren [9]. Die entsprechende graphische Auswertung (Abb. 7) zeigt deutlich, wie das Verhältnis Π_{e0}/Π_s eine Linearisierung auch jenseits der Grundfrequenz des Materials bewirkt.

Spaltverluste

Zu ihrer Fixierung werden die Spalte meist mit einer metallischen Folie ausgefüllt. Die in ihr entstehenden Wirbelströme bewirken Verluste. Sie können ebenfalls durch einen komplexen magnetischen Widerstand beschrieben werden. Die vorangegangenen Betrachtungen gelten automatisch weiter, wenn Gl. (36) durch

$$\mu_{si} = \mu_0 \left[\mu_{01}(\omega) - j\,\mu_{02}(\omega)\right] \tag{45}$$

ersetzt wird. Dabei bedeutet μ_0 wieder die absolute Permeabilität des Vakuums. Da an die Stelle der Blechdicke jetzt die Spalttiefe l_{ki} tritt, gilt

$$\Gamma_{si} = l_{ki} \sqrt{\frac{\pi f \mu_0}{\varrho_i}}. \tag{46}$$

Mit dieser Größe und $\mu_{10} = 1$ gelten für μ_{01} und μ_{02} die Beziehungen von Gl. (41) und (42). Die Grundfrequenz der Spalteinlage folgt daher zu [10]

$$f_{hsi} = \frac{4\,\varrho_i}{\pi\,\mu_0\,l_{ki}^2}. \tag{47}$$

Der magnetische Widerstand einer elektrisch leitenden Spaltfolie steigt also mit der Frequenz. Hierdurch kann in gewissen Grenzen der Wirkungsgrad des Kernes verbessert bzw. sein Frequenzgang kompensiert werden. Die Berechnung hat bei Gl. (38) zu beginnen und ist nicht ganz einfach durchzuführen. Für jeden Spalt können nämlich unterschiedlich dicke Spalteinlagen verwendet werden, und außerdem kürzt sich beim entsprechenden Übergang von Gl. (38) nach Gl. (39) nicht Π_{s1} heraus.

Einschwingverhalten

Infolge der frequenzabhängigen Eigenschaften des magnetischen Kreises erscheint eine momentan eingeschaltete Erregung verzögert am Arbeitsspalt. Die Berechnung dieses Verhaltens aus dem Frequenzgang ist recht kompliziert. Bei Wirbelströmen kann dieser Vorgang in erster Näherung durch den Ansatz

$$B = \mu_{10}\,H\,(1 - e^{-\beta t}) \tag{48}$$

beschrieben werden [6]. Bei plattenförmigen Werkstoffen gilt

$$\beta = \frac{\pi^2 \varrho}{\mu_{10}\,d}. \tag{48}$$

Für einen Eisenkreis mit konstantem Querschnitt und einem einzelnen Spalt folgt somit

$$\Phi = \frac{\Theta}{\Pi_s} \frac{1 - e^{-\beta t}}{1 + \frac{\Pi_{e0}}{\Pi_s} - e^{-\beta t}}. \tag{49}$$

Diese Beziehung zeigt Abb. 8. Mit wachsendem Π_s und β verkürzt sich die Einschwingzeit. Eine zusätzliche Verkürzung könnte durch eine elektrisch leitende Spaltfolie erreicht werden.

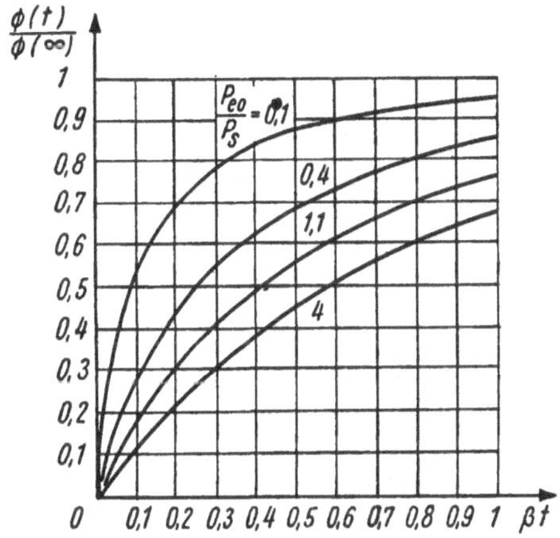

Abb. 8. Zeitlicher Verlauf des Flusses im Eisenkern nach dem Einschalten einer Erregung mit dem Verhältnis des Eisen-Spalt-Widerstandes als Parameter

4.3. Materialeinflüsse beim Eisenkreis

4.3.1. Forderungen an die Spalteinlage

Für die Spalteinlage sind hauptsächlich nichtferromagnetische Materialien ($\mu_r \approx 1$) zu fordern. Weichen ihre mechanischen Eigenschaften, vor allem bezüglich Abnutzungsbeständigkeit und Härte wesentlich von denen des Kernmaterials ab, so verschmieren sich bereits beim Schleifen die beiden Materialien ineinander. Dadurch entstehen in der Umgebung des Spaltes Krater und Ausbeulungen, und die vorgesehenen Abmessungen der Spaltweite werden wesentlich überschritten. Im Betrieb setzt sich dieser Vorgang fort [12], so daß der Kopf nur geringe Lebensdauer besitzt.

Für einen guten Wirkungsgrad sollte die Permeabilität der Spalteinlage möglichst klein sein. Es kommen also para- oder diamagnetische Werkstoffe in Betracht. Bei ihrer kleinen Suszeptibilität (Abweichung der Permeabilität gegenüber 1) von etwa $\pm 10^{-4}$, sollte keiner der beiden Stoffe einen meßbaren Vorteil bringen. Dennoch wird in [13] versucht, den Vorteil von diamagnetischen Stoffen zu beweisen. Die mitgeteilten Daten sind jedoch nicht überzeugend.

Ob die Spalteinlage leitend oder isoliert sein sollte, ist noch nicht eindeutig zu entscheiden. Durch die Wirbelströme im leitenden Material wächst sein magnetischer Widerstand mit der Frequenz, und deshalb kann zumindest ein Teil der frequenzabhängigen Kernverluste kompensiert werden. Für einen frequenzunabhängigen Wirkungsgrad ist also eine leitende Spalteinlage vorteilhaft. Für übliche Spalteinlagen ist aus Abb. 9 in Abhängigkeit von der Spalttiefe

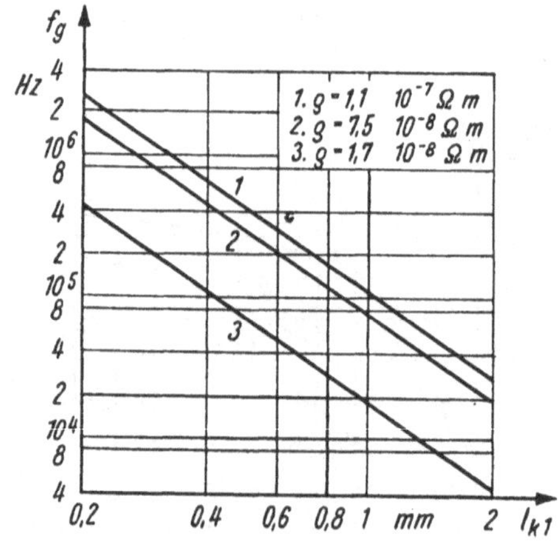

Abb. 9. Grenzfrequenz der leitenden Spalteinlage in Abhängigkeit von der Spalttiefe für (*1*) Phosphor- bzw. Berylliumbronze, (*2*) Messing und (*3*) Kupfer bzw. Silber

l_{k1} die Frequenz entnehmbar, bei der die relative reelle Permeabilität auf etwa 0,7 absinkt. Eine merkliche Verbesserung kann also nur für Köpfe auftreten, die bei relativ hohen Frequenzen verwendet werden und die eine größere Spalttiefe besitzen. Dies sind Breitband- und Löschköpfe. Nachteilig ist bei der leitenden Spalteinlage, daß sich ihre Verluste zu denen des Kernes addieren. Hierdurch sinkt der Gütefaktor, und es wird mehr Leistung verbraucht.

4.3.2. Herstellung des Spaltes

Hauptsächlich besteht heute die Spalteinlage aus Phosphorbronze, Berylliumbronze, Kupfer, Silber, Glimmer, Glas oder Quarz. Dünne Folien werden durch Druck zwischen den polierten Polflächen gehalten. Eine zusätzliche Befestigung erfolgt zuweilen durch Kleben oder Löten. Gegenüber den zu walzenden Metallfolien besitzt Glimmer den Vorteil, gut spaltbar zu sein. Bei Ferritköpfen werden Glas- und Quarzeinlagen eingeschmolzen. In Sonderfällen ist die Spalteinlage auch elektrolytisch direkt auf den Polflächen niedergeschlagen. Ihre Dicke wird durch die Stromstärke und die Galvanisierungszeit eingestellt [13]. Sehr feine Spalteinlagen lassen sich auch im Vakuum aufdampfen [14]. Diese Methode ist bei Metallen und Isolierstoffen anwendbar.

Neuerdings wird vorgeschlagen, sowohl die Pole als auch den Spalt direkt auf galvanischem Wege herzustellen [15]. Diese Methode könnte beträchtlich Vorteile für die Massenproduktion und für die Miniaturisierung bringen. Leider dürften aber derartige Köpfe nur für Betrieb mit Abstand gegenüber dem magnetisierbaren Informationsträger anwendbar sein, da die Dicke der Polschuhe und die Spaltweite annähernd gleich sind.

Die bisher erreichte kleinste Spaltweite beträgt 0,5 bis 1 µm. Hierbei müssen die Polflächen bereits auf etwa 50 nm genau berarbeitet sein. Ist nämlich für die obere Grenzfrequenz ein Verlust durch den Spalteinfluß von etwa 10 dB zugelassen, dann bewirkt eine 10%ige Streuung der Spaltweite bereits Pegeländerung von etwa ± 4 dB. Für viele Anwendungen müssen aber wesentlich engere Toleranzen gefordert werden. Ähnliche Präzisionsforderungen treten bei allen Fertigungstoleranzen des Spaltes auf. Dies sei mittels des Wirkungsgrades erläutert. Aus Gl. (18) folgt

$$\frac{d\eta_m}{\eta_m} = (1 - \eta_m)\,\frac{d\Pi_{s1}}{\Pi_{s1}}\,. \tag{50}$$

Ohne Berücksichtigung des Streufeldes gilt wegen Gl. (14) weiter

$$\frac{d\Pi_{s1}}{\Pi_{s1}} = \frac{dl_{s1}}{l_{s1}} - \frac{dl_{k1}}{l_{k1}}\,. \tag{51}$$

Insgesamt ergibt sich also der maximal mögliche relative Fehler zu

$$\left(\frac{d\eta_m}{\eta_m}\right)_{\max} = (1 - \eta_m)\left(\left|\frac{dl_{s1}}{l_{s1}}\right| + \left|\frac{dl_{k1}}{l_{k1}}\right|\right). \tag{52}$$

Soll der Wirkungsgrad sich höchstens um 1 dB ändern, so darf die rechte Seite nicht größer als 0,12 werden. Es sei η_m mit 70% und die Toleranz der Spaltweite zu $\pm 10\%$ angenommen, dann darf auch die Spalttiefe nur 10% ungenau sein. Da keine unmittelbare Messung der Spalttiefe möglich ist, treten hierbei bereits beträchtliche Schwierigkeiten auf. Praktisch wird die Spalttiefe immer indirekt aus elektrischen Daten, wie der Induktivität, ermittelt.

Bei Köpfen, für die keine Nachjustierung vorgesehen oder möglich ist, muß eine sehr enge Toleranz bezüglich der Lage des Spaltes nach Ort und Richtung eingehalten werden. Besonders problematisch ist dies bei Vielspurköpfen (vgl. 4.7.).

4.3.3. Forderungen an das Kernmaterial

Je nach dem Anwendungsgebiet des Magnetkopfes sind von seinem Kernwerkstoff mehrere der folgenden Forderungen zu erfüllen:

- große reelle Permeabilität,
- geringe Verluste,
- großer spezifischer Widerstand,
- große Sättigungsinduktion,
- kleine Rayleighsche Konstante,
- kleine Koerzitivfeldstärke,
- hohe Curie-Temperatur,
- gute Abnutzungsbeständigkeit,
- homogene oder sehr feine Struktur,
- leichte Bearbeitbarkeit.

Die Permeabilität senkt den magnetischen Widerstand der Eisenabschnitte und erhöht somit den Wirkungsgrad des Kernes. Hierbei genügt es, den Widerstand der Eisenabschnitte klein gegenüber dem des Spaltes zu machen. Eine weitere Steigerung der Permeabilität verschlechtert unnötig andere Kenndaten, z. B. den Frequenzgang. Für ihn sind außerdem die Wechselstromverluste (Wirbelstrom- und Hysteresisverluste) wichtig. Für geringe Wirbelstromverluste ist ein großer spezifischer elektrischer Widerstand notwendig. Eine meist angewandte, indirekte Maßnahme ist die Lamellierung des Kernes. Hierdurch steigt der Frequenzbereich des Kopfes beträchtlich. Leider mindert die Lamel-

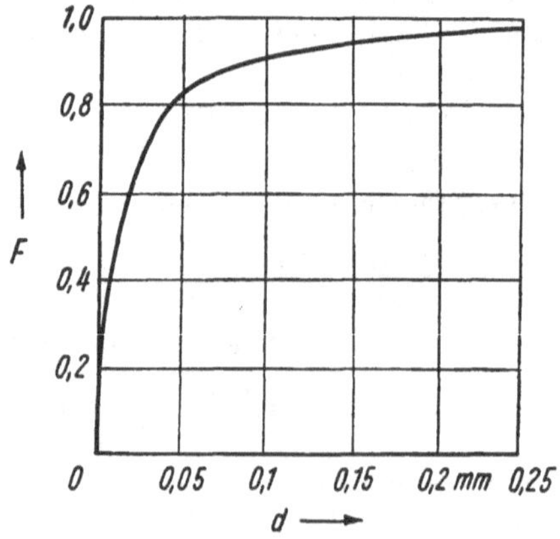

Abb. 10. Eisenfüllfaktor in Abhängigkeit von Blechdicke bei Isolierschichten von 10 μm

lierung aber den magnetischen Widerstand des Kernes und damit den Wirkungsgrad. Die Isolierschichten benötigen nämlich Platz, und so sinkt der wirksame Querschnitt des Kernes. Sein Verhältnis zum mechanisch meßbaren Querschnitt ist der Füllfaktor F. Für Isolierschichten von 10 μm Dicke ist der Füllfaktor in Abb. 10 in Abhängigkeit von der Blechdicke d dargestellt [2], [16].

Neben den Verzerrungen bestimmt die Rayleighsche Konstante auch wesentlich die Hystereseverluste mit. Alle Verluste beeinflussen auch das Rauschen und die Impedanz der Köpfe. Für Aufzeichnungs- und Löschköpfe wird durch die Verluste die benötigte Leistung festgelegt.

Eine große Sättigungsinduktion ist vor allem für alle Löschköpfe und die Aufzeichnungsköpfe der digitalen Technik wichtig. Bei den Aufzeichnungsköpfen der anderen Technik hat sie bereits einen geringeren Einfluß. Die Koerzitivfeldstärke muß dagegen für alle Wiedergabeköpfe und die Aufzeichnungsköpfe der analogen Techniken gering sein. Hier stören unerwünschte Remanenzen beträchtlich.

Für alle ferromagnetischen Materialien gibt es eine Temperatur, die Curie-Temperatur, bei der sie ihre ferromagnetischen Eigenschaften verlieren und die Permeabilität auf etwa 1 sinkt. Bei Köpfen mit hoher Energiezufuhr, also vor allem bei Lösch- und digitalen Aufzeichnungsköpfen, muß die Curie-Temperatur so hoch liegen, daß ihre Funktion auch bei der Eigenerwärmung gesichert bleibt. Durch Verluste in den Spalteinlagen kann auch eine beträchtliche örtliche Temperaturerhöhung auftreten, die dann ebenfalls durch scheinbare Spaltverbreiterung den Kopf funktionsuntüchtig macht.

Bei den meisten Anwendungen ist ein inniger Kontakt zwischen Magnetkopf und magnetisierbarem Informationsträger erwünscht. Durch die Relativbewegung findet dabei eine Abnutzung des Kopfes statt. Für seine Lebensdauer sind neben den mechanischen Eigenschaften des Informationsträgers vor allem die mechanischen Eigenschaften des Kernmaterials entscheidend. Da jedoch die Mechanismen der Abnutzung noch nicht ausreichend geklärt sind, liegen nur wenig allgemeingültige Angaben vor. Der Einfluß der Kopfform und der Bandführung ist in [11] und [16] untersucht. Bei gleicher Informationsträgertype und konstantem Umschlingungswinkel ist die Lebensdauer etwa der Härte des Materials sowie der Reibfläche direkt und dem Bandzug umgekehrt proportional.

Für die Herstellung des Magnetkopfes wäre gut bearbeitbares Material wichtig. Zugunsten der Abnutzungsbeständigkeit und einer günstigeren Materialstruktur müssen hier stets Kompromisse eingegangen werden.

4.3.4. Eigenschaften der Kernmaterialien

Höchstpermeable Legierungen

Tabelle 2 enthält Vergleichsdaten der wichtigsten Magnetkopfmaterialien [6], [17] bis [20]. In Spalte 1 sind die weichmagnetischen Legierungen mit extrem hoher Permeabilität zusammengefaßt. Sie bestehen überwiegend aus Eisen und Nickel und enthalten eventuell in geringen Mengen eines oder mehrere

Tabelle 2

Numerische Kenndaten der drei wichtigsten Materialgruppen für den Kern von Magnetköpfen

Kennwert	Werkstoff			Einheit
	Permalloy Mu-Metall	Alfenol Vacodur	Ferrit	
Anfangspermeabilität	$2...3 \cdot 10^4$	$5...7 \cdot 10^3$	$0{,}8...2 \cdot 10^3$	—
Max. Permeabilität	$5...7 \cdot 10^4$	$3...6 \cdot 10^4$	$2...5 \cdot 10^3$	—
Koerzitivfeldstärke	2,4...3,2	2...5	8...32	$\mathrm{A\,m^{-1}}$
Sättigungsinduktion	$8...9 \cdot 10^{-1}$	$9 \cdot 10^{-1}$	$2{,}5...4 \cdot 10^{-1}$	$\mathrm{Wbm^{-2}}$
Spezifischer Widerstand	0,5...0,6	1,45	$10^6...10^8$	$\mu\Omega\mathrm{m}$
CURIE-Temperatur	400...460	350	115...150	°C
Relative Härte	120...130	220...350	600	Vickers HV 5

der Elemente Chrom, Molybdän und Kupfer. Aus diesen Legierungen werden die meisten Magnetköpfe gefertigt. Neben der extrem hohen Permeabilität besitzen sie nämlich eine sehr geringe Koerzitivfeldstärke, eine hohe CURIE-Temperatur sowie einen geringen Preis und sind relativ leicht zu bearbeiten.

Ihr größter Nachteil besteht in der guten Leitfähigkeit, wodurch sie auch noch bei Stärken von 0,2 bis 0,05 mm recht tiefe Grenzfrequenzen bewirken (Tabelle 3). Aus diesem Grunde sind für Subminiaturköpfe der Digitaltechnik sogar schon Folien von 10 μm Stärke benutzt worden [4].

Tabelle 3

Daten einiger weichmagnetischer Legierungen

Kennwert	Werkstoff				Einheit
	Permalloy C	Muniperm Mu-Metall	M 1040	Alfenol Vacodur	
Anfangspermeabilität	$2 \cdot 10^4$	$3 \cdot 10^4$	$5{,}5 \cdot 10^4$	$5 \cdot 10^3$	–
Spezif. Widerstand	0,55	0,5	0,55	1,45	$\mu\Omega$m
Wirbelstromgrenzfrequenz bei Dicken von					
0,2 mm	0,69	0,42	0,25	7,2	kHz
0,15 mm	1,12	0,74	0,41	12,8	kHz
0,1 mm	2,76	1,66	1,00	28,8	kHz
0,05 mm	11,04	6,65	4,00	115,0	kHz
Verzerrungskonstante α	10^{-4}	10^{-4}	$1{,}5 \cdot 10^5$	–	$\frac{m^2}{Wb}$

Weiterhin verlieren diese Materialien durch mechanische, magnetische und thermische Beanspruchungen stark an Permeabilität. Deshalb werden sie so weit wie möglich mechanisch zu den endgültigen Lamellen bearbeitet. Anschließend erfolgt in einer bestimmten Schutzatmosphäre (meist Wasserstoff) unter genau definierten Bedingungen eine Glühung. Danach dürfen nur noch geringste Bearbeitungen durchgeführt werden. Sie betreffen ausschließlich ein Polieren der Spaltbegrenzungs- und Spiegelflächen. Bereits durch diese Bearbeitungen und andere Einflüsse entstehen insbesondere Oberflächenschichten mit geringer Permeabilität. Hieraus erklärt sich zumindest teilweise, daß bei Köpfen aus diesem Material der wirksame Arbeitsspalt etwa 25 bis 30% breiter als der optisch ermittelte ist.

Schließlich können infolge der geringen mechanischen Härte des Materials beim Schleifen des Spiegels die Spaltkanten verschmieren. Außerdem soll es vorkommen, daß die Spaltfolie in das Kernmaterial eindiffundiert [21]. Durch die geringe mechanische Härte besitzen diese Magnetköpfe auch nur eine geringe Lebensdauer. Dies fällt vor allem bei hohen Arbeitsgeschwindigkeiten ins Gewicht.

Aluminiumhaltige Legierungen

Die Legierungen der Spalte 2 in Tabelle 2 enthalten neben Eisen und Nickel hauptsächlich Aluminium. Hierdurch sinkt vor allem die Anfangspermeabilität. Dafür steigen aber wesentlich die Härte und der elektrische Widerstand. Diese Gruppe ist also in der Lebensdauer und Grenzfrequenz den anderen Legierungen überlegen. Sie besitzt dafür aber Nachteile bezüglich der Bearbeitung und des Preises. Der Preis einer Lamelle kann durchaus die Größenordnung einer gleichartigen Goldlamelle erreichen [22]. Deshalb werden meist doppelt so dicke Lamellen wie bei den hochpermeablen Legierungen benutzt. Dann sind die Wirbelstromverluste etwa gleich, während die Lebensdauer 5 bis 10mal so groß ist. Infolge der größeren Härte des Materials gelingt es auch, den Spalt präziser herzustellen. Der Unterschied zwischen optischer und effektiver Spaltweite beträgt meist nur 8 bis 10% [21].

Ferrite

In der dritten Spalte der Tabelle 2 sind mittlere Daten weichmagnetischer, hochpermeabler Ferrite zusammengestellt. Eine Ergänzung geben die Tabelle 4 und Abb. 11. Vorteilhaft sind danach der sehr große elektrische Widerstand

Tabelle 4
Daten einiger Ferritmaterialien für Magnetköpfe

Kennwert	Werkstoff				Einheit
	Siferrit 1100 N 22	Siferrit 2000 N 28	Ferroxcube III C 2	Ferroxcube IV A 2	
Anfangspermeabilität	$1{,}25 \cdot 10^3$	$2 \cdot 10^3$	$1{,}1 \cdot 10^3$	$8{,}5 \cdot 10^2$	—
Spezif. Widerstand	1	1	0,8	100	Ωm
Empf.-Frequenzbereich	0...2 (s. Abb. 11)	0...1	0...2	0...5 (s. Abb. 11)	MHz
Verzerrungskonstante α	$3 \cdot 10^{-4}$	$2 \cdot 10^{-4}$	,,.		$\frac{m^2}{W}$

und die Härte. Beides ist leider mit relativ geringerer Permeabilität, Sättigungsinduktion, Curie-Temperatur sowie einer relativ großen Koerzitivfeldstärke gekoppelt. Große technologische Schwierigkeiten bereitet außerdem noch die poröse Struktur. Hierdurch war es lange Zeit kaum möglich, enge Spaltabmessungen und einen guten Band-Kopf-Kontakt zu erreichen [23].

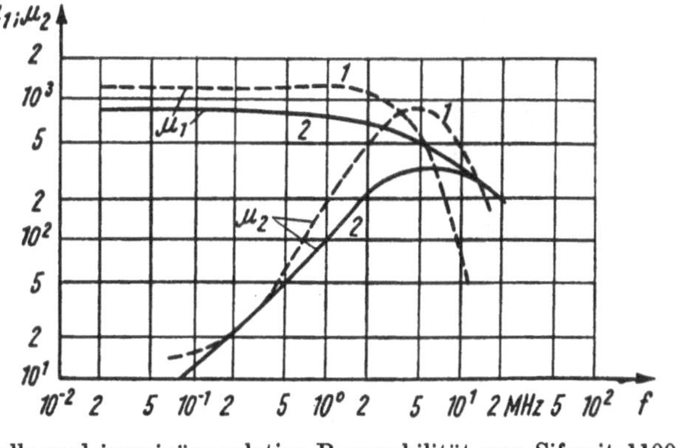

Abb. 11. Reelle und imaginäre relative Permeabilität von Siferrit 1100 N 22 (*1*) und Ferroxcube IV A 2 (*2*) in Abhängigkeit von der Frequenz

Bei Ferriten erfolgt die Abnutzung des Kopfes nämlich wesentlich anders als bei den üblichen Köpfen. Zunächst zeigt sich ein geringer Verschleiß an den Spaltkanten, der dann durch die unregelmäßige Struktur des Materials bald zu starkem Ausbröckeln der Spaltkanten führt. Ferrite konnten sich deshalb bisher nur für Löschköpfe, Digitalköpfe mit großen Spaltweiten (50 μm) oder für Köpfe, die kontaktlos arbeiten, behaupten [24].

Durch Versuche gelang es kürzlich, die Oberflächengüte wesentlich zu steigern [25], so daß Spaltweiten von 0,75 μm erreicht wurden. Infolge der geringen Verluste lag die obere Grenzfrequenz bei 5 MHz. Trotz dieses Erfolges war es noch nicht möglich, ausreichende Betriebssicherheit für den Kopf zu garantieren.

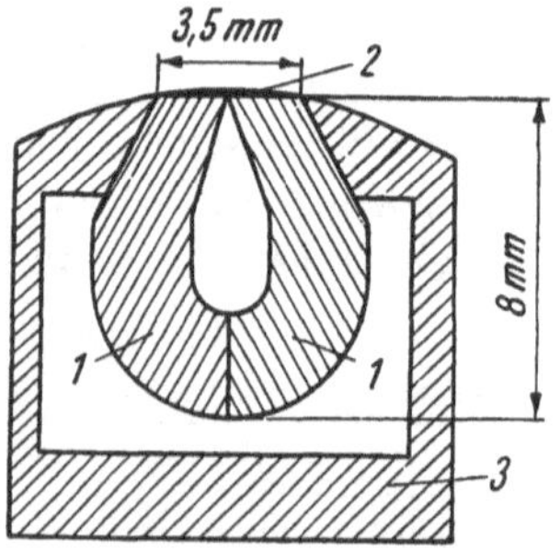

Abb. 12. Kern eines Magnetkopfes aus Ferrit (*1*) und Alfenol (*2*). Die Feder (*3*) preßt die Kernhälften zusammen

Günstig hat sich die Anwendung des Ferrites in Kombination mit Alfenol-Polschuhen bewährt [14]. Hierbei ergibt sich ein Aufbau gemäß Abb. 12. Mit ausreichender Stabilität wird eine Spaltweite von 0,5 μm und bei einer Bandgeschwindigkeit von 6 m/s eine Frequenzgrenze von 4 MHz ($\lambda = 1{,}25$ μm) erreicht. Trotz der großen Härte des Alfenols waren jedoch noch keine 100 Stunden Betriebszeit erreichbar.

Erfolgversprechend ist eine neue Ferritsorte Ferroxcube IV A 2, die auch teilweise durch bessere Technologie Magnetköpfe mit engem stabilen Spalt herzustellen gestattet [17]. Bei diesem Material entsteht durch Schleifen und Polieren an der Oberfläche eine mechanisch nahezu homogene und sehr harte Schicht. Sie besitzt außerdem unveränderte magnetische Eigenschaften. Als

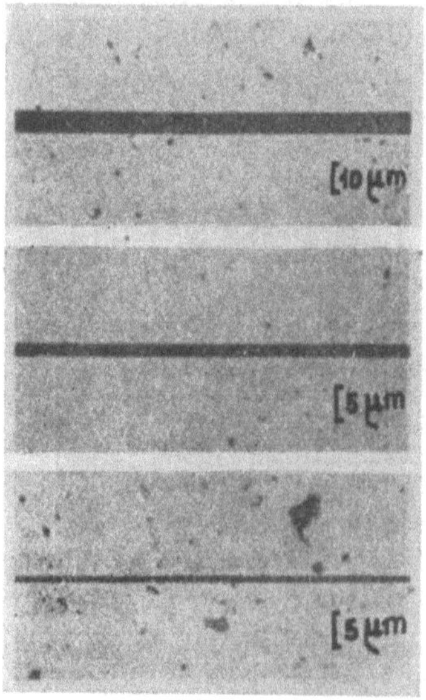

◀ Abb. 13. Fotografien der Spaltumgebung von Ferritköpfen für Schall- und Videospeicherung mit eingeschmolzenem Glas als Spalt. Die Spaltweiten a) 7,5, b) 1,8 und c) 0,75 μm erscheinen durch die Beugung des Lichtes etwas größer

Abb. 14. Magnetkopf aus Ferrit, mit einer Spaltweite von 12 μm und einer Glasschutzschicht gegen das Abbröckeln des Spiegels

Spalteinlage wird ein Glas eingeschmolzen, das von seiner Erweichungstemperatur bis zur Zimmertemperatur den gleichen Ausdehnungskoeffizienten wie das Ferritmaterial hat. Hierdurch ist jedes Ausbröckeln unmöglich. Die kleinste erreichte Spaltweite betrug etwa 0,5 μm (Abb. 13). Wenn die Spalthöhe des Magnetkopfes geringer als die Breite des Informationsträgers ist, kann das Abbröckeln der Spiegelfläche ebenfalls durch Anschmelzen von Glas vermieden werden (Abb. 14).

Kürzlich wurde von Ferriten mit einer Anfangspermeabilität um 10^4 berichtet [26]. Sie besitzen dabei sogar eine akzeptable Curie-Temperatur von 130 bis 140 °C und eine Koerzitivfeldstärke von 0,16 Am^{-1}. Es bleibt abzuwarten, ob die mechanischen Eigenschaften den Forderungen für Köpfe genügen.

4.4. Aufbau und Herstellung des Eisenkreises

4.4.1. Aufbau mit Metallfolien

Bei Metallfolien werden meist mehrere Bleche zum Kern zusammengefügt. Der gewünschte Querschnitt ergibt sich so mit verringerten Wirbelstromverlusten. Die dabei möglichen drei Aufbauprinzipien zeigt Abb. 15. Sie unter-

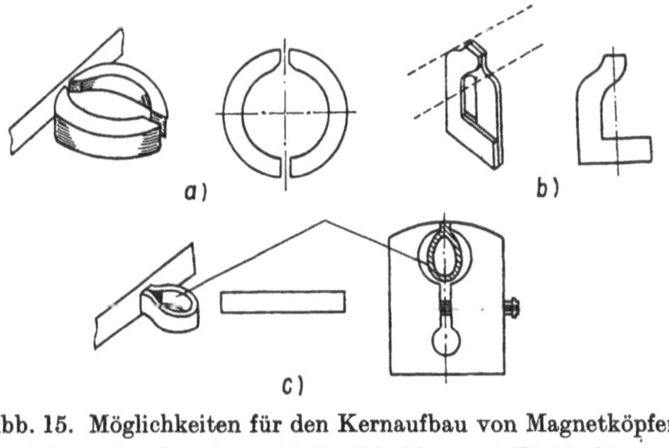

Abb. 15. Möglichkeiten für den Kernaufbau von Magnetköpfen
a) Klassischer Ringkern; b) Zweiblechkern; c) Einblechkern

scheiden sich hauptsächlich in der Technologie, besitzen aber auch gewisse Unterschiede in den Daten und sind deshalb für verschiedene Anwendungen unterschiedlich vorteilhaft.

Klassischer Ringkern

Den klassischen Aufbau des Magnetkopfkernes zeigt Abb. 15a. Die Richtung der Transportgeschwindigkeit fällt mit der Lamellierungsebene zusammen, und senkrecht zur Lamellierungsebene liegt der Spalt. Zunächst entsteht durch Übereinanderschichten der einzelnen Lamellen ein Halbkern, der meist durch Kleben fixiert wird. Beim Schleifen und Polieren der Polflächen ist auf gute Parallelität zu achten. Falls die Weite des rückwärtigen Spaltes von der des

Arbeitsspaltes abweichen soll, sind beide Flächen getrennt zu schleifen. Nur so ist ein unerwünschter Nebenspalt vermeidbar und die Weite des Arbeitsspaltes während der Abnutzung des Kopfes garantiert.

Beim Zusammenpressen der beiden Halbkerne mit der Spalteinlage verschieben sich zuweilen einzelne Kernlamellen, so daß der Spalt keine Gerade mehr bildet. Dieser Spaltversatz kann nur durch gute Klebetechnik und äußerste Präzision bei der Fertigung vermieden werden.

Neben der Kreisform sind heute etwa rechteckige Kerne gebräuchlich. Sie besitzen einen günstigeren Wickelraum. Einige Varianten zeigt Abb. 16. Bei

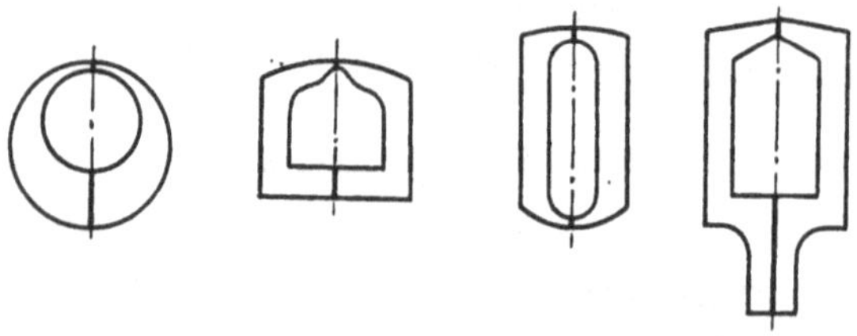

Abb. 16. Varianten des Ringkernkopfes

diesen Formen ist auch angedeutet, wie durch unterschiedliche rückwärtige Kernbreite die vordere und hintere Spaltweite getrennt beeinflußt werden kann.

Aus verschiedenen Gründen werden zuweilen Ausführungen benutzt, bei denen der vordere Kernteil mit dem Arbeitsspalt auswechselbar ist [27].

Zweiblechkern

Abb. 15b zeigt einen Kernaufbau aus nur zwei gleichartigen Lamellen. Ihre Ebene liegt parallel zur Spaltebene und senkrecht zur Richtung der Transportgeschwindigkeit. Hierbei sind relativ leicht ein geradliniger Spalt und unterschiedliche vordere und hintere Spaltweiten zu realisieren. Die Lamelle ist in der dazu notwendigen Richtung gut verformbar. Leider gestattet dieser Aufbau nicht, mehrere Bleche zur Querschnittvergrößerung anzuwenden. Zwischen den einzelnen Blechen treten dann Nebenspalte auf, die Interferenzstörungen bei Wellenlängen von ganzzahligen Bruchteilen der Blechdicke bewirken [28]. Die Länge des magnetisch wirksamen Spiegels ist also auf die Blechdicke begrenzt, und größere Wellenlängen sind kaum wiedergebbar. Deshalb werden meist relativ dicke Bleche verwendet, die dann aber die obere Grenzfrequenz des Kopfes beträchtlich herabsetzen. Diese Kopfform hat also nur für Anwendungen mit schmalem Frequenzbereich oder bei geringen Ansprüchen Bedeutung. Nur die sehr einfache Technologie rechtfertigt die Produktion solcher Köpfe.

Einblechkern

Den Kernaufbau mit einem einzelnen Blech zeigt Abb. 15c. Die Ebene des Eisenkreises stimmt mit der von Abb. 15a überein, während der Spalt ähnlich wie in Abb. 15b gebildet ist. Für die Lamellierung und den Frequenzgang gelten daher dieselben Einschränkungen wie beim Zweiblechkopf. Die Ausführung gestattet jedoch Eisenkreise mit 4 bis 5 Millimeter Außendurchmesser aufzubauen [4,] [9]. Deshalb wird dieses Prinzip allgemein bei Subminiatur- und Digitalköpfen angewendet.

In der DDR fand dieses Prinzip bei Magnetkopf SH 4 a des VEB Funkwerkes Leipzig für das Diktiergerät „Diktina" Anwendung (Abb. 17). Eine etwas

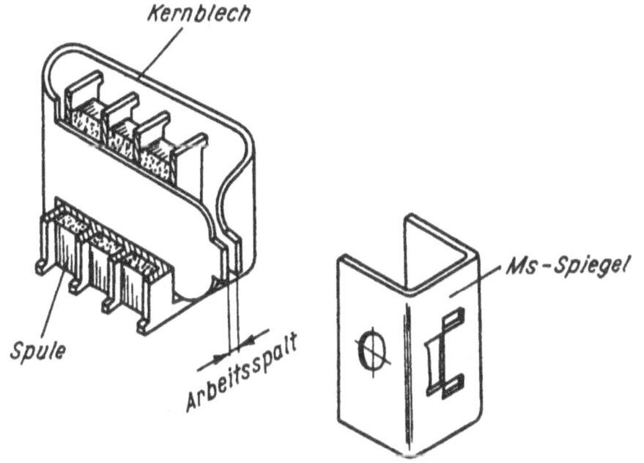

Abb. 17. Aufbau des Magnetkopfes SH 4 a

verbesserte Ausführung für die Schallaufzeichnung zeigt Abb. 18. Es handelt sich um den Miniflux-Kopf des Technisch-physikalischen Laboratoriums von Dipl.-Ing. B. Woelke. Das vom Metallblock (*1*) gehaltene Vorderteil aus einem Blech (*2*) mit dem Spalt (*4*) ist auswechselbar und wird hinten durch den lamellierten Kern (*3*) magnetisch gut leitend verbunden.

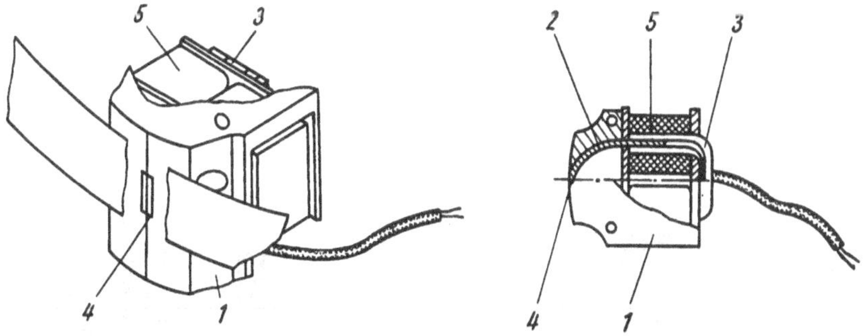

Abb. 18. Miniflux-Kopf des Technisch-Physikalischen Laboratoriums, Dipl.-Ing. B. Woelke, als Beispiel eines gut durchkonstruierten Einblechkopfes

4.4.2. Ferritkerne

Infolge der geringen elektrischen Leitfähigkeit braucht Ferritmaterial nicht lamelliert zu werden. Der Kern besitzt daher fast ausschließlich die Form entsprechend Abb. 15a.

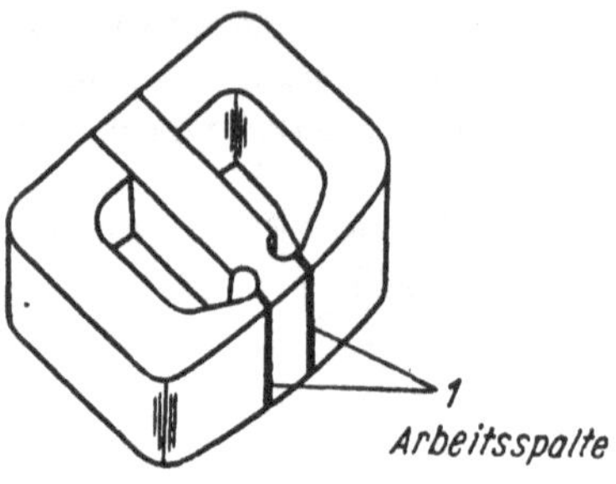

Abb. 19. Kern für einen Doppelspaltlöschkopf

Bei den Löschköpfen hat sich gezeigt, daß eine zweimalige Löschung eventuell Vorteile bringt. So entstand der Doppelspalt-Löschkopf, wie ihn Abb. 19 zeigt [30].

Bei Ferritköpfen mit einer Spalteinlage aus Glas besteht eine spezifische Technologie [17]. Nach dem Verschmelzen hält diese Spalteinlage beide Kernhälften fest zusammen. Daher ist es günstig, diesen Spaltteil getrennt zu fertigen. Seine Form kann entsprechend Abb. 20 recht unterschiedlich sein. Das U-förmige Kernteil wird durch das Vorderteil (Spalt- und Polschuh) zum magnetischen Kreis ergänzt. Bei der Fertigung der Vorderteile wird von zwei entsprechend zurechtgeschliffenen großen Ferritblöcken ausgegangen, die an den späteren Polflächen fein poliert sind. Oberhalb der Erweichungstemperatur des eingelegten Glasscheibchens werden dann die beiden Blöcke solange zusammengedrückt, bis der geforderte Spaltabstand erreicht ist. Nach Abkühlung erfolgt die Trennung in die einzelnen Kopfvorderteile.

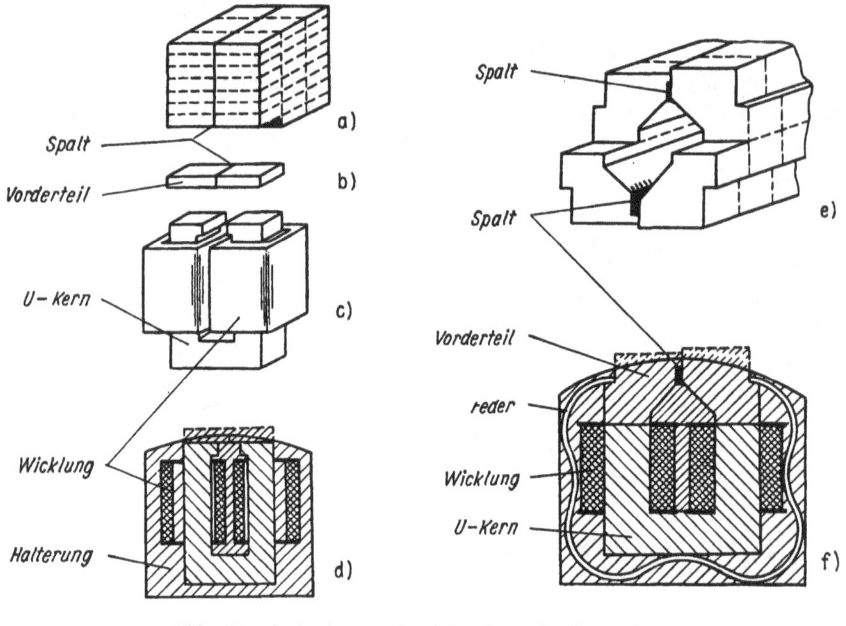

Abb. 20. Aufbau von Ferritköpfen mit Glaseinlage

a) Paket für die Vorderteile; b) abgetrenntes Plättchen als Vorderteil; c) Kopfstumpf mit Spule; d) Schnitt durch einen fertigen Schallspeicherkopf; e) Spaltteil; f) Schnitt durch einen professionellen Speicherkopf

4.4.3. Allgemeines

Meist werden die einzelnen Kernteile miteinander zum endgültigen Magnetkopf verklebt. Häufig erfolgt auch ein Vergießen des gesamten Kopfes mittels Kunstharz (Epoxydharz). Der Kleber bzw. der Kunstharz muß wärme- und feuchtigkeitsbeständig sein und einen geringen Temperaturkoeffizienten besitzen. Thermohärtende Materialien dürfen nie die CURIE-Temperatur des Kernmaterials überschreiten [22].

Bei vielen Magnetköpfen, insbesondere bei denen für die Schallaufzeichnung, ist die Abschirmung heute untrennbar mit dem Magnetkopf verbunden.

Bei Mehrspurköpfen werden die einzelnen Halbringe immer in einen gemeinsamen Kunststoff- oder Metallblock eingespannt und so alle Spaltflächen gemeinsam bearbeitet (Abb. 21) [94]. Hierdurch kann die beste Parallelität der Spaltflächen beim Zusammenbau garantiert werden.

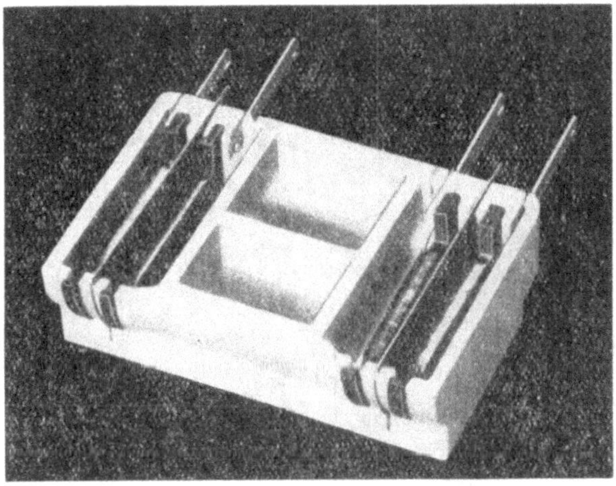

Abb. 21. Schale mit Kernhälften für mehrere Spuren

4.5. Magnetköpfe ohne Eisenkern

Der einfachste Magnetkopf besteht aus einer Spule, durch die der magnetisierbare Informationsträger geführt wird. Diese Anordnung ist zugleich das Grundprinzip aller induktiven Magnetköpfe. Mit ihr ist es möglich, Informationen aufzuzeichnen, wiederzugeben und zu löschen. Heute hat dieser kernlose Magnetkopf praktisch nur noch für die Meßtechnik Bedeutung. Bei ihm ist nämlich rechnerisch von seinem Aufbau und von seinen Abmessungen exakt auf die Magnetisierung des Informationsträgers zu schließen. Abb. 22 zeigt zwei Beispiele solcher Magnetköpfe [31] bis [33].

4.5.1. Spule als Aufzeichnungskopf

Den Schnitt durch die Spule bzw. durch das Leitersystem eines eisenlosen Magnetkopfes für die Aufzeichnung zeigt Abb. 22. Der Mittelabstand der beiden Leiter betrage $2a$. Bei n Windungen ruft ein Strom I auf der Spulenachse im Abstand x vom Mittelpunkt der Feldstärke

$$H_x = \frac{nI}{a} \cdot \frac{1}{\sqrt{1 + \left(\frac{x}{a}\right)^2}} \tag{53}$$

hervor. Die Feldstärke klingt also relativ langsam mit der Entfernung x ab. Aus diesem Grunde waren mit der Anordnung nach Abb. 22b bei 76,2 cm/s Bandgeschwindigkeit auch nur 300 Hz aufzuzeichnen [31]. Für die Vormagnetisierung erwies sich 1000 Hz als günstig. Für das Nutzsignal wurden ca. 5 Watt benötigt, und die entstehende Wärme war durch besondere Kühlung abzuführen.

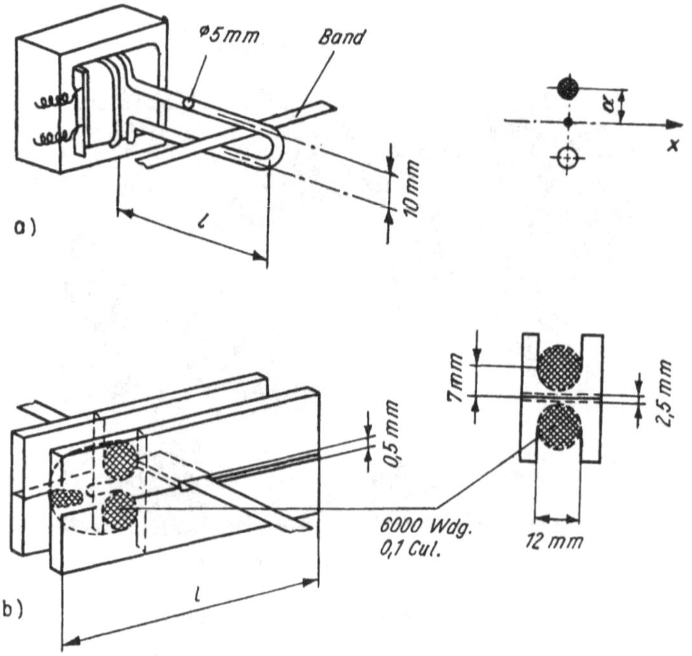

Abb. 22. Magnetköpfe ohne Eisenkern
a) Transformatorspeisung einer einzelnen Drahtschleife;
b) schmale Spule mit großer Windungszahl

Bei einem einzelnen Draht werden Ströme von ca. 100 A benötigt. Da sie kaum direkt zu erzeugen sind, gehört dann zum Kopf ein Transformator. Er bewirkt zusätzliche Frequenzgrenzen, die im eigentlichen Magnetkopf nicht begründet sind. Insbesondere tritt durch ihn eine untere Frequenzgrenze auf.

4.5.2. Spule als Wiedergabekopf

Bei der Wiedergabe ist es vorteilhaft, von einer Anordnung auszugehen, wie sie Abb. 23 zeigt [36]. Ihre Wiedergabespannung beträgt (vgl. Band 6)

$$U_m = B_0\, v\, h_s \frac{1 - e^{-\frac{2\pi l_k}{\lambda}}}{\frac{2\pi l_k}{\lambda}} \cdot \frac{\sin \frac{\pi l_s}{\lambda}}{\frac{\pi l_s}{\lambda}}. \tag{54}$$

Es bedeuten darin v die Arbeitsgeschwindigkeit, B_0 die Amplitude der sinusförmigen Induktion mit der Wellenlänge λ und h_s, l_s, l_k die Abmessungen der prismatischen Folie entsprechend Abb. 23. Ist die Dicke der magnetischen

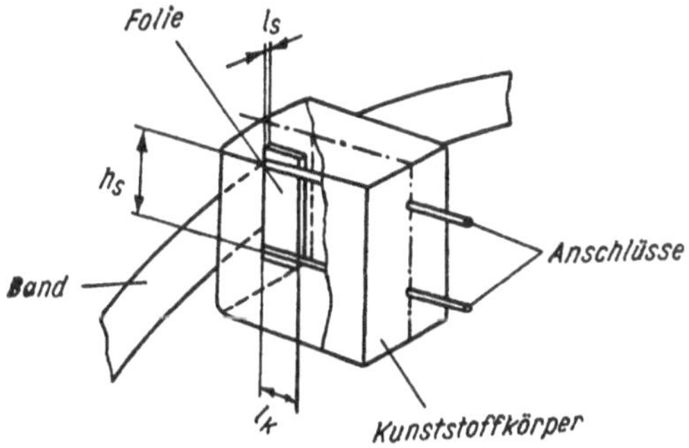

Abb. 23. Wiedergabekopf ohne Eisenkern

Speicherschicht klein gegenüber der Wellenlänge, so kann der spezifische Fluß ψ_r und die Oberflächeninduktion B_0 bei der Spurhöhe $h_{sr} \geqq h_s$ ineinander umgerechnet werden:

$$B_0 = \frac{\pi \psi_r}{\lambda}; \tag{55}$$

deshalb gilt

$$U_m = \frac{\omega \psi_r h_s}{2} \cdot \frac{1 - e^{-\frac{\omega}{v} l_k}}{\frac{\omega}{v} l_k} \cdot \frac{\sin \frac{\omega l_s}{2v}}{\frac{\omega l_s}{2v}}. \tag{56}$$

Den zugehörigen Frequenzgang zeigt Abb. 24. Bei hohen Frequenzen gibt es, bedingt durch die Breite der Folie, eine Nullstelle für $\lambda = l_s$. Die Folienbreite wirkt also genauso wie die Spaltweite eines Wiedergabekopfes. Eine andere Grenze entsteht durch die endliche Ausdehnung von l_k. Hierdurch tritt für kurze Wellenlängen ein zusätzlicher Verlust infolge des mittleren Gliedes in Gl. (56) auf, und es entsteht im ω-Gang eine Grenzfrequenz bei $\lambda \approx 5\, l_k$.

Gemäß Gl. (4) kann aus Gl. (56) die Empfindlichkeit dieses Kopfes berechnet werden. Hierzu ist der Widerstand der Leiterschleife notwendig. Ohne Berück-

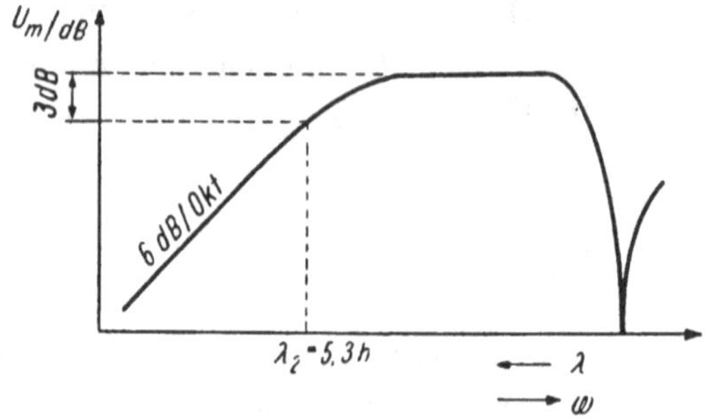

Abb. 24. Wellenlängen- bzw. Frequenzgang eines Magnetkopfes nach Abb. 23

sichtigung des induktiven Anteils folgt er aus der Leitfähigkeit ϱ und den Abmessungen. Für $\lambda \gg l_s$ folgt dann

$$\varepsilon_\omega = \frac{U_m}{\psi_r h_s \sqrt{R_{w\varrho}}} = \frac{v}{2\, l_k} \cdot \frac{1 - e^{-\frac{\omega}{v} l_k}}{\sqrt{\varrho \frac{h_s}{l_s l_k}}} . \tag{57}$$

Mit den Werten

$$l_k = 10^{-4}\,\text{m}\,, \quad l_s = 10^{-5}\,\text{m}\,, \quad h_s = 6{,}25 \cdot 10^{-3}\,\text{m}\,,$$

$$\varrho = 1{,}7 \cdot 10^{-8}\ \Omega\text{m}\,, \quad v = 0{,}381\ \text{m/s}$$

und

$$f = 1000\ \text{Hz}\ (\lambda = 3{,}8 \cdot 10^{-4}\ \text{m} \gg l_s = 10^{-5}\ \text{m})$$

folgt

$$\varepsilon_{\omega\,1\,\text{kHz}} = 4{,}7 \cdot 10^3\ \text{V}\,\text{Wb}^{-1}\,\Omega^{-1/2} .$$

Diese Empfindlichkeit ist um 10 bis 15 dB niedriger als die üblicher Ringkernköpfe. Bei einem voll ausgesteuerten Magnetband ($\Phi = 2$ n Wb $\triangleq$ $\triangleq$ 200 mM) und 1000 Hz beträgt die Klemmenspannung an dem Widerstand von ca. 0,11 Ω nur 3 μV. Neben der niedrigen Spannung und niedrigen Impedanz erschweren Streufelder die Anwendung des Kopfes. Eine Abschirmung ist für Meßzwecke nicht möglich, da sie zusätzliche wellenlängenabhängige Fehler hervorrufen würde. Weitere Probleme der Absolutmessung von magnetischen Flüssen sind in [33] bis [36] behandelt (Abschnitt 2.3.4).

4.6. Induktive Aufzeichnungs- und Wiedergabeköpfe mit Kern

4.6.1. Kopfimpedanz

Auf einem Kern mit dem magnetischen Widerstand Π_m besitzt eine Spule mit n Windungen die Induktivität (Abschnitt 2.3.4.)

$$L_{m0} = \frac{n^2}{\Pi_m} . \tag{58}$$

Bei höheren Frequenzen ist Π_m komplex, und neben der Induktivität erscheint ein frequenzabhängiger OHMscher Widerstand, der die Verluste des Eisenkernes und der Spalteinlage erfaßt.

Einfluß der Kerneigenschaften

Zur übersichtlichen Berechnung seien der Kupferwiderstand der Spule und die Verluste der Spalteneinlage als vernachlässigbar klein angenommen. Für den Wechselstromwiderstand der Spule gilt dann

$$\Re_m = j\,\omega\,\frac{n^2}{\sum\limits_{i=1}^{m} \Pi_{si} + \vec{\Pi}_i(\omega)}\,. \tag{59}$$

Gemäß den Beziehungen von 4.2.2. läßt er sich in einen Real- und Imaginärteil zerlegen:

$$\Re_m = j\,\omega\,L_m + R_m \tag{60}$$

mit

$$L_m(\omega) = \frac{\frac{\Pi_{e0}}{\Pi_s}\frac{\mu_1}{\mu_{10}} + \left(\frac{\mu_1}{\mu_{10}}\right)^2 + \left(\frac{\mu_2}{\mu_{10}}\right)^2}{\left(\frac{\Pi_{e0}}{\Pi_s} + \frac{\mu_1}{\mu_{10}}\right)^2 + \left(\frac{\mu_2}{\mu_{10}}\right)^2}\cdot\frac{n^2}{\Pi_s} \approx \frac{n^2}{\Pi_s} \tag{60a}$$

und

$$R_m(\omega) = \frac{\frac{\Pi_{e0}}{\Pi_s}\frac{\mu_2}{\mu_{10}}}{\left(\frac{\Pi_{e0}}{\Pi_s} + \frac{\mu_1}{\mu_{10}}\right)^2 + \left(\frac{\mu_2}{\mu_{10}}\right)^2}\,\omega\,\frac{n^2}{\Pi_s} \approx \frac{\omega\,n^2\,\Pi_{e0}\,\mu_2}{\Pi_s^2\,\mu_{10}}\,. \tag{60b}$$

Die angegebenen Näherungen gelten für

$$\frac{\mu_1}{\mu_{10}} \approx 1\,, \quad \frac{\Pi_{e0}}{\Pi_s} \ll 1 \quad \text{und} \quad \frac{\mu_2}{\mu_{10}} \ll 1\,. \tag{60c}$$

Messung der Verlustanteile

Im imaginären Teil μ_2 der komplexen Permeabilität sind zwei Verlustanteile enthalten:

1. die Hysteresisverluste als frequenzunabhängiger Anteil,

2. die Wirbelstromverluste als frequenzproportionaler Anteil

(vgl. Gl. (43)). Zusätzliche Wirbelstromverluste können in einer leitenden Spaltfolie entstehen. Mit dem frequenzunabhängigen Kupferwiderstand der Spule gilt daher für den Verlustwiderstand des Kopfes als gute Näherung

$$R_m(\omega) = R_0 + \omega\,R_1 + \omega^2\,R_2\,. \tag{61}$$

Er kann entsprechend Abb. 25 das Hundertfache des Kupferwiderstandes betragen, während der Blindwiderstand sich meist nur um 30 bis 40% ändert.

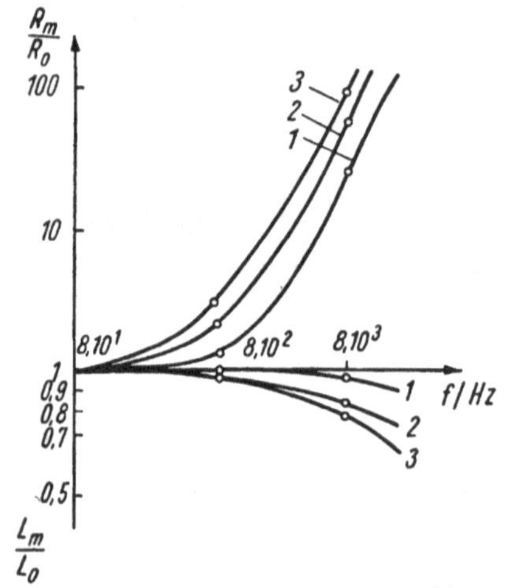

Abb. 25. Verlustwiderstand und Induktivität von drei Magnetköpfen in Abhängigkeit von der Frequenz, bezogen auf den Kupferwiderstand und die Induktivität für $\omega \to 0$, (*1*) Alfenol-Studiowiedergabekopf; (*2*) Halbspur-Heimgerätekopf; (*3*) großer Studio-Ringkopf

Die drei Verlustanteile können durch Widerstandsmessungen bei Gleichstrom R_0 und bei zwei Frequenzen $R_m(\omega_1)$ und $R_m(\omega_2)$ getrennt werden:

$$R_1 = \omega_1 \left[\frac{R_m(\omega_1) - R_0}{\omega_1^2} - \frac{R_m(\omega_2) - R_0}{\omega_2^2}\right],$$

$$R_2 = \frac{1}{\omega_2}\left[\frac{R_m(\omega_2) - R_0}{\omega_2} - \frac{R_m(\omega_1) - R_0}{\omega_1}\right]. \tag{62}$$

Frequenzgang des Wirkungsgrades

Die Gleichungen (60a) und (60b) sind nach μ_1/μ_{10} und μ_2/μ_{10} auflösbar. Werden die Ergebnisse in Gl. (39) eingesetzt, so folgt

$$\left|\frac{\vec{\eta}_m(\omega)}{\eta_{m0}}\right| = \frac{L_m(\omega)}{L_{m0}} \sqrt{1 + \left[\frac{R_m(\omega) - R_0}{\omega L_m(\omega)}\right]^2}. \tag{63}$$

Berücksichtigung der Spulen- und Schaltkapazität

Im gesamten Frequenzbereich des Magnetkopfes hat auch die Spulen- und Schaltkapazität Bedeutung. Sie ist überwiegend von der Konstruktion des Magnetkopfes, d. h. von seiner Spulenanordnung, abhängig. Eine Kammerwicklung kann beträchtliche Vorteile ergeben; aber auch die Länge und Art der Zuleitungen zum Verstärker ist nicht zu vernachlässigen. Für den Magnetkopf ergibt sich damit eine Ersatzschaltung, wie sie Abb. 26 zeigt.

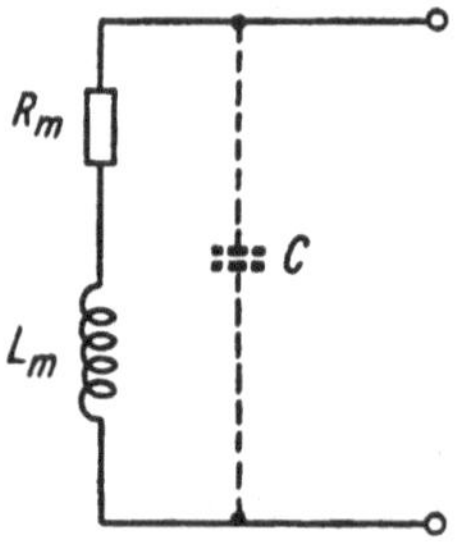

Abb. 26. Elektrisches Ersatzschaltbild eines induktiven Magnetkopfes

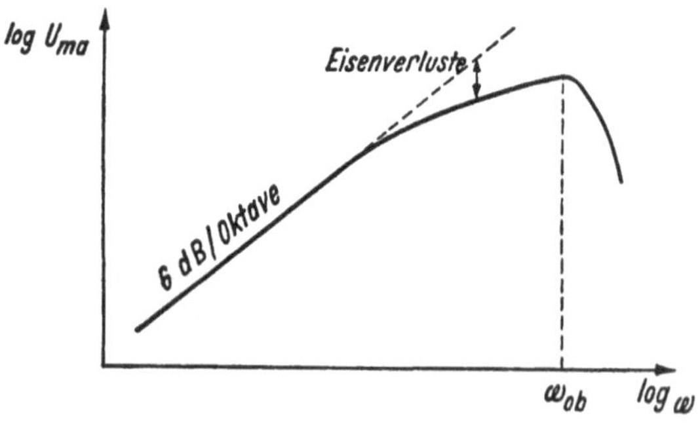

Abb. 27. Schematischer Frequenzgang eines Wiedergabekopfes ohne Berücksichtigung der wellenlängenabhängigen Verluste

4.6.2. Wiedergabeköpfe für analoge Speicherung

Wiedergabespannung

Der magnetisierbare Informationsträger besitze am Ort x den spezifischen Fluß

$$\psi_r = \psi_{ra} \sin (2 \pi x/\lambda) ; \tag{64}$$

ψ_{ra} ist die Amplitude und λ die Wellenlänge der Magnetisierung. Andererseits ruft ein Fluß Φ an den Klemmen einer Spule mit n Windungen die Spannung

$$U_{\text{ind}} = n \frac{d\Phi}{dt} \tag{65}$$

hervor (vgl. 2.1.4.). Mit dem Wirkungsgrad des Kernes η_m, der Spurhöhe h_s und wegen $v = dx/dt$ gilt dann

$$U_{ma} = \eta_m \, n \, h_s \, \psi_{ra} \, 2 \pi \, v/\lambda = \eta_m \, n \, h_s \, \psi_{ra} \, \omega . \tag{66}$$

Abb. 27 zeigt diesen Verlauf schematisch. Bei hohen Frequenzen tritt gegenüber dem frequenzproportionalen Anstieg eine Abweichung durch den dann frequenzabhängigen Wirkungsgrad ein. Eine weitere Abweichung ergibt sich aus der Ersatzschaltung gemäß Abb. 26. Die Resonanzfrequenz $\omega_{0b} = 1/\sqrt{L\,C}$ bewirkt eine gewisse Spannungsüberhöhung. Oberhalb tritt jedoch ein steiler Spannungsabfall mit etwa 12 dB je Oktave auf. Je nach der Anwendung wird deshalb die Induktivität so gewählt, daß die Resonanz gerade noch nicht im Arbeitsbereich liegt (Tabelle 5).

Tabelle 5
Induktivität von Analogwiedergabeköpfen bei verschiedenen Anwendungen

Anwendungsgebiet		Grenzfrequenz	Kopfinduktivität
Schallaufzeichnung	Studiotechnik	10... 20 kHz	70... 80 mH
Schallaufzeichnung	Heimtontechnik	7... 20 kHz	100...1200 mH
Meßwertspeicherung		100...200 kHz	30...100 mH
Bildaufzeichnung		6... 10 MHz	50 μH

Empfindlichkeit

Der größtmögliche Betrag des Kopfwiderstandes ergibt sich näherungsweise aus der Induktivität nach Gl. (58) und der höchsten benutzten Übertragungsfrequenz $f_{\max}$ zu

$$R_{wg} = \omega_{\max} L_{m0} = \omega_{\max} \frac{n^2}{\Pi_m} \approx \omega_{\max} \frac{n^2}{\Pi_s} . \tag{67}$$

Mit Gl. (66) folgt daher die Empfindlichkeit des Kopfes nach Gl. (4) zu

$$\varepsilon_w = \eta_m \, \omega \sqrt{\frac{\Pi_s}{\omega_{\max}}} . \tag{68}$$

Vielfach ist es sinnvoll, aus ihr die Meßfrequenz ω zu eliminieren:

$$\frac{\varepsilon_w}{\omega} = \varepsilon_w^+ = \eta_m \sqrt{\frac{\Pi_s}{\omega_{\max}}}. \tag{68a}$$

Die frequenzbezogene Empfindlichkeit ε_w^+ enthält dann nur noch Daten des Kernes.

Einfluß der Spurhöhe

Besitzt der Kern überall die gleiche Spalthöhe h_s, so gilt mit Gl. (14), jedoch ohne Berücksichtigung der Streuung,

$$\varepsilon_w^+ = \frac{\eta_m}{\sqrt{h_s}} \sqrt{\frac{\sum_{i=1}^{n} \frac{l_{si}}{\mu_{si}\, l_k}}{\omega_{\max}}}. \tag{69}$$

Die frequenzbezogene Empfindlichkeit nimmt also nur mit der Wurzel aus der Spurhöhe ab. Dieses Ergebnis bedarf der Veranschaulichung. Mit der halben Spurhöhe wirkt nämlich auf den Magnetkopf der halbe Fluß. Gleichzeitig sinkt aber auch der Kernquerschnitt auf die Hälfte. Für die gleiche Induktivität muß also die Windungszahl entsprechend Gl. (58) um $\sqrt{2}$ erhöht werden, und die Spannung ist also nur um $1/\sqrt{2}$ kleiner. In Abb. 28 wurde die Gl. (69) auf Grund

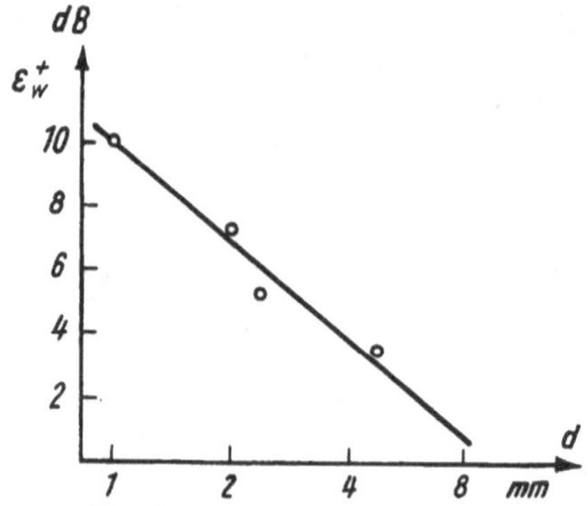

Abb. 28. Frequenzbezogene Empfindlichkeit in Abhängigkeit von der Spalthöhe. Die Punkte wurden aus Katalogdaten berechnet (Tab. 6 – Magnetköpfe der Firma Bogen)

von Katalogdaten vier gleich konstruierter Köpfe mit unterschiedlicher Spurhöhe ausgewertet. Das $1/\sqrt{h_s}$-Gesetz ist gut erfüllt. In Tabelle 6 sind weitere Daten einiger Magnetköpfe zusammengestellt.

Verzerrungen

Wird in Gl. (30) der Wirkungsgrad des Eisenkreises eingeführt, so ist der Fluß des Kernes Φ durch den Fluß des magnetisierbaren Informationsträgers Φ_b ersetzbar:

$$k_3 = \alpha\, \mu_{ar}\, \Phi_b\, \eta_m \frac{1}{\Pi_m} \sum_{i=1}^{n} \frac{\Pi_i}{S_i}. \tag{70}$$

Tabelle 6

Technische Daten einiger Magnetköpfe bei der Wiedergabe.

Für die Berechnung der letzten Spalte wurde als obere Grenzfrequenz $\omega_g = 2\,\pi\,16$ kHz gewählt, es gilt dann

$$\varepsilon_w^+ = \frac{\ddot{U}_w}{2\,\pi\, f_{\text{meß}} \cdot \sqrt{\omega_g\, L}}$$

Firma / Magnetkopf	Typenbezeichnung	Spalthöhe h_s in mm	Spaltweite l_{s1} in μm	Induktivität L_{m0} in mH	Meßfrequenz $f_{\text{meß}}$ in Hz	Wiedergabefaktor $\ddot{U}_w$ in μV/pWb	frequenzbezogene Empfindlichkeit ε_w^+
VEB Elektrogerätebau Leipzig							
„Forschung und Entw. Elektroak."							
Miniatur-Halbspur für	X 1 H 13	2,6	3	200	315	1,56	5,5
Aufzeichnung und Wiedergabe	X 1 H 14	2,6	3	1300	315	3,6	5,6
Miniatur-Viertelspur-Stereo	X 2 Q 15	1,0	3	80	315	1,5	9,5
für Aufzeichnung und Wiedergabe	X 2 Q 16	1,0	3	1000	315	6,0	9,6
Studio-Wiedergabe-Kopf mit Abschirmung	W 1 V 7	7,0	6	75	1000	1,52	2,8
Kleiner Halbspur Stereokopf	W 2 H 9	2,1	6	75	1000	3,1	5,9
Telefunken GmbH							
Studio Ringkopf	4131	7,0	12	75	1000	2,0	3,8
Studio Ringkopf	5131a	7,0	6	75	1000	1,5	2,85
kleiner abgeschirmter Studiokopf	5131	6,9	6	80	1000	1,5	2,76
kleiner abgeschirmter Studio-Stereo-Kopf	5141	2,4	7	80	1000	2,14	3,75
Miniflux							
Miniatur Halbspur für	W M 3 T	3,0	3,5	750	160	1,3	4,75
Aufzeichnung und Wiedergabe	W N 3 T	3,0	3,5	100	160	0,58	5,85
Miniatur Viertelspur-Stereo für Aufzeichnung und Wiedergabe	V K H 4	1,0	3,5	850	160	2,15	7,3
Bogen							
Miniatur Vollspur für Aufzeichnung und Wiedergabe	U K 102	4,8	3,5	550	160	1,3	5,5
Miniatur Halbspur für Aufzeichnung und Wiedergabe	U K 100	2,4	3,5	550	160	1,63	6,9
Miniatur Halbspur-Stereo für Aufzeichung und Wiedergabe	U K 200	2,0	3,5	550	160	1,95	8,25
Miniatur Viertelspur-Stereo für Aufzeichnung und Wiedergabe	U K 205	1,0	3,5	550	160	2,64	11,4
Grundig							
Miniatur Viertelspur-Stereo für Aufzeichnung und Wiedergabe	7489-064	1,0	2,5	1800	160	2,5	6,0

Mit

$$\eta_m \leqq 1 \;;\quad \Pi_i < \Pi_{s1} \quad \text{und} \quad S_i \geqq S_{\min}$$

folgt als obere Verzerrungsgrenze

$$k_3 < \alpha\, \mu_{ar} \frac{\Phi_b}{S_{\min}}\,. \tag{71}$$

Bei einem höchstmöglichen Fluß von 6 nWb (600 mM) und einem Studiokopf aus Permalloy C mit $h_s = 6{,}3 \cdot 10^{-3}$ m, $l_{k1} = 5 \cdot 10^{-4}$ m, $\alpha = 10^{-4}$ und $\mu_a = 20000$ bleibt k_3 kleiner als 0,5%. Selbst diese obere Grenze, die praktisch nie eintreten dürfte, bleibt also gegenüber den Verzerrungen der Aufzeichnung von 3% vernachlässigbar.

Auch bei anderen Anwendungen bleiben die Verzerrungen etwa gleich. Die Spurhöhe hat keinen Einfluß, da Bandfluß und Kernquerschnitt sich proportional verändern. Eine geringere Spalttiefe verändert etwa gleichartig das Verhältnis Π_i/Π_{s1}.

Die Verzerrungen eines Magnetkopfes sind meßtechnisch gut zu erfassen. Von einem verzerrungsarmen Generator mit großem Innenwiderstand wird der Kopf so erregt, daß an ihm die Betriebsspannung entsteht. Dann bilden sich im Kern die Verzerrungen aus, wie sie bei Erregung durch die entsprechende Magnetisierung entstehen würden, und sind an den Windungen meßbar. Hierbei ist zu beachten, daß infolge des Induktionsgesetzes (Differentation) der ω-Gang gilt. Sofern keine Frequenzgangentzerrung erfolgt, wird daher $3\,k_3$ gemessen. Derselbe Faktor 3 tritt dann übrigens auch bei magnetischer Erregung auf.

Rauschspannung

Innerhalb einer Bandbreite $f_2 - f_1$ entsteht an einem Ohmschen Widerstand R mit der absoluten Temperatur T eine effektive Rauschspannung

$$U_{R\,\mathrm{eff}}^2 = 4\,k\,T\,R\,(f_2 - f_1)\;; \tag{72}$$

k ist die Boltzmann-Konstante. Ist der Widerstand frequenzabhängig wie in Gl. (61), so wird die effektive Rauschspannung durch das Integral

$$U_{R\,\mathrm{eff}}^2 = 4\,kT \int_{f_1}^{f_2} R(f)\,df$$

erhalten:

$$U_{R\,\mathrm{eff}}^2 = 4\,kT \left[R_0\,(f_2 - f_1) + \frac{1}{2}\,R_1\,(f_2^2 - f_1^2) + \frac{1}{3}\,R_2\,(f_2^3 - f_1^3)\right]. \tag{73}$$

Mittels Gl. (72) kann ein äquivalenter frequenzunabhängiger Widerstand $R_{äq}$ berechnet werden, der dieselbe Rauschspannung erzeugt:

$$R_{äq} = R_0 + \frac{1}{2}\,R_1\,(f_2 + f_1) + \frac{1}{3}\,R_2\,(f_2^2 + f_1\,f_2 + f_1^2) \approx \frac{1}{3}\,R_2\,f_2^2\,. \tag{74}$$

In erster Näherung ist also die Rauschspannung eines Magnetkopfes mit Eisenkern durch die Wirbelstromverluste und die obere Frequenzgrenze bestimmt.

Sie ist auch wesentlich größer als die Rauschspannung des Kupferwiderstandes der Wicklung. Die obere Grenzfrequenz geht quadratisch ein. Deshalb ist es sinnvoll, nicht unnötig breitbandig zu verstärken.

Bei den meisten Anwendungen besitzt der Wiedergabeverstärker einen beachtlichen Frequenzgang zur Entzerrung der Wiedergabespannung des Magnetkopfes. Hierdurch entstehen komplizierte Rauschverhältnisse. Es muß entsprechend Gl. (6) mit Berücksichtigung von Gl. (61) und (72) gerechnet werden. Qualitativ tritt dabei etwa folgendes Ergebnis auf:

Im Bereich des ω-Ganges fällt die Verstärkung monoton mit der Frequenz ab. Die Rauschspannung nimmt also weniger als mit der Bandbreite zu. Der ansteigende Verstärker-Frequenzgang zur Kompensation der Flußdämpfung, der Spalt- und Wirbelverluste vergrößert den Exponenten von f in Gl. (73) und läßt dadurch die Rauschspannung sehr stark mit der oberen Frequenzgrenze anwachsen. Magnetköpfe mit geringeren Verlusten können daher auch bei schlechterem Wirkungsgrad bessere Rauschabstände ergeben. Weitere Gesichtspunkte zu dieser Problematik enthalten die Arbeiten [37] und [38].

Einfluß von Störfeldern

Um den Einfluß von Störfeldern herabzusetzen, sind drei Methoden brauchbar: Abschirmung, Symmetrie und Kompensation. Die Abschirmung gehört bei vielen modernen Ausführungen untrennbar zum Kopf. Ihre Problematik ist so allgemein, daß hier nur auf das Buch von Domsch [39] verwiesen sei.

Die Wirkung der Symmetrie zeigt Abb. 29. Alle homogenen Magnetfelder durchsetzen den Kern so, daß bei der üblichen Reihenschaltung der Spulen sich ihre Induktionsspannungen weitgehend aufheben. Bei inhomogenen Magnetfeldern kann nur die örtliche Feldänderung einen relativ kleinen Spannungsbetrag hervorrufen. Wegen dieser Vorteile sind fast alle Köpfe mit zwei symmetrischen Wicklungen versehen. Es sei auch erwähnt, daß die Störanfälligkeit eines Kopfes abnimmt, wenn er kleiner wird.

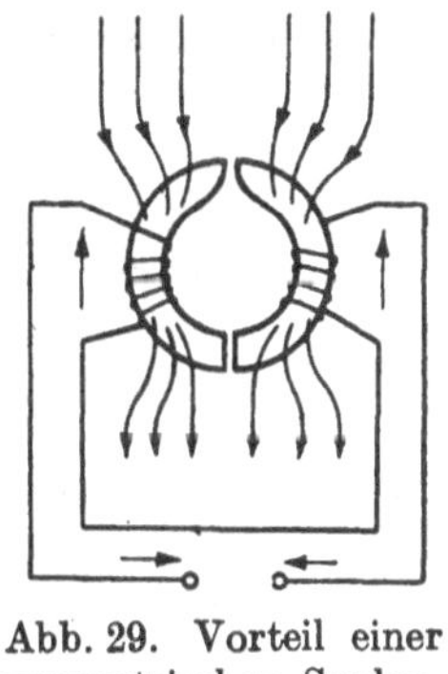

Abb. 29. Vorteil einer symmetrischen Spulenanordnung bei Störfeldern

Die Kompensation der Störfelder gehört eigentlich nicht unmittelbar zum Magnetkopf, sondern wird nur in seiner Umgebung angewendet. Es kann dazu das Störfeld durch ein gegenphasiges Feld geschwächt werden. Es kann aber auch die im Magnetkopf entstehende Spannung durch die Spannung einer kleineren Spule, die unmittelbar dem Feld ausgesetzt ist, kompensiert werden.

4.6.3. Wiedergabeköpfe für digitale Speicherung

Impulsspannung

Bei der digitalen Aufzeichnung befindet sich auf dem magnetisierbaren Informationsträger eine sehr plötzliche Flußänderung. Zumindest theoretisch sollte der Umschlag von der positiven zu der negativen Sättigung in extrem kleinem Abstand erfolgen. Nach dem Induktionsgesetz müßte dann eine unendlich große Spannung entstehen. Die Praxis zeigt aber, daß die Spannnung nur bis zu einer oberen Grenze mit der Impulssteilheit steigt. Prinzipiell kann diese Kopfeigenschaft aus dem gesamten Frequenzgang des Kopfes berechnet werden, praktisch ist dieser Weg jedoch zu kompliziert. Übersichtlicher ist es, von WESTMIJZEschen Theorien für eine Sprungfunktion auszugehen (vgl. Band 6):

$$\Phi_m(x) = 2\,\mu_0\,h_s\,M_{\text{Sätt}}\,\frac{1}{I}\int\limits_0^x\int\limits_{y_1}^{y_2} H_x(x, y)\,dx\,dy\,. \tag{75}$$

Hierin bedeuten $M_{\text{Sätt}}$ die Sättigungsmagnetisierung des Informationsträgers und x die Entfernung in Richtung des Informationsträgers zwischen dem Spalt und der gespeicherten Sprungfunktion. Entsprechend Gl. (20) kann hier die x-Komponente der Ersatzfeldstärke H_x^+ des Magnetkopfes mit dem Wirkungsgrad Eins eingeführt werden und wegen $d\Phi/dt = v\,d\Phi/dx$ folgt mit Gl. (65) für die Wiedergabespannung

$$U_m = 2\,n\,\mu_0\,v\,h_s\,M_{\text{Sätt}}\,\eta_m\,\frac{1}{I}\int\limits_{y_1}^{y_2} H_x^+\,dy\,. \tag{76}$$

Bei kleinen Geschwindigkeiten sind alle Frequenzen so niedrig, daß η_m als konstanter Faktor zu betrachten ist. Die Spannung hängt daher stark von dem Spaltfeld, d. h. von den geometrischen Abmessungen des Kernes, ab. Sie bleibt aber bestimmt endlich. Mit wachsender Geschwindigkeit nimmt sie zunächst proportional zu. Bei höheren Frequenzen wirkt dem der frequenzabhängige Wirkungsgrad entgegen. Aus dieser Gegenläufigkeit kann es für eine bestimmte Transportgeschwindigkeit durchaus eine maximale Impulsspannung geben.

Auflösungsvermögen

Die zeitliche Länge des Spannungsimpulses hängt wegen Gleichung (76) wesentlich vom Integral über H^+ ab. Das Auflösungsvermögen eines Magnetkopfes für die digitale Speicherung ist also wesentlich von seiner Feldverteilung abhängig. Am günstigsten sind Kernformen gemäß Abb. 15c mit relativ kurzem Spiegel [4]. Infolge der endlichen Permeabilität des Kernmaterials ist in Übereinstimmung mit der Praxis auch die örtliche Anordnung der Spulen auf dem Kern wichtig. Eine einzelne Spule sollte möglichst nahe dem Pol angeordnet sein, von dem der Informationsträger abläuft [40], [41].

Einschwingverhalten

Die Änderung der Impulsform mit der Transportgeschwindigkeit bzw. der Frequenz ist prinzipiell aus Gl. (76) zu berechnen. Übersichtlicher ist jedoch das bereits in 4.2.2. eingeführte Einschwingverhalten. Hierbei kann allerdings nicht der Einfluß des Integrals über H^+ berücksichtigt werden. Es gibt jedoch einen relativ großen Frequenzbereich, innerhalb dessen die auf dem Informationsträger gespeicherte Sprungfunktion unverändert in den Kern gelangt. Bei den zugehörigen Geschwindigkeiten müssen die Spalt- und Spiegelverluste des Kopfes vernachlässigbar sein. Die Wiedergabespannung folgt dann aus Gl. (49) und (65) zu

$$U_m = \frac{n\,\Theta\beta\,\Pi_{e0}}{\Pi_s^2}\cdot\frac{e^{-\beta t}}{\left(1+\dfrac{\Pi_{e0}}{\Pi_s}-e^{-\beta t}\right)^2}+\frac{d\Theta}{dt}\cdot\frac{1}{\Pi_s}\cdot\frac{1-e^{-\beta t}}{1+\dfrac{\Pi_{e0}}{\Pi_s}-e^{-\beta t}}. \tag{77}$$

Infolge des endlichen Spaltfeldes, d. h. des Integrals über H^+ in Gl. (76), wird $d\Theta/dt$ im Kern niemals unendlich groß. Für Zeiten in der Umgebung des Sprunges ($t = 0$) ist außerdem $1 - e^{-\beta t}$ sehr klein. Folglich kann hier der zweite Summand vernachlässigt werden. Der erste Ausdruck ergibt dann eine Kopfspannung, die für $t = 0$ ihr Maximum besitzt:

$$U_{mg} = \frac{n\,\Theta\,\beta}{\Pi_{e0}}. \tag{78}$$

Bei begrenzter Änderungsgeschwindigkeit von Θ ist der Spitzenwert der Spannung β direkt proportional. Er hängt also wesentlich von den Wirbelstromverlusten ab.

Den zeitlichen Verlauf der Spannung zeigt Abb. 30. Sie fällt nach dem Maximum nahezu exponentiell ab. Die Halbwertsbreite des Impulses kann aus

$$\beta\cdot t\,(U_{mg}/2) = \ln\frac{1}{1+\dfrac{\Pi_{e0}}{\Pi_s}+\left(\dfrac{\Pi_{e0}}{\Pi_s}\right)^2-\dfrac{\Pi_{e0}}{\Pi_s}\sqrt{2+2\dfrac{\Pi_{e0}}{\Pi_s}+\left(\dfrac{\Pi_{e0}}{\Pi_s}\right)^2}} \tag{79}$$

berechnet werden. Eine Auswertung des Ausdruckes für den Eisenkreis zeigt Abb. 31. Neben dem Verhältnis der magnetischen Widerstände ist auch die Halbwertsbreite nur von β abhängig. Folglich ist durch Vergrößerung des Ar-

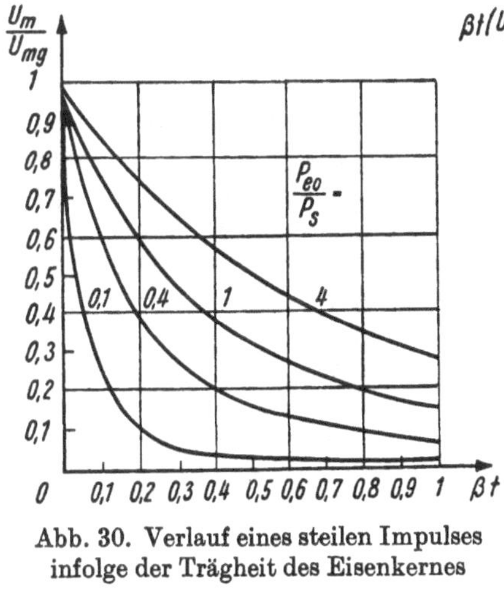

Abb. 30. Verlauf eines steilen Impulses infolge der Trägheit des Eisenkernes

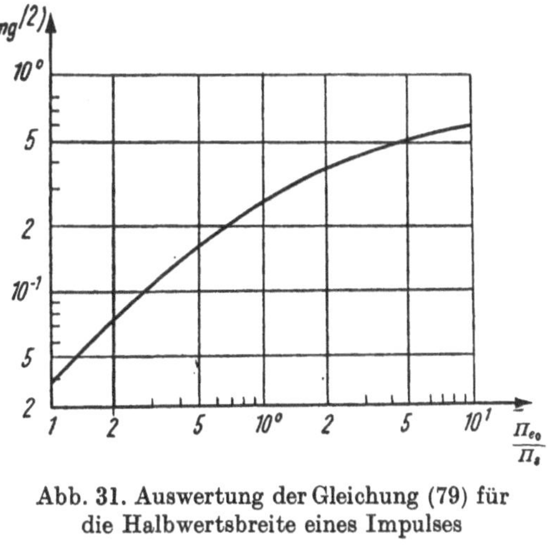

Abb. 31. Auswertung der Gleichung (79) für die Halbwertsbreite eines Impulses

beitsspaltes oder durch zusätzliche Spalte die Signalamplitude und -dichte bzw. -frequenz zu steigern.

Die Trägheit des Eisenkreises stellt eine wichtige Größe bei dem „single pass"-Betrieb dar. Einschließlich genauer Berechnungen der Trägheit ist dieses Verfahren ausführlich in [42] behandelt.

Frequenzgrenze

Neben den behandelten Einflüssen kann die Impulsfolgefrequenz auch durch die Streukapazität und Kopfinduktivität begrenzt werden. Bereits zuvor ruft die zugehörige Resonanz eine Verzerrung der Impulsform hervor. Deshalb besitzen Digitalköpfe eine derart geringe Windungszahl, daß die Resonanzfrequenz weit oberhalb der Impulsfolgefrequenz liegt.

Die Impulsdichte und -frequenz sind zu steigern, wenn es gelingt, die frequenz- und wellenlängenabhängigen Verluste im nachfolgenden elektronischen Teil durch Phasen- und Frequenzgangkorrekturen zu kompensieren.

4.6.4. Aufzeichnungsköpfe für analoge Speicherung

Empfindlichkeit

Bei der Aufzeichnung mit Vormagnetisierung muß zwischen dem Signalfeld und dem Vormagnetisierungsfeld unterschieden werden. Aus der Aufzeichnungstheorie ist bekannt (Band 6), daß trotz der Änderung der Signalfeldstärke innerhalb der Schichtdicke des Informationsträgers im wesentlichen die spezifische remanente Magnetisierung der Signalfeldstärke im Arbeitsspalt proportional ist:

$$\psi_r = K H_{s1} . \tag{80}$$

Die Konstante K wird wesentlich durch die Daten des Informationsträgers (Type, Dicke und Lage gegenüber dem Magnetkopf) sowie durch die Spaltweite und das Streufeld des Magnetkopfes beeinflußt.

Nach den bisherigen Kenntnissen ist K aus diesen Werten nicht berechenbar, sondern nur durch Messungen zu bestimmen. Die Rechnung führt lediglich bis zur Feldstärke im Arbeitsspalt. Mit dem in Abschnitt 4.2.1. eingeführten Wirkungsgrad η_m, der Spaltinduktion B_{s1}, dem magnetischen Spaltwiderstand Π_{s1}, dem Querschnitt der Polfläche des Spaltes S_{s1}, der Permeabilität der Spalteinlage μ_{s1} und der Ersatzschaltung nach Abb. 3b gilt zunächst

$$H_{s1} = \frac{B_{s1}}{\mu_{s1}} = \frac{1}{\mu_{s1}} \cdot \frac{\Theta_{s1}}{\Pi_{s1}} \cdot \frac{1}{S_{s1}} = \frac{\eta_m \Theta}{\mu_{s1} \Pi_{s1} S_{s1}} . \tag{81}$$

Die Erregung kann für einen geschlossenen Eisenkreis durch die Amperewindungszahl ersetzt werden:

$$\Theta = I_z n . \tag{82}$$

Mit Gl. (8) und (80) folgt dann

$$\varepsilon_z = \frac{\psi_r h_s}{\Theta} = \frac{K h_s}{\mu_{s1} \Pi_{s1} S_{s1}} \eta_m . \tag{83}$$

Unter sonst gleichen Bedingungen ist die Empfindlichkeit eines Aufzeichnungskopfes also direkt dem Wirkungsgrad proportional. Im Gegensatz zu den Wiedergabeköpfen führt aber nicht immer eine Vergrößerung der Spaltweite unter sonst gleichen Bedingungen zu einem höheren Fluß. Mathematisch folgt dies aus dem Faktor K. Besonders erwähnt sei noch einmal, daß bei Wechselfeldvormagnetisierung die Spaltweite etwa gleich der Schichtdicke oder etwas größer sein sollte.

Vormagnetisierungsleistung

Für die reine Blindleistung der Vormagnetisierung gilt

$$N_{bv} = I_v^2 \omega L = \frac{\omega \Theta^2}{\Pi_m} = \mu_{s1}^2 S_{s1}^2 \Pi_m \omega H_{s1}^2 . \tag{84}$$

Für die erste Umformung wurden Gl. (58) und (82) benutzt. Die zweite Umformung erfolgte mit Gl. (18) und (81).

Die benötigte Blindleistung ist also dem Quadrat der Polfläche und dem Widerstand des magnetischen Kreises proportional. Eine geringe Spalttiefe und ein kleiner Kernwiderstand bedeuten geringeren Leistungsbedarf.

Wird in Gl. (84) bei Π_m die komplexe Permeabilität eingeführt, so ist auch die frequenzabhängige komplexe Leistung berechenbar. Die Wirkleistung stimmt mit dem Imaginärteil und die Blindleistung mit dem Realteil überein. Das Strom-Spannungs-Produkt entspricht dem Betrag.

Aufzeichenbare Wellenlängen

Die Aufzeichnungsköpfe vermögen beliebig große Wellenlängen, d. h. auch Gleichstromwerte aufzuzeichnen. Für kurze Wellenlängen liegt dagegen eine Grenze durch die Spaltabmessungen vor. Mit engeren Spalten sind immer kürzere Wellenlängen aufzuzeichnen. Hierbei sinkt allerdings die Empfindlichkeit des Kopfes, und gleichzeitig wachsen seine Verzerrungen. Aus der Aufzeichnungstheorie (Band 6) folgt, daß nicht die Spaltweite direkt, sondern vielmehr die Steilheit der Feldstärkenänderungen an jener Spaltkante entscheidend ist, von welcher der magnetisierbare Informationsträger den Magnetkopf verläßt. Aus diesem Grunde muß diese Spaltkante bei Aufzeichnungsköpfen besonders sorgfältig bearbeitet werden. Eine wesentliche Versteilerung des Feldstärkenabfalles konnte Camras durch einen Magnetkopf mit einem Hilfspol erreichen [43].

Wechselstromwiderstand

Durch die Eisenverluste sowie durch die Streu- und Schaltkapazitäten besitzt ein Aufzeichnungskopf eine obere Frequenzgrenze. Besonders kritisch sind diese Einflüsse infolge der sehr hohen Vormagnetisierungsfrequenz. Die Resonanzfrequenz der Ersatzschaltung nach Abb. 26 sollte deshalb noch darüber liegen. Diese Forderung ist nicht immer erfüllbar. Dann entspricht der in den Magnetkopf hineinfließende Strom keineswegs mehr dem erregenden Strom durch die Induktivität. Bei der Resonanzfrequenz ist er größer, weit oberhalb der Resonanzfrequenz ist er kleiner. Starke Stromschwankungen können auftreten, wenn die Vormagnetisierungsfrequenz gerade auf einer steilen Flanke des Resonanzkreises liegt. Sofern beim Vormagnetisierungsstrom die Resonanzfrequenz der Ersatzschaltung Einfluß hat, ist es besser, die Spannung am Magnetkopf zu messen.

Verzerrungen

Die Verzerrungen des Aufzeichnungskopfes hängen stark von der notwendigen Signalfeldstärke im Arbeitsspalt ab. Nach [44] liegt sie beim etwa 0,4- bis 0,5-fachen der Koerzitivfeldstärke des Informationsträgers, die bei Magnetbändern 2,0...2,4 · 10^4 A/m beträgt. Für die zugehörige Feldstärke im Arbeitsspalt H_{s1} zwischen 0,8 und 1,2 · 10^4 A/m folgt aus Gl. (31) und den Werten in 4.6.2. ein Klirrkoeffizient k_3 von 1,9 bis 3,3%. Er ist etwa genauso groß wie die Verzerrungen im Informationsträger. Durch zusätzliche Spalte wird die berechnete Verzerrung meist auf mindestens 0,7% gemindert. Diese Größenordnung zeigt gute Übereinstimmung mit Messungen, die nach der in 4.6.2. beschriebenen Methode erfolgen. Hierzu ist der Kopf jedoch durch einen verzerrungsarmen Strom zu erregen, der dem Aufzeichnungsstrom mit Berücksichtigung des Wirkungsgrades entspricht.

Die Verzerrungen des Vormagnetisierungsstromes sind beträchtlich (etwa 5mal) größer. Da jedoch das Kernmaterial eine etwa symmetrische Kennlinie besitzt, treten nur ungeradzahlige Harmonische auf. Entsprechend der Aufzeichnungstheorie haben sie keine störenden Folgen.

Kritisch sind die Kombinationsfrequenzen zwischen Signal- und Vormagnetisierungsfrequenz zu betrachten. Sie fallen teilweise wieder in den Signalfrequenzbereich und geben zu stark störenden Interferenzen Anlaß. Dies gilt besonders für kommerzielle Geräte. Dieselben Kombinationstöne treten aber auch im Informationsträger auf. Eine Abschätzung der Größenordnung für beide Anteile steht noch aus.

Rauschen

Beim Aufzeichnungskopf ist das Eigenrauschen stets vernachlässigbar. Indirekt beeinflußt jedoch seine Konstruktion den Rauschabstand einer Aufzeichnung. Hierfür sind zwei Einflüsse bedeutsam:

Bestimmt der magnetische Widerstand des Arbeitsspaltes wesentlich den des magnetischen Kreises, dann rufen ein schwankender Kontakt mit dem Informationsträger und Ungleichmäßigkeiten des magnetischen Informationsträgers beträchtliche Feldstärkeänderungen im Arbeitsspalt hervor. Bei der Wiedergabe erzeugen die dadurch entstandenen Flußschwankungen ein zusätzliches Rauschen.

Durch asymmetrische Signalstöße wird eine Remanenz des Aufzeichnungskopfes hervorgerufen. Sie ist allgemein schwer zu vermeiden und tritt besonders stark auf, wenn die Köpfe oder Verstärker umgeschaltet werden. Die empfindlichkeitssteigernde Vormagnetisierung bewirkt, daß selbst eine geringe remanente Magnetisierung des Magnetkopfes mit beträchtlicher Stärke aufgezeichnet wird. Bei der Wiedergabe entsteht so ein typisches Rauschen, Dröhnen und Zischen.

Beide Störeinflüsse sind weitgehend durch Kernmaterialien mit geringer Koerzitivfeldstärke und durch zusätzliche Spalte zu mindern. Der hierdurch bedingte geringere Wirkungsgrad ist relativ leicht durch erhöhten Strom auszugleichen.

Abschirmung

Genauso wie eine geringe Remanenz verstärkt aufgezeichnet wird, gilt dies auch für äußere Gleich- und Wechselfelder. Zu der eben erwähnten Empfindlichkeitssteigerung durch die Vormagnetisierung kommt hierbei noch die Konzentration der Feldlinien infolge der geringen Spalttiefe hinzu [45]. Ihre Auswirkung ist in Abb. 32 gezeigt. Mit besonderen Mitteln ist auf diese Weise sogar die Aufzeichnung des Erdfeldes nachzuweisen [46]. Um derartige Störungen zu vermeiden, sollte auch stets ein Aufzeichnungskopf abgeschirmt werden.

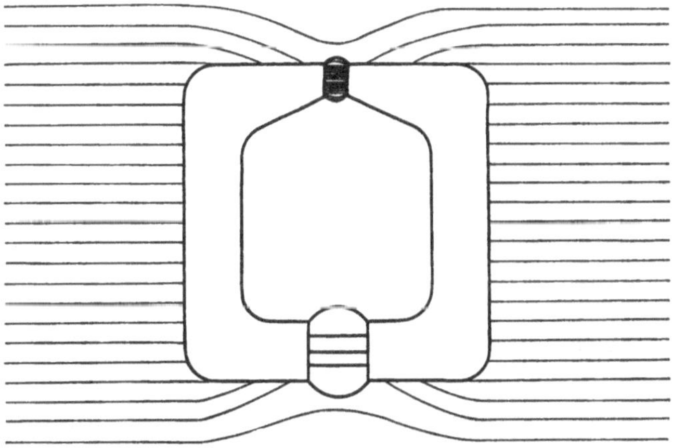

Abb. 32. Konzentration eines Störfeldes am Aufzeichnungsspalt

4.6.5. Aufzeichnungsköpfe für digitale Speicherung

Feldstärke im Arbeitsspalt

Die digitale Aufzeichnung erfolgt ohne Wechselfeldvormagnetisierung und muß trotzdem zur Sättigung des Informationsträgers führen. Deshalb ist im Arbeitsspalt eine beträchtliche Feldstärke notwendig. Meist wird sogar eine doppelt so große Feldstärke angewendet, wie sie zur Sättigung allein erforderlich wäre. Denn nur dann ist der Zeitpunkt der Aufzeichnung unabhängig von der nicht gelöschten Magnetisierung des Informationsträgers. Bei derartig hohen Feldstärken ist unbedingt darauf zu achten, daß der kleinste Querschnitt des

Eisenkreises beim Arbeitsspalt auftritt (vgl. 4.2.1. und 4.7.2.). Außerdem muß die Sättigungsinduktion des Materials sehr groß gewählt werden.

Die maximal erreichbare Feldstärke an einem Punkt vor dem Spalt nimmt mit der Spaltweite zu, weil hierdurch das Streufeld weiter aus dem Spalt heraustritt. Gleichzeitig sinkt aber die örtliche Konzentration des Feldes. Unter diesem Gesichtspunkt ist mit der maximalen Feldstärke auch die Spaltweite wichtig. Sie wird außerdem durch den Kopfabstand und die Schichtdicke des Informationsträgers bestimmt.

Änderung der Permeabilität

Infolge der hohen Feldstärke ändert sich auch die Permeabilität des Kernmaterials. Ihr jeweiliger Wert muß aus der Magnetisierungskennlinie des Kernmaterials und dem Querschnitt der Spaltfläche bestimmt werden. Dieser Wert ist dann auch für die Berechnung des magnetischen Widerstandes der Kernabschnitte zu benutzen. Er wird meist beträchtlich geringer als die Anfangspermeabilität sein. Hierdurch ergibt sich ein geringer Wirkungsgrad.

Die veränderliche Permeabilität ist besonders störend bei inkonstantem Kernquerschnitt, wie dies in Spaltnähe beim klassischen Ringkern (Abb. 15a) der Fall ist. Tritt dort die Sättigung des Materials auf, so ist mit einer Permeabilität um Eins zu rechnen, und der Spalt wirkt wesentlich verbreitert. Für die Digitalaufzeichnung sind unter diesem Gesichtspunkt Köpfe mit überall gleichem Eisenquerschnitt vorteilhaft. Dann kann der Kopf nur mit normaler Spaltweite oder gar nicht arbeiten. Es tritt nämlich überall gleichzeitig Materialsättigung auf. Ein günstiges Beispiel dieser Art zeigt Abb. 15c.

Empfindlichkeit

Damit die Änderung der Permeabilität nur geringen Einfluß auf den Wirkungsgrad hat, muß der Eisenweg sehr kurz gehalten werden. Dies ist einer der Gründe für die Subminiaturköpfe. Außerdem wird bei ihnen der Störeinfluß geringer, und es sind auf gleichem Raum viele Köpfe, wie z. B. beim Trommelspeicher, unterzubringen. Das in Abb. 33 gezeigte Beispiel besitzt eine Spalthöhe von

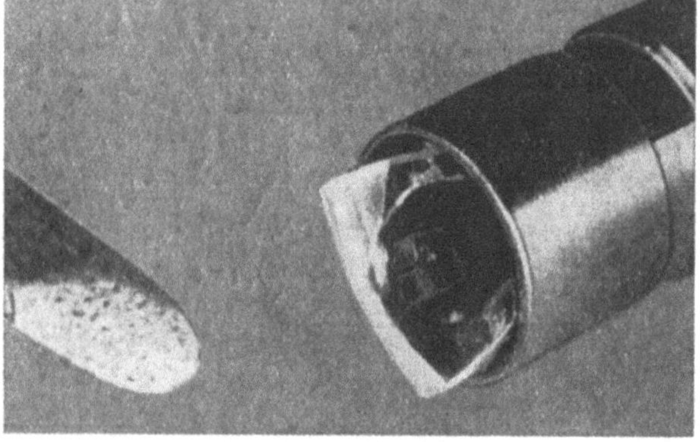

Abb. 33. Fotografie eines Subminiaturkopfes für Trommelspeicher [4]

0,6 mm und besteht aus zwei Folien von 10 µm Dicke bei einer Spaltweite von 60 µm.

Aufzeichnungsköpfe mit einer Windung

Die Sättigung des Eisenkreises verschlechtert bei den üblichen Aufzeichnungsköpfen erheblich den Wirkungsgrad. Deshalb wurde ein digitaler Aufzeichnungskopf entwickelt, der nach einem abweichenden Prinzip arbeitet [47] (Abb. 34).

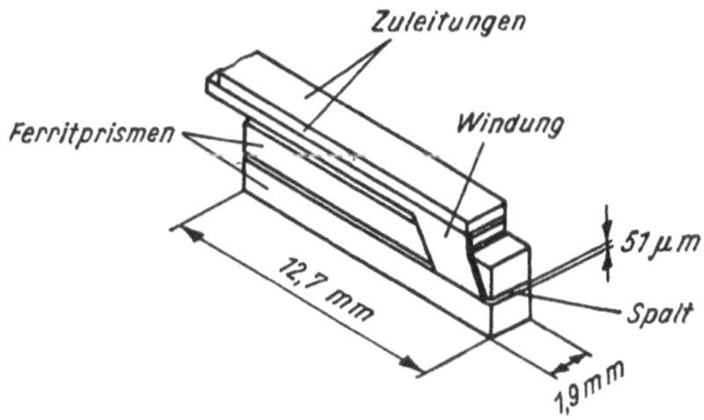

Abb. 34. Aufbau eines Magnetkopfes mit nur einer Windung und hohem Wirkungsgrad

Sein Eisenkreis besteht aus zwei Ferritprismen, zwischen denen sich auf der Vorderseite des Kopfes die Spalteinlage befindet. Sie ist zugleich die Wicklung zur Erregung und wird über die beiden Zuleitungen mit Strom versorgt. Durch diese Anordnung wird die gesamte Erregung im Spalt unmittelbar wirksam. Es erfolgt keine Aufteilung der Erregung durch die magnetischen Widerstände des Kernes. Im Prinzip entspricht dieser Kopf also dem absoluten Aufzeichnungskopf nach SCHMIDTBAUER, wie er bereits in 4.5. beschrieben wurde. Durch die Ferritprismen erfolgt nur eine zusätzliche Konzentration des Feldes. Die nachweisbare hohe Empfindlichkeit des Kopfes kann leider infolge der ungünstigen Impedanzen nicht voll genutzt werden. Im notwendigen Übertrager treten nämlich Verluste auf. Weiter stören die Induktivität und der Verlustwiderstand der Zuleitungen.

Kürzlich wurde dieses Prinzip verbessert für die Vielspurtechnik aufgegriffen [48] (Abb. 35). Eine Silberfolie von 1 µm Dicke und 50 µm Breite wird einseitig gegen übereinander geschichtete Streifen aus Silber und Isoliermaterial bzw. Ferrit gepreßt. Beim Aufzeichnungsvorgang erregen je zwei benachbarte Silberstreifen den zwischen ihnen liegenden Teil der Silberfolie. Als Strom genügen dabei etwa 4 A. Mit einem derartigen Kopf konnten 60 Spuren auf einem 6,25 mm breiten Magnetband aufgezeichnet werden.

Weitere spezielle Anwendungen dieses Kopfprinzips entstanden für die statische bzw. hochdichte Speicherung [48a], [48b].

Grenzwellenlänge und Frequenzbereich

Da mit Gleichstrom beliebig große Wellenlängen aufzuzeichnen sind, kann eine Grenze nur nach kurzen Wellenlängen auftreten. Sie wird wesentlich durch das Spaltfeld, d. h. durch die Spaltabmessungen und die Erregung beeinflußt. Bei der Digitalaufzeichnung wird häufig mit Abstand zwischen dem Magnetkopf und dem Informationsträger gearbeitet. Dann ist die Spaltweite nicht beliebig zu verkleinern.

Sofern nicht mit Übertragern gearbeitet wird, gibt es auch im Frequenzbereich nur eine obere Grenze. Dafür verhalten sich die Hysteresis- und Wirbelstromverluste genauso wie bei den Wiedergabeköpfen.

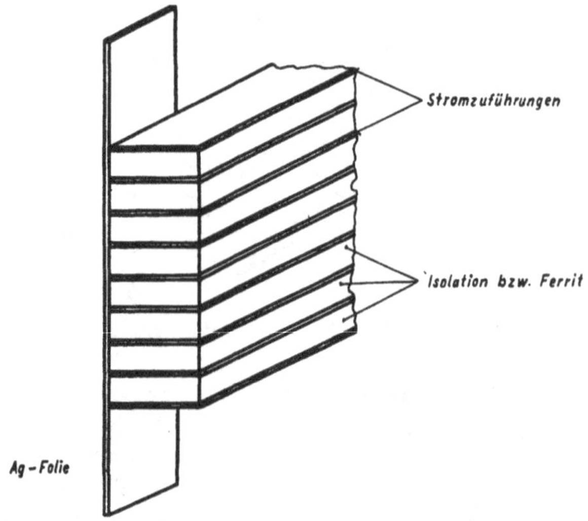

Abb. 35. Vielspuraufbau des Magnetkopfes mit nur einer Windung

Da vielfach Taktfrequenzen bis zu 500 kHz Verwendung finden, ist die Kopfimpedanz, d. h. die Induktivität, sehr gering zu wählen (10...30 μH) [4], [24]. Infolge der kleinen Abmessungen und der geringen Windungszahl (20...50) sind die Streukapazitäten praktisch immer vernachlässigbar. Das größere Problem bilden die Zuleitungen. Vor allem aber dann, wenn die elektronischen Einheiten relativ weit von den Köpfen entfernt sind. In diesem Fall müssen die Köpfe möglichst günstig an die Kabel angepaßt werden.

Wärmeabfuhr

Für die Sättigung des Informationsträgers muß den digitalen Aufzeichnungsköpfen eine ziemlich große elektrische Leistung (ca. 0,5 W) zugeführt werden. Bei den geringen Abmessungen wird die Wicklung auf das Mehrfache der üblichen Stromdichte beansprucht. Deshalb ist beim Einbau der Köpfe auf eine gute Kühlung zu achten. Ebenso muß das verwendete Material eine ausreichend hohe Curie-Temperatur besitzen.

4.6.6. Aufzeichnungs-Wiedergabeköpfe

Ein besonderer Vorteil des induktiven Magnetkopfes ist es, daß er sowohl für die Aufzeichnung als auch für die Wiedergabe verwendbar sein kann. Dies wird bei vielen Anwendungen ausgenutzt. Es seien nur die Heimtongeräte, die Digitalgeräte, insbesondere in Form von Trommel- und Plattenspeichern sowie die Videogeräte genannt.

Soll ein und derselbe Magnetkopf für die Aufzeichnung und für die Wiedergabe geeignet sein, so müssen Kompromisse eingegangen werden. Sie sehen immer so aus, daß die Eigenschaften des Wiedergabekopfes überwiegen. Dies gilt hauptsächlich für den Eisenkreis und die Spaltweite. Beide Größen werden so ausgelegt, daß ein guter Wirkungsgrad und eine kurze Grenzwellenlänge bei der Wiedergabe auftreten. Die zusätzlichen Spalte werden also unterdrückt oder unwirksam gemacht. Der Arbeitsspalt besitzt eine geringe Spalttiefe und ist möglichst eng. Hierdurch können bei der Aufzeichnung leicht eine Remanenz des Kernes, größere Verzerrungen und erhöhtes Grundgeräusch auftreten. Die Spaltweite ist häufig sogar so eng, daß der Informationsträger nicht mehr in seiner Dicke durchmagnetisiert wird.

Die Anwendung nur eines Kopfes für die Aufzeichnung und Wiedergabe kann aber auch zusätzliche Vorteile bringen. Allgemein gilt dies für die Platzeinsparung und eine eventuelle Kostensenkung. Weitere Vorteile treten besonders dann in Erscheinung, wenn der Informationsträger und die Köpfe nicht ausgewechselt zu werden brauchen. Dies gilt unter anderem für Trommelspeicher, die mit Abstand arbeiten, bei denen also keine Abnutzung der Köpfe erfolgt. In solchen und ähnlich gelagerten Fällen ist es äußerst vorteilhaft, daß die Justierung auf eine bestimmte Spaltrichtung und -lage weitgehend überflüssig ist. Hierdurch ergeben sich wesentliche konstruktive Vereinfachungen. Auch die Geradlinigkeit des Spaltes ist unkritisch. Sobalt eine Aufzeichnung mit verschiedenen Geräten wiederzugeben ist, können viele der genannten Vorteile nicht genutzt werden.

Für einen Aufzeichnungs- und Wiedergabekopf sind unterschiedliche Impedanzen vorteilhaft. Deshalb ist die Wicklung eines Aufzeichnungs-Wiedergabekopfes zuweilen angezapft. Bei zwei symmetrischen Wicklungen wird für die Aufzeichnung häufig nur eine Wicklung verwendet.

4.7. Löschköpfe und Löschgeräte

Zur Wiederverwendung eines Informationsträgers muß die vorhandene Aufzeichnung entfernt, d. h. gelöscht werden. Nur bei ganz wenigen Anwendungen erübrigt sich dies. Hierzu gehören z.B. die Aufzeichnungen, bei denen der Informationsinhalt aus der örtlichen bzw. zeitlichen Lage des Sättigungsumschlages gewonnen wird. Als Beispiel seien die Frequenz- und Pulslängenmodulation sowie gewisse Digitaltechniken genannt.

Prinzipiell muß bei jeder Löschung der Informationsträger zumindest einmal gesättigt werden. Nur bei der Sättigung kann das Material keine unterschiedlichen Magnetisierungen annehmen. In einfachen Fällen (anspruchslose Schall- und spezielle Digitalaufzeichnung) ist der Informationsträger mit der von der Sättigung verbleibenden Remanenz verwendbar. Meist stört aber das durch die Ungleichmäßigkeit des Trägers bedingte Rauschen zu sehr, und der Träger muß anschließend entmagnetisiert werden. Am einfachsten gelingt dies durch ein einmalig einwirkendes Gegenfeld mit Koerzitivfeldstärke. Die Ungleichmäßigkeit des Informationsträgers und Änderungen der Feldstärke bewirken dabei immer ein kleines störendes Restfeld. Die zuverlässigste Entmagnetisierung ist durch ein langsam abklingendes Wechselfeld zu erreichen.

4.7.1. Dauermagnetanordnungen

Die Gleichfeldlöschung erfolgt recht günstig mit Dauermagneten. Zum Einschalten der Löschung wird der Permanentmagnetkopf dem Informationsträger genähert. Es sind auch Änderungen der Informationsträgerführung möglich. Eine besonders einfache Lösung verwendet die Firma Pouva im „Bändi" (Abb. 36). Das Magnetband umläuft einen Zylinder, der es gleichzeitig führt.

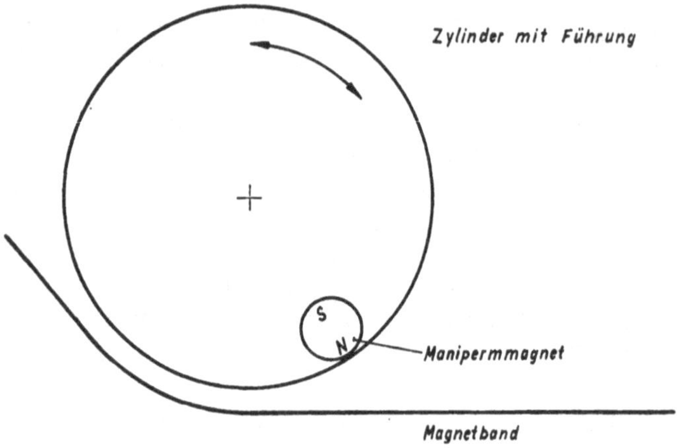

Bild 36. Einfache Anordnung eines Maniperm-Magneten zur Löschung

An der Oberfläche des Zylinders ist ein kleiner Manipermmagnet von ca. 4 mm Durchmesser und 3 mm Höhe befestigt. Durch Drehen des Zylinders kommt der Magnet mit dem Magnetband in Kontakt, und sein Streufeld bewirkt die Sättigung. Bei den meisten anderen Anwendungen wird das Streufeld des Magneten noch durch Bleche an der gewünschten Stelle konzentriert.

Durch mehrere Magnete läßt es sich erreichen, daß der Informationsträger nach Löschung weitgehend entmagnetisiert ist. Derartige Magnetsysteme zeigt Abb. 37 als Skizze und Abb. 38 als Fotografie [49], [50]. Bei diesen Anordnungen muß für einen gut entmagnetisierten Zustand eine genaue definierte Bandführung eingehalten werden. Diese Lage hängt auch von der Type des Informationsträgers ab.

Einen gewissen Vorteil bringt eine abweichende Ausführung, die Seifert bei einem speziellen Trommelspeicher verwendet (Abb. 39). Die fünf Wicklungen

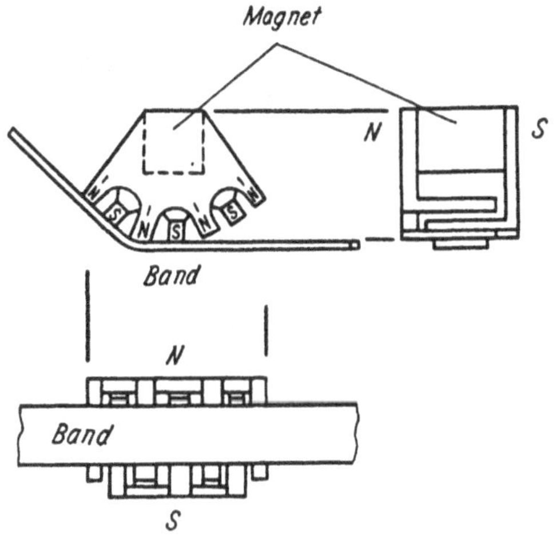

Abb. 37. Skizze einer Löschanordnung mit mehreren Polwechseln aus einem Dauermagneten

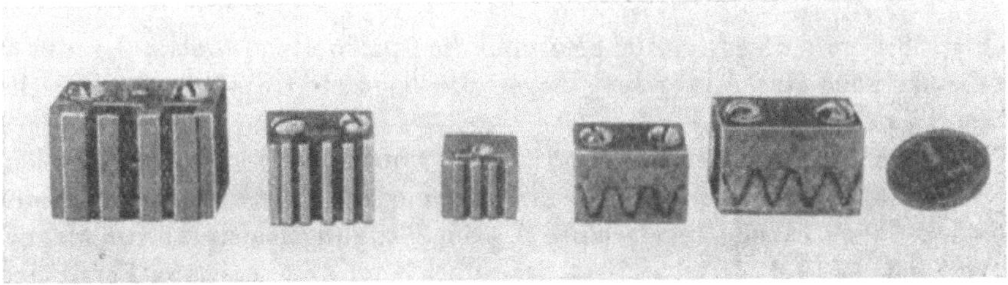

Abb. 38. Fotografie verschiedener Löschköpfe mit Polwechseln aus Dauermagneten

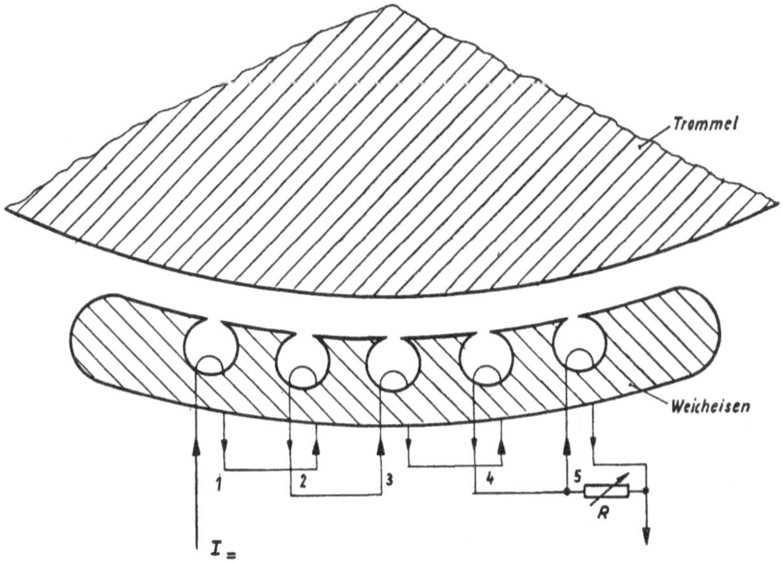

Abb. 39. Löschkopf für einen Trommelspeicher, der mit Gleichstrom erregt wird

sind so bemessen, daß die Feldstärke von 1 nach 5 abnimmt. Durch ihre Schaltung wechselt die Feldrichtung von Spalt zu Spalt. Mit dem Widerstand R ist ein sehr bequemer Abgleich auf entmagnetisiertem Informationsträger möglich [51]. Der Nachteil der notwendigen elektrischen Leistung wird durch diesen Vorteil und den der leichten Abschaltung des Systems wieder ausgeglichen.

4.7.2. Wechselfeldlöschung

Bis heute gibt es noch keine Theorie, die aus Feldverteilung und anderen Größen die erreichbare Löschdämpfung zu berechnen gestattet. Die Konstruktion von Löschköpfen erfolgt daher weitgehend nach Erfahrungswerten.

Eine gute Entmagnetisierung ist bei etwa 50 bis 100 Ummagnetisierungen im Spaltfeld mit einer symmetrisch gegen Null strebenden Feldstärke gewährleistet. Zwischen der Spaltweite l_{s1}, der Löschfrequenz f_L und der Arbeitsgeschwindigkeit v besteht daher die Beziehung

$$l_{s1} \geqq \frac{100\, v}{f_L}. \tag{85}$$

Bei $v = 38{,}1$ cm/s und $f_L = 100$ kHz muß die Spaltweite also etwa 0,4 mm betragen. Je nach der Anwendung liegen die benutzten Spaltweiten zwischen 0,05 und 1 mm.

Für die Sättigung des Informationsträgers wurden die wichtigsten Probleme bereits in 4.6.5. behandelt. Über die mit verschiedenen Materialien erreichbaren Feldstärken gibt Tabelle 7 Aufschluß. Da die Sättigungsfeldstärke von Magnetbändern bei $1{,}2 \ldots 1{,}6 \cdot 10^5$ A/m liegt, ist selbst beim ungünstigsten Ferrit noch eine Löschung garantiert.

Tabelle 7
Sättigungsinduktion und maximale Feldstärke einiger Materialien für Löschköpfe

Werkstoff	Sättigungsinduktion $\mathrm{Wbm^{-2}}$	max. Spaltfeldstärke A/m
4% Si-Eisen	$19 \ldots 22 \cdot 10^{-1}$	$1{,}5 \ldots 1{,}7 \cdot 10^6$
Permalloy C Maniperm	$8 \ldots 9 \cdot 10^{-1}$	$6{,}4 \ldots 7{,}1 \cdot 10^5$
Alfenol	$9 \cdot 10^{-1}$	$7{,}1 \cdot 10^5$
Ferrit	$2{,}5 \ldots 4{,}0 \cdot 10^{-1}$	$2{,}0 \ldots 3{,}2 \cdot 10^5$

Wechselstromwiderstand

Der Wechselfeld-Löschkopf wird stets mit konstanter Frequenz erregt. Hierdurch ist er mit einer Reihen- oder Serienkapazität auf Resonanz abstimmbar. Bei den meisten Schaltungen wird die Reihenresonanz ausgenutzt, und die Induktivität des Kopfes liegt dann unter 10 mH. In Schallspeichergeräten wird zuweilen der Vormagnetisierungsstrom dem Löschkopf entnommen. Derartige Löschköpfe besitzen eine höhere Induktivität, weil nur so die notwendige Spannung für die Vormagnetisierung bereitsteht. Es wurden auch Löschköpfe mit

Mittelanzapfung entwickelt. Sie ersetzen zugleich die Spule des Löschgenerators und sind für ihn ein unmittelbares Schaltelement. Dies gilt vor allem für Gegentaktoszillatoren.

Die Resonanzabstimmung des Löschkopfes bringt zwei Vorteile: Einmal werden unerwünschte Oberwellen des Generators geschwächt. Dies ist besonders für ungeradzahlige Oberwellen wichtig, die eine Gleichmagnetisierung des Informationsträgers hervorrufen. Zum anderen entsteht ein reeller Wechselstromwiderstand, indem nur die Verluste des Kopfes enthalten sind. Der Löschgenerator braucht dann nur die Wirkleistung zu erzeugen.

Verluste bei lamellierten Kernen

Die Eisenverluste eines Löschkopfes sind nicht nach den Beziehungen des vorangegangenen Hauptabschnittes zu berechnen. Im Gegensatz zu den dortigen Voraussetzungen tritt sehr starke Magnetisierung auf. Infolge der hohen Frequenz kann angenommen werden, daß beim Löschkopf die Wirbelstromverluste überwiegen. Mit dem Spitzenwert der Induktion $\hat{B}$, dem Volumen des Eisens V und der Blechdicke d gilt nach [52] dann

$$N_l = \sigma \hat{B}^2 f^2 d^2 V \,. \tag{86}$$

Die Materialkonstante σ beträgt bei üblichen Blechen $4...8 \cdot 10^7$ Ω^{-1} m^{-1}. Für die alten lamellierten Ringkernlöschköpfe ergibt sich hiernach in Übereinstimmung mit der Praxis ein Wert von 2,5 bis 4,5 Watt. Problematisch ist die Berücksichtigung vom veränderlichen Querschnitt.

Verluste bei Ferritkernen

Bei Ferritkernen sind die Wirbelstromverluste vernachlässigbar gering. Dafür treten aber größere Hysteresisverluste als bei den weichmagnetischen Legierungen auf. Trotzdem ist die bei Ferritköpfen notwendige Leistung 1/5 bis 1/10 der bei lamellierten Kernen. Infolge der geringen Wärmeleitfähigkeit reicht jedoch auch dieser Wert zu einer Erwärmung aus, die von den Ferriten eine hohe CURIE-Temperatur fordert. Die Erwärmung kann besonders an den Polen, wo die höchste Induktion auftritt, beträchtlich sein.

Verluste bei leitenden Spalteinlagen

Bei gleicher Erregung eines Kernes wird durch eine leitende Spalteinlage das Streufeld verstärkt. Abb. 40 zeigt diesen Einfluß auf die Löschdämpfung a_l für gleiche Kopfkonstruktionen mit gleicher Induktivität, jedoch einer Silber- bzw. Glimmerspalteinlage [53]. Die Spaltweite wurde durch einen Modellversuch bestimmt und war mit 0,1 mm recht gering. Der Gewinn an

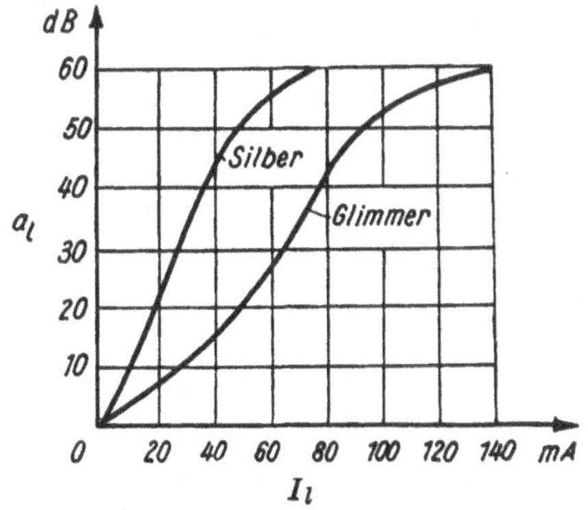

Abb. 40. Einfluß einer leitenden Spaltfolie auf die Löschdämpfung

Löschdämpfung durch die Silberfolie ist beträchtlich. Hierbei ist aber zu bedenken, daß die in der Spaltfolie verbrauchte Leistung recht groß ist. Dies zeigt sich auch in dem Verlustwiderstand der beiden Köpfe. Bei 100 kHz betrug er 9,5 Ω mit der Glimmereinlage und 190 Ω mit der Silbereinlage. Der zwei- bis dreifachen Senkung des Löschstromes steht damit gegenüber, daß in der Spaltfolie die überwiegende Leistung verbraucht wird. Dies dürfte infolge der schlechten Wärmeleitfähigkeit des Ferrites noch höhere Forderungen an seine Curie-Temperatur stellen. Insgesamt dürfte bei Löschköpfen nur dann eine leitende Spalteinlage sinnvoll sein, wenn auf anderem Wege die notwendige Löschdämpfung nicht erreichbar ist.

Abschirmung

Bei einem Löschkopf kann, ähnlich wie beim Aufzeichnungskopf, eine Feldlinienkonzentration von Störfeldern im Arbeitsspalt auftreten, die dann zu ihrer Aufzeichnung führt. Dies kann durch eine magnetische Abschirmung gemindert werden. Gleichzeitig ist durch eine Abschirmung auch das nicht erwünschte, weit hinaus greifende Streufeld des Kopfes zu mindern bzw. zu begrenzen. Hierfür sind infolge der hohen Frequenzen allerdings leitende Kappen, die überwiegend die Wirbelstromdämpfung ausnutzen, günstiger. Durch die Abschirmung eines Löschkopfes steigen seine Verluste, und gleichzeitig kann die Wärmeableitung ungünstiger werden. Dies ist bei der Löschleistung und der Curie-Temperatur des Materials zu berücksichtigen.

Doppelspaltlöschköpfe

Die Erfahrung, daß eine zweimalige Löschung vollständiger ist, führt zur Entwicklung von Doppelspalt-Löschköpfen [30], [50], [54]. Dieser Effekt ist noch ungeklärt, es gibt jedoch eine Plausibilitätsbetrachtung: Im abklingenden Teil des Spaltfeldes herrscht irgendwo die Feldstärke der optimalen Vormagnetisierung. Die Aufzeichnungsempfindlichkeit ist dort so hoch, daß das Streufeld der noch nicht vollständig gelöschten Aufzeichnung wieder verstärkt aufgezeichnet wird. Ein zweiter Spalt beseitigt dieses kopierte Signal. Für diese Erklärung spricht auch die Tatsache, daß die Löschdämpfung bei nahen Spalten (0,1...0,5 mm Abstand) nur wenig, bei entfernten (2...5 mm) dagegen bedeutend größer ist.

Eine andere Tatsache, daß die Löschdämpfung bei unterschiedlichen Weiten beider Spalte größer ist, kann aus den Streufeldern erklärt werden. Der weite Spalt hat eine größere Querkomponente, der engere eine größere longitudinale Komponente.

Für die Erregung der beiden Spalte sind durch die Wicklungsanordnung unterschiedliche Phasen erreichbar. Auch hier liegen nur Erfahrungswerte vor, die nicht immer übereinstimmen [50]. Entgegengesetzte Phasenlagen entstehen bei der Erregung des Mittelsteges oder entsprechender Schaltung der beiden Spulen auf den Außenstegen. Das Mittelstück führt dann die Summe der beiden Teilflüsse. Bei einer anderen Schaltung führt das Mittelstück nur den Differenzfluß.

4.7.3. Bandlöschgeräte

Die Löschung einer kompletten Aufzeichnung, z. B. eines ganzen Bandes, erfolgt am schnellsten mit Hilfe von Löschgeräten. Solche Geräte sind zuweilen aber auch für Magnetspeichergeräte notwendig, die keinen Löschkopf besitzen. Eingeführt haben sich zwei Arten: die Löschung mit Netzwechselstrom und die mit einer Kondensatorentladung.

Löschung mit Netzfrequenz

Zur Löschung kann ein nicht geschlossener Eisenkreis mit Netzwechselstrom erregt werden [50]. Als Eisenkern findet dabei meist die E-Hälfte eines EI-Kernes Anwendung. Die Spule ist so ausgelegt, daß bei der Netzspannung gerade die Sättigung des Kernes und damit eine ausreichende Löschfeldstärke auftritt.

Bei den einfachsten Anordnungen, z. B. beim ehemaligen BG 19 des VEB Funkwerk Köpenick, mußte dieser Kern von Hand mehrmals über die Magnetbandspule hinweg bewegt werden. Damit keine Remanenz im Band auftritt, darf die Spule erst in großer Entfernung vom Bandwickel abgeschaltet werden.

Größere Anordnungen benutzen einen festen Aufbau, wie ihn Abb. 41 zeigt. Die Blindleistung wird dabei meist durch einen Reihenkondensator kompensiert. Durch eine Umdrehung gelingt bei einer Spule von 30 cm Durchmesser mit Magnetband von 6,25 mm Breite eine vollständige Löschung. Die Leistungsaufnahme beträgt dabei allerdings 0,8 bis 1,5 kW.

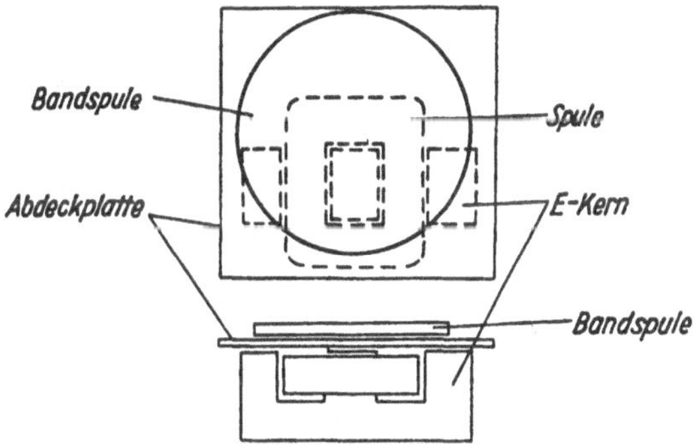

Abb. 41. Prinzipaufbau eines Löschgerätes mit Erregung durch den Netzwechselstrom

Impulslöschung

Die Impulslöschung verwendet eine große Luftspule mit vielen Windungen, die den Bandwickel aufnimmt. Über sie wird ein Hochspannungskondensator entladen (Abb. 42). Die Schwingkreisgüte aus beiden liegt bei 15 bis 30, so daß eine abklingende Schwingung aus etwa 30 bis 60 Perioden entsteht. Im ungarischen Rundfunk wurde ein Gerät mit den folgenden Daten entwickelt: Induktivität 0,2 H, Kapazität 10 μF, Gütefaktor 20,6, Ladespannung 5,3 kV. Die Resonanzfrequenz beträgt etwa 115 Hz, die Ladezeit 25 bis 50 Sekunden. Der Vorteil derartiger Geräte liegt in der leichten Bedienbarkeit, ihr Nachteil im hohen Aufwand. In der Löschdämpfung ist kein Vorteil gegenüber anderen Geräten und Anordnungen nachzuweisen.

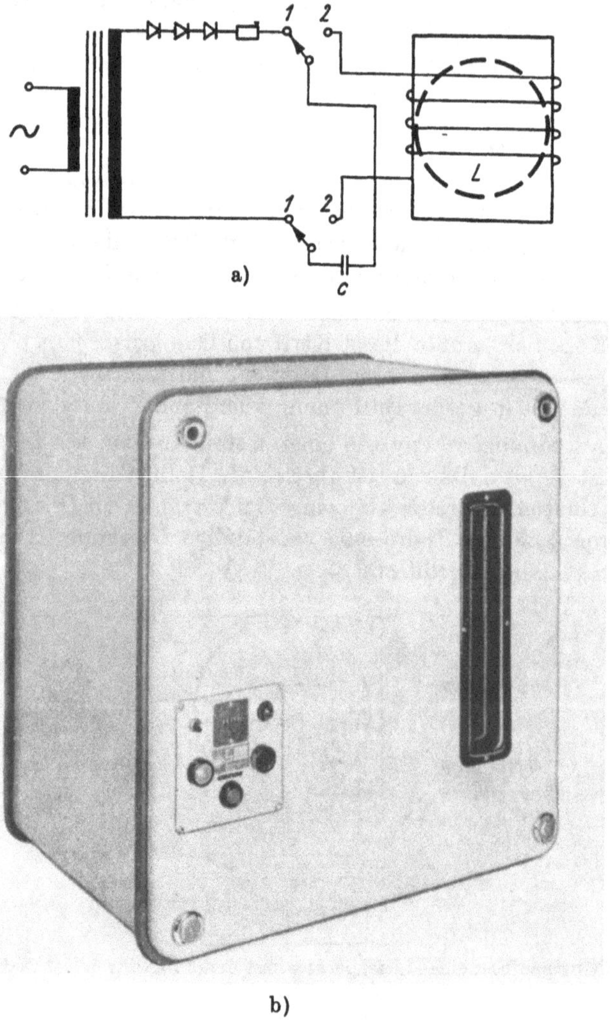

Abb. 42. a) Prinzipschaltung eines Impulslöschgerätes; b) Foto des Bandlöschgerätes EMT 204

4.8. Mehrspurköpfe

Bei vielen Anwendungen der Magnetspeichertechnik ist es notwendig, mehrere Signale gleichzeitig und zueinander zeitlich korreliert zu speichern [55], [56]. Prinzipiell sind hierzu zwei Möglichkeiten vorhanden: die Verschachtelung der Signale mittels verschiedener Modulationssysteme oder die parallele Aufzeichnung in mehreren gleichberechtigten Spuren.

Der zweite Weg ist für die Magnetspeichertechnik besonders vorteilhaft, da mit ihm gleichzeitig die Kanalkapazität des Verfahrens steigt [57] (vgl. Abschn. 1.4.6.). Nachteilig ist dagegen der große technische Aufwand infolge der vielen Magnetköpfe und Verstärker, die zusätzlich sehr gleichartige Eigenschaften besitzen müssen.

Solange die Köpfe gleichzeitig für die Aufzeichnung und Wiedergabe verwendet werden, sich nicht abnutzen und der Informationsträger nicht ausgetauscht zu werden braucht, lassen sich die Köpfe zu diesem Zweck aussuchen. Ein derartiger Fall liegt z. B. bei Trommelspeichern vor. Sobald hier aber auch nur ein Kopf ausgetauscht und die alte Aufzeichnung weiter verwendet werden muß, ist der neue Kopf extrem sorgfältig einzujustieren.

Weitaus komplizierter wird es, wenn der Informationsträger, wie beim Magnetband oder Magnetfilm, einschließlich seiner Aufzeichnung auch auf anderen Geräten verwendet werden soll. Dann müssen nämlich die Aufzeichnungen mit derartig exakt definierter Spaltlage erfolgen, daß die Justage vieler einzelner Köpfe nahezu unmöglich ist. Außerdem ist ein örtlicher Versatz der Magnetköpfe in der Bewegungsrichtung des Informationsträgers kaum anwendbar. Dann genügen bereits Zugkraftänderungen von nur 1%, um infolge der Dehnung des Bandes oder Filmes große Zeitfehler entstehen zu lassen. Eine Anordnung einzelner Magnetköpfe übereinander, so daß die Spalte eine Gerade bilden, führt, da die Spalt- und Kopfhöhe sehr unterschiedlich ist, zu schlechter Ausnutzung der Fläche des Informationsträgers. Aus den genannten Gründen sind für die parallele Aufzeichnung vieler Signale spezielle Vielspurköpfe entwickelt worden. Sie enthalten mehrere übereinander angeordnete Systeme. Die Spulen und Abschirmungen sind so angeordnet, daß der Informationsträger möglichst gut ausgenutzt wird.

4.8.1. Technologische Probleme

Beim Mehrspurkopf kommt es vor allem darauf an, daß die Spalte möglichst genau auf einer Geraden liegen. Die meisten Anwendungen der Digital- und Analogspeicherung fordern noch zusätzlich enge Toleranzen für die Lage der Spalte gegenüber der Spiegelebene und Grundfläche des Kopfes. Solche Köpfe sollen nämlich ohne Nachjustage austauschbar sein. Obwohl die einzelnen Magnetsysteme möglichst dicht beieinander liegen sollen, dürfen sie sich nur minimal beeinflussen. Zwischen ihnen sind dazu Abschirmungen anzubringen (vgl. Band 5).

Für die bereits vor einigen Jahren erreichbare Größenordnung der Toleranzen seien die Daten des Kopfaufbaues Ampex FR 600 (Abb. 43) mitgeteilt. Die in Zoll angegebenen Zahlenwerte wurden auf sinnvolle Werte in mm abgerundet. Der Aufbau ist für ein Magnetband von 25,4 mm Breite (1 Zoll) vorgesehen und zeichnet 14 Signalspuren mit einer Spurhöhe von 1,27 mm auf. Für jeweils alle geradzahligen und ungeradzahligen Spuren ist ein Teilkopf des Aufbaues vorgesehen. Der Spaltabstand zwischen den Teilköpfen beträgt 38,1 mm $\pm$ 25 μm.

Mit jedem Teilkopf sind sieben Signale und eine Hilfsspur aufzuzeichnen. Als Aufzeichnungsanordnung werden Spaltweiten von 13 μm und als Wiedergabeanordnung von 2 μm angewendet. Die Toleranz für die Lage der Spalte bleibt dabei unter 2,5 μm, ihre Abweichung in der Richtung senkrecht zur Grundplatte unter einer Winkelminute. Die Spiegelfläche weicht nicht mehr als 8 Winkel-

Abb. 43. Kopfaufbau Ampex FR 600

minuten gegenüber der Senkrechten zur Grundplatte ab. Die Abweichung der Spaltlagen können heute auf etwa 1 μm und die Abweichung gegenüber der Senkrechten zur Grundspalte auf etwa ± 1/2 Winkelminute reduziert werden. Im allgemeinen verliert die Anordnung mit versetzten Spuren an Bedeutung. Es wird immer mehr versucht, alle Systeme in einem Magnetkopf unterzubringen.

Die mitgeteilten Toleranzen sind nur durch spezielle Fertigungsmethoden erreichbar. Sie beruhen im wesentlichen darauf, daß alle Halbkerne gleichzeitig bearbeitet werden (vgl. Abb. 21, 4.3. und [22]). Dennoch verbleiben die genann-

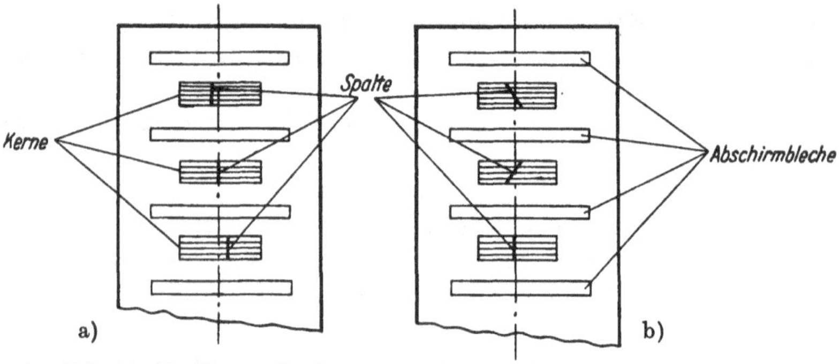

Abb. 44. Zur Veranschaulichung der Spaltfehler a) Fehler der Spaltlage; b) Fehler der Spaltrichtung der einzelnen Systeme

ten Restfehler. Für die Spaltlagen sind sie schematisch, wenn auch stark übertrieben, in Abb. 44 dargestellt. Je mehr Systeme in einem Magnetkopf unterzubringen sind und je größer die zu bearbeitende Fläche (Breite des Magnetbandes) ist, um so schwieriger sind bestimmte Toleranzen einzuhalten.

4.8.2. Einfache Fehler bei der Speicherung

Zeitfehler

Die einzelnen Signale der Aufzeichnung müssen häufig zeitlich genau korrelieren. Deshalb ist jede Abweichung störend. Derartige Zeitfehler entstehen auf zweierlei Art: einmal infolge der abweichenden Spaltlagen beim Mehrspurkopf (Abb. 44a) und zum anderen durch die mangelhafte Führung des Magnetbandes (Abb. 45). Eine derartige Verkantung tritt aus vielerlei Gründen auf und ist daher prinzipiell unvermeidbar. Es seien nur das einseitig gedehnte Band oder die säbelförmige Schnittkante erwähnt.

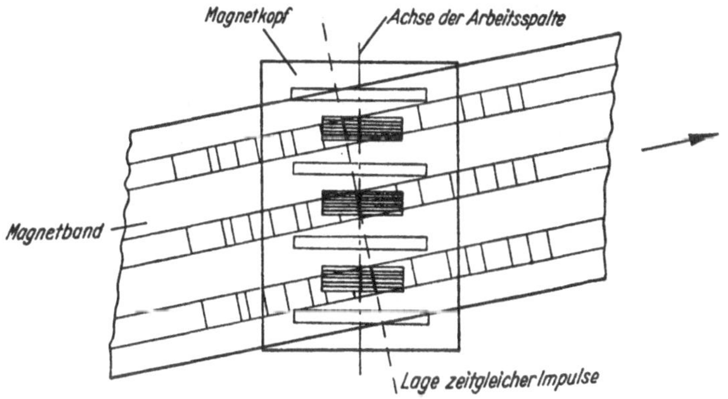

Abb. 45. Zum Zeitfehler bei mangelhafter Führung des Magnetbandes

Empfindlichkeit

Die Empfindlichkeit eines Kopfes wird wesentlich durch die Spalttiefe festgelegt. Beim einzelnen Kopf wird sie durch Abgleich mit indirekten Messungen eingestellt Bei einem Vielspurkopf ergibt diese Methode nur einen Mittelwert für alle Sysssteme. Für die einzelnen Systeme treten daher meist größere Streuungen in der Empfindlichkeit auf. Ein Ausgleich ist allerdings relativ einfach bei den Verstärkern möglich.

Frequenzgang

Ähnliche Einflüsse sind auch für Streuungen im Frequenzgang verantwortlich zu machen. Hierfür ist hauptsächlich die Spaltweite bei der Wiedergabe und die ablaufende Spaltkante bei der Aufzeichnung wichtig. Auch der optimale Vormagnetisierungsstrom wird bei jedem System etwas anders sein. Diese Einflüsse sind mit den Verstärkern schwieriger zu korrigieren.

Amplitudenschwankungen

Bei einer großen Fläche ist es schwierig, den Kopfkontakt überall gleich gut zu halten. Durch mechanische Inhomogenitäten im Band und schwankende Führung wird er ständig zwischen den Systemen variieren. Als Folge treten bei der Vielspuraufzeichnung verstärkte Amplitudenschwankungen auf. Sie werden weiter durch die relativ schmalen Spuren verstärkt. Es genügt nämlich eine geringe Verschiebung des Bandes in Spaltrichtung für eine beträchtliche Verringerung der wiedergegebenen Spurhöhe. Schließlich sei für die hohen Frequenzen noch die schon beim Zeitfehler besprochene Winkelschwankung des Magnetbandes genannt.

4.8.3. Nebenspureinfluß

Im Magnetkopf kann ein Signal von einem zum anderen System durch magnetische oder kapazitive Kopplung gelangen. Die kapazitive Kopplung ist örtlich auf die Spulen und Zuleitungen beschränkt. Die magnetische Kopplung wird hauptsächlich durch die auf einer Geraden liegenden Arbeitsspalte bewirkt. Beide Einflüsse sind durch Abschirmungen zu mindern. Dabei ist die kapazitive Kopplung leichter als die magnetische zu beseitigen. Für hohe Anforderungen und sofern genügend Platz zur Verfügung steht, werden mehrschichtige magnetische und elektrische Abschirmungen benutzt (z. B. Kupfer- und Permalloy-Platten). Bei sehr geringem Platz muß zumindest eine magnetische Abschirmung übrig bleiben. Sie wird im Durchmesser stets größer als der magnetische Kreis gewählt [58]. Die Abschirmbleche dürfen nicht geteilt werden, da sonst die Trennfuge selbst einem Arbeitsspalt entspricht. Dies bereitet bei dem Zusammenbau des Kopfes aus zwei Halbschalen gewisse Schwierigkeiten. Zuweilen wird auch versucht, den Nebenspureinfluß im Magnetkopf zu kompensieren (Abb. 46 [59]). Hierzu dienen einstellbare Permalloy-Streifen, die eine gegenphasig einstellbare Kopplung ermöglichen.

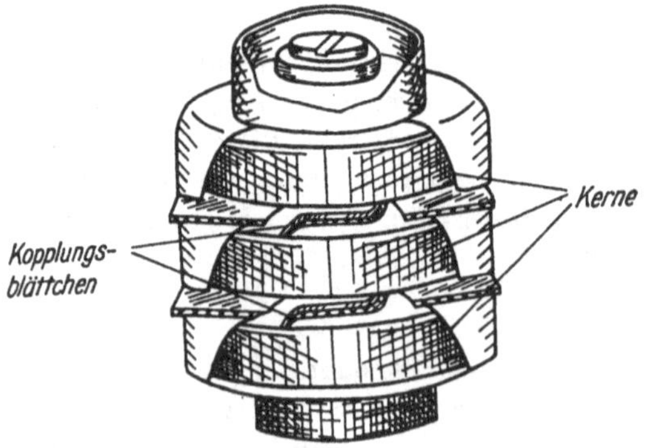

Abb. 46. Anordnung von Kopplungsblättchen zur Kompensation des Nebenspureinflusses

Einfluß des Informationsträgers

Vom Informationsträger kann ein Nebenspureinfluß auf dreierlei Art herrühren:

Sobald die aufgezeichnete Wellenlänge mindestens die Größenordnung der Spurhöhe erreicht, ist auch bei idealer Aufzeichnung ein beträchtliches Streufeld außerhalb der Spur vorhanden. Dieses Streufeld wird von benachbarten Spuren wiedergegeben. Dieser Effekt wird also vor allem bei tiefen Frequenzen und sehr schmalen dichten Spuren unvermeidbar sein. Durch die Abschirmung zwischen zwei Systemen kann er beträchlich gemindert werden. Die Abschirmung begrenzt dieses Streufeld. Abb. 47 demonstriert, daß dies nicht für Kopfanordnungen mit versetzten Spuren gilt.

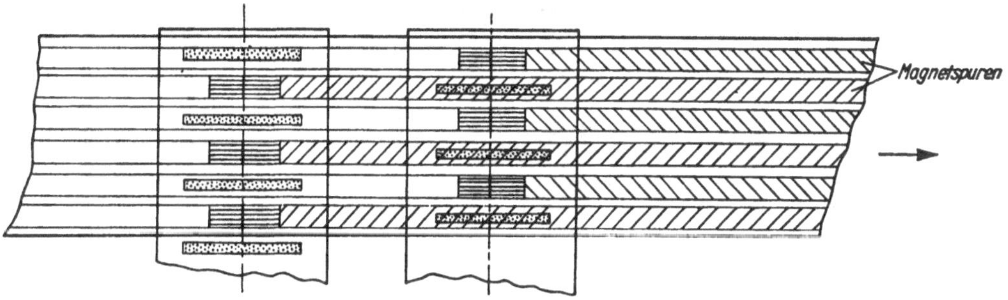

Abb. 47. Lage von Magnetsystemen und Abschirmungen bei Magnetkopfanordnungen mit versetzten Spuren. Die Abschirmungen bleiben hierbei gegenüber dem Streufeld der benachbarten Spur unwirksam

Auch das Streufeld des Aufzeichnungskopfes führt an seinen Kanten zu einer nicht scharfen Begrenzung der Spur. Dieser Effekt ist berechenbar, aber meßtechnisch von dem ersten schwer zu trennen und führt zu einer etwas verbreiterten Spur [60].

Durch ein starkes Signal, z. B. die Vormagnetisierung, können unter Umständen indirekt durch Empfindlichkeitssteigung die benachbarten Spuren in ihrer Aufzeichnung gestört werden.

Einige Meßergebnisse

Da insgesamt der Nebenspureinfluß recht kompliziert zusammengesetzt ist, soll er durch Diskussion einiger Meßergebnisse erläutert werden. Für die Untersuchungen wurde eine Spur der Höhe h_s aufgezeichnet, die schmaler als der Informationsträger ist. Der Wiedergabekopf konnte ihr gegenüber um definierte Beträge z in mm verschoben werden [61], [62]. Die Größe der dabei auftretenden relativen Wiedergabespannungen mit der Wellenlänge als Parameter zeigt Abb. 48. Für eine scharf begrenzte Magnetisierung und ein scharf begrenztes Feld des Magnetkopfes müßte die Spannung wie $(h_s - z)/h_s$ abnehmen. Diesen Verlauf zeigt die gestrichelte Linie. Sie ist näherungsweise für sehr kurze Wellenlängen erfüllt. Bei größeren Wellenlängen tritt eine erhebliche Verbreiterung auf.

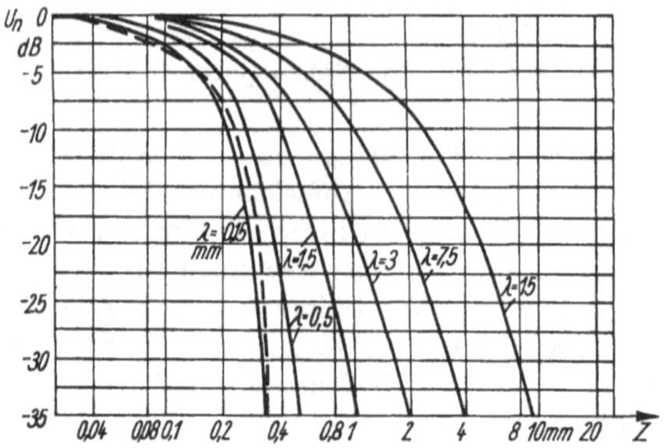

Abb. 48. Relative Wiedergabespannung beim Entfernen eines Magnetkopfes um die Strecke z von der Spur in Abhängigkeit von der aufgezeichneten Wellenlänge

Auf andere Art zeigt denselben Einfluß Abb. 49 [58]. Hier wurde der Nebenspureinfluß des Kopfes allein und über eine Aufzeichnung mit und ohne Abschirmung gemessen. Die Wirksamkeit des Abschirmbleches gegenüber dem Streufeld der Aufzeichnung ist bei tiefen Frequenzen deutlich zu erkennen.

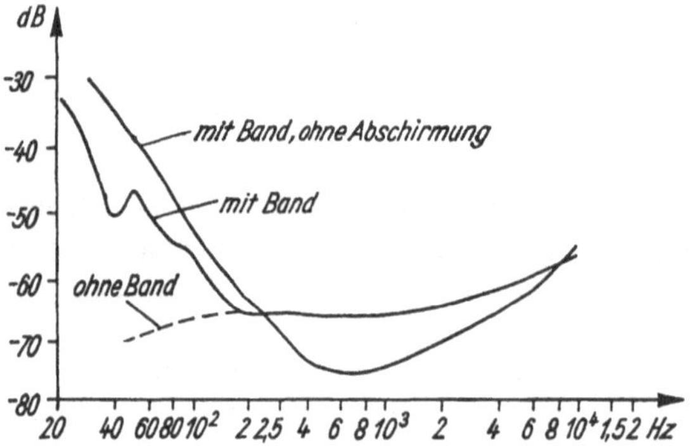

Abb. 49. Nebenspureinfluß eines Zweispur-Magnetkopfes in Abhängigkeit von der Frequenz

Allgemeines

Insgesamt sind die einzelnen Arten des Nebenspureinflusses sehr kompliziert verwoben. Sie wirken durch ihre Frequenz- und Wellenlängenabhängigkeit so ineinander, daß die Endwirkung kaum vorausberechenbar sein dürfte. Praktisch zeigt sich dies darin, daß der Nebenspureinfluß durchaus nicht auf die benachbarten Systeme am stärksten sein muß. Auch ein Reziprozitätsgesetz scheint nicht zu bestehen. Aus diesen Gründen muß der Nebenspureinfluß stets von einem System gegenüber allen anderen gemessen werden. Die in [55] behandelte Kompensation ist deshalb nur in ganz speziellen Fällen, z. B. bei großem Spurabstand, sinnvoll. Abschließend seien die praktischen erreichbaren Nebenspureinflüsse zusammengestellt [55]. Sie sind auf die Anzahl der Spuren für ein Magnetband der Breite 25,4 mm (1 Zoll) bezogen

7... 8 Spuren	60 dB
13...14 Spuren	40...50 dB
15...20 Spuren	25...35 dB.

4.8.4. Magnetkopf mit gekreuzten Spalten

Auch in nur einer Magnetspur können zwei unabhängige Informationen gespeichert werden. Hierzu müssen die beiden Arbeitsspalte senkrecht zueinander

Abb. 50. Versuchskopf mit zwei zueinander senkrechten Arbeitsspalten

stehen und um etwa 45° gegenüber der Bandlängsrichtung geneigt sein. LATHAM hat dazu einen Magnetkopf aufgebaut, den Abb. 50 zeigt [63]. Der Nebenspureinfluß liegt nach der Meßkurve (Abb. 51) in derselben Größenordnung wie

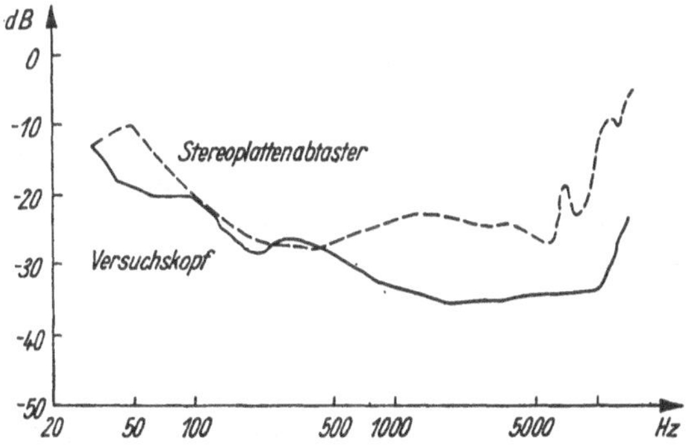

Abb. 51. Nebenspureinfluß des Versuchskopfes von Bild 50, verglichen mit der Übersprechdämpfung eines Stereo-Plattenabtasters

bei Stereoplattenabtastern. Sehr nachteilig ist der komplizierte Aufbau dieser Köpfe und ihre schwierige Justage. Vorteilhaft ist die doppelte Ausnutzung des Informationsträgers.

4.9. Flußempfindliche Wiedergabeköpfe

4.9.1. Allgemeines

Arbeitsgeschwindigkeit

Die möglichen Prinzipien flußempfindlicher Wiedergabeköpfe zeigte bereits Abb. 1. Im Gegensatz zu den induktiven Köpfen ist ihr Ausgangssignal dem remanenten Fluß direkt proportional. Hierdurch ist die Wiedergabegeschwindigkeit für die Größe des Signals ohne nennenswerten Einfluß. Insbesondere kann dadurch eine Aufzeichnung sehr langsam, ja sogar statisch wiedergegeben werden.

Frequenzeinfluß

Bei den flußempfindlichen Köpfen besitzt die Frequenz des Wiedergabesignals nur einen sehr mittelbaren Einfluß auf die Signalgröße. Der Frequenzgang ist also im wesentlichen linear, so daß meist keine Frequenzgangentzerrung erforderlich ist. Erst bei relativ hohen Frequenzen (großen Geschwindigkeiten) können die Wirbelstrom- und Hysteresisverluste des Eisenkreises sowie die Kopfimpedanz Einfluß erlangen. Diese Verluste lassen sich aber prinzipiell unabhängig von der Wiedergabegeschwindigkeit entzerren und besitzen außerdem noch Minimalphasenverhalten. Eine funktionsbedingte Frequenzgrenze gibt es bei Magnetköpfen, die mit Trägerfrequenz betrieben werden. Hierzu gehören die Magnetköpfe nach dem Oberwellensondenprinzip.

Wellenlängeneinfluß

Größere Bedeutung für die flußempfindlichen Wiedergabeköpfe haben die wellenlängenabhängigen Verluste. Hierunter fallen vor allem die Anteile, die mittels des Westmijzeschen Theorems bestimmt werden, also Spalt- und Spiegelverluste. Es gehören dazu aber auch der Flußverlauf des Informationsträgers und die Abstandsdämpfung. Obwohl die flußempfindlichen Köpfe bei statischer Wiedergabe Gleichwerte erzeugen, können sie hierdurch nicht immer Gleichwerte des Informationsträgers, d. h. unendliche Wellenlängen, wiedergeben. Zu diesem Zweck haben die Quer- und Transversalmagnetisierung wieder Bedeutung erlangt, und zwar obwohl sie bei kurzen Wellenlängen wesentlich ungünstiger als die Längsmagnetisierung sind.

Vergleich mit modulierten Verfahren

Die flußempfindlichen Magnetköpfe haben vor allem für die Wiedergabe tiefer Frequenzen Bedeutung. Hierbei treten sie aber in Konkurrenz mit den modulierten Aufzeichnungen der Magnetspeichertechnik. Ein Beispiel aus der Literatur mag dies erläutern [64]:

Tabelle 8

Eigenschaften von flußempfindlichen Köpfen im Vergleich mit der modulierten Aufzeichnung

		λ_{max} mm	Haupteinfluß auf kurze Wellenlänge	Kürzeste Signalwellenlänge µm	Meßgenauigkeit in %	Meßgenauigkeit als g	Dynamik dB	Amplitudenstufen	Zweierschr.	C^+ bit/mm	Geschwindigkeitseinfluß auf das Signal	Phasenfehler im Signal	Aufwandfaktor
Induktiver Kopf mit Längsaufzeichnung		1...10	Flußverlauf Spaltweite	3...10	10	2	60	30	5	1200	mittel	stark	5
Flußempfindliche Magnetköpfe mit	Längsaufzeichnung	1...10	Flußverlauf Spaltweite	3...10	10	2	40	20	4,3	700	vernachlässigbar	mittel	9
	Queraufzeichnung	∞	Banddicke	20...70	10	2	40	20	4,3	100	vernachlässigbar	gering	9
	Transversalaufzg.	∞	Spurhöhe	100...500	10	2	40	20	4,3	20	vernachlässigbar	gering	9
			Bandbreitenausnutzung										
Induktiver Magnetkopf mit Längsaufzeichnung und	Amplitudenmodulation	∞	0,4...0,5	6...25	10	2	50	25	4,7	500	mittel	mittel	7
	Frequenzmodulation	∞	0,3...0,05	10...200	2...5	0,4	35	100	7	250	stark	vernachlässigbar	8—10
	Pulsdauermodulation	∞	0,05...0,005	60...2000	0,1...2,0	—	50	300	8,5	20	sehr wenig	vernachlässigbar	9—15
	digitaler Verschlüsselung	∞	$10^{-2}...10^{-4}$	$300...10^{5}$	10^{-2}	—	80	10^{4}	13	10	wenig	vernachlässigbar	20—50

Über lange Zeit sollen Frequenzen von 0 bis 10 Hz gespeichert werden. Die Entscheidung fiel dabei auf ein Vicalloy-Metallband und Quermagnetisierung mit flußempfindlichem Wiedergabekopf und 0,7 mm/s Transportgeschwindigkeit. Durch die Vormagnetisierung war die Empfindlichkeit soweit zu steigern, daß der Schwingungsaufnehmer unmittelbar, also ohne Verstärkung, den Aufzeichnungskopf aussteuert. Bei induktiven Magnetköpfen hätten 100 Hz Trägerfrequenz angewendet werden müssen. Dabei wäre die Wellenlänge von 7 μm noch gerade wiedergebbar gewesen, aber der technische Aufwand für die Aufzeichnung und Wiedergabe hätte in diesem Fall größer sein müssen.

Allgemeine Auskunft gibt hierzu Tabelle 8 [65]. Bezüglich Speicherdichte und Aufwand liegt danach die Amplituden- und Frequenzmodulation günstiger als die flußempfindlichen Magnetköpfe mit Transversal- und Quermagnetisierung. Wird dagegen die Änderung der Bandgeschwindigkeit als wesentlich betrachtet, so kann mit den flußempfindlichen Köpfen nur die Pulsdauermodulation und die digitale Aufzeichnung konkurrieren. Beide ergeben eine höhere Genauigkeit, sind aber in Aufwand und Speicherdichte ungünstiger. Für eine statische Wiedergabe (Bewegung gegen Null) bleiben bereits vom Prinzip her nur die flußempfindlichen Köpfe anwendbar. Ihr allgemeiner Nachteil ist die geringe Genauigkeit. Ein allgemeiner Vorteil der modulierten Verfahren ist ihre größere Anpassungsfähigkeit.

Allgemeine Vorteile

Die Zusammenstellung der Tabelle 8 zeigt deutlich die spezifischen Eigenschaften der flußempfindlichen Köpfe für tiefe Frequenzen und erklärt daraus ihren relativ geringen Anwendungsbereich. Es gibt aber noch Anwendungen, die nicht betont bei tiefen Frequenzen liegen. Dort gelten dann etwas abweichende Gesetzmäßigkeiten. Auch dies sei mit Beispielen belegt:

Infolge des vernachlässigbaren Geschwindigkeitseinflusses sind mit flußempfindlichen Köpfen sehr große Geschwindigkeitsverhältnisse überbrückbar. Bei induktiven Köpfen könnte das zugehörige Spannungsverhältnis (ω-Gang) kein Verstärker verarbeiten. Für einen Ausgleichsvorgang, der Komponenten bis 4 MHz enthielt, gelang es, die Schwingung unmittelbar 1:40000 zu transponieren und dann mit einem Flüssigkeits-Pegelschreiber aufzuzeichnen [66]. Ähnliche Probleme sind oft bei Digitalspeichern vorhanden, um die unterschiedlichen Geschwindigkeiten der Rechenautomaten und Drucker aneinander anzupassen [29].

Durch die Anwendung von abgelenkten Elektronenstrahlen für flußempfindliche Köpfe ist schließlich noch eine Tendenz in Richtung sehr kleiner Wellenlängen und zur kontaktlosen Wiedergabe zu erkennen.

4.9.2. Sondenköpfe

Wirkungsweise

Entsprechend Gl. (16) und (18) gilt für den Fluß des magnetisierbaren Informationsträgers Φ_b und den des Kopfkernes Φ_m mit dem Wirkungsgrad η_m die Beziehung

$$\Phi_m = \eta_m \Phi_b = \frac{\Pi_{s1}}{\Pi_m} \Phi_b . \tag{87}$$

Wird also η_m beziehungsweise Π_m periodisch geändert, so ändert sich auch periodisch der Fluß im Kern. Diese Flußänderung induziert in Spulen, die den Kern wie beim induktiven Kopf umschließen, eine Spannung. Ihre Amplitude ist dem Fluß $|\Phi_b|$, also der Aufzeichnung proportional. Das Signal ist also mittels Demodulation zu gewinnen. Deshalb werden derartige Köpfe auch Modulatorköpfe genannt. Da sich bei ihnen der magnetische Widerstand des Kernes ändert, kommt auch die Bezeichnung Reluktanzköpfe vor.

Ein sehr übersichtliches Ausführungsprinzip des Sondenkopfes zeigt Abb. 52. Der einzige Rückspalt wird durch das rotierende weichmagnetische Zahnrad periodisch kurzgeschlossen. Die zugehörige Frequenz ist durch die Motordrehzahl und die Anzahl der Zähne festgelegt. Da sie für die meisten Anwendungen zu gering und weil die Anordnung konstruktiv sehr aufwendig ist, hat dieses Prinzip nur theoretisches Interesse.

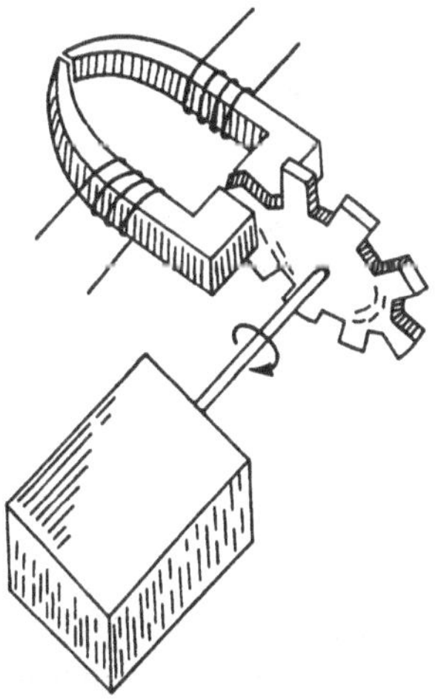

Abb. 52. Zur Funktion des Sondenkopfes

Praktisch erfolgt die Änderung des magnetischen Widerstandes ohne mechanische Bewegung, nur mittels der Krümmung der B—H-Kennlinie. Es wird dazu zumindest ein Teil des Eisenkreises periodisch so stark erregt, daß sich seine Permeabilität ändert. Die magnetischen und theoretischen Grundlagen sind u. a. ausführlich von Greiner behandelt [67] bis [71].

Aufbauprinzipien

Bei den Magnetköpfen ist zu fordern, daß die Induktion der periodischen Erregung im Eisenkreis nicht am Spalt erscheint und somit die gespeicherte Magnetisierung beeinflußt. Hierfür sind verschiedene Lösungen bekannt geworden [1], [29], [64], [66], [71] bis [79]. Dabei ergeben sich die vier Möglichkeiten von Abb. 53.

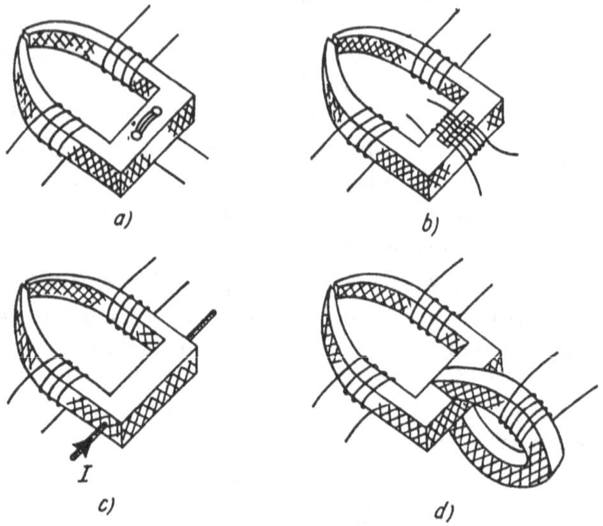

Abb. 53. Mögliche Erregungen des Sondenkopfes

In Abb. 53a und b haben Erreger- und Signalfeld im wesentlichen dieselbe Richtung. Durch die Symmetrie der Eisenkernschenkel wird der Einfluß des Erregerfeldes zum Spalt hin stark gemindert. Gleichzeitig kompensieren sich dadurch auch die vom Erregerfeld in den beiden Spulen induzierten Spannungen.

In Abb. 53c erzeugt der Strom eine zirkulare Erregung, die immer senkrecht zum Signalfeld steht. Auch in Abb. 53d stehen Signal- und Erregerfeld senkrecht aufeinander. Deshalb kann bei beiden Fällen keine Induktion des Erregerfeldes zum Spalt gelangen oder Spannungen in den Spulen induzieren.

Fluß- und Spannungsverlauf

In Abb. 54 sind zwei übersichtliche Fälle für die Vorgänge im Kernmaterial dargestellt. Entweder ändert sich die Permeabilität sprunghaft bei einer bestimmten Erregung (ausgezogene Kurve) oder sie ist proportional dem Betrag der Feldstärke (gestrichelte Kurve). Die linke Seite gilt für einen positiven und die rechte Seite für einen negativen Fluß des Informationsträgers. In beiden Fällen schwankt der Fluß Φ_m im Kern bei konstantem Bandfluß zwischen zwei Grenzwerten, zu denen offensichtlich zwei unterschiedliche Wirkungsgrade gehören. Die entstehenden Spannungen sind dem differenzierten Fluß im Kern proportional. Bei gleich großer positiver und negativer Erregung durch den

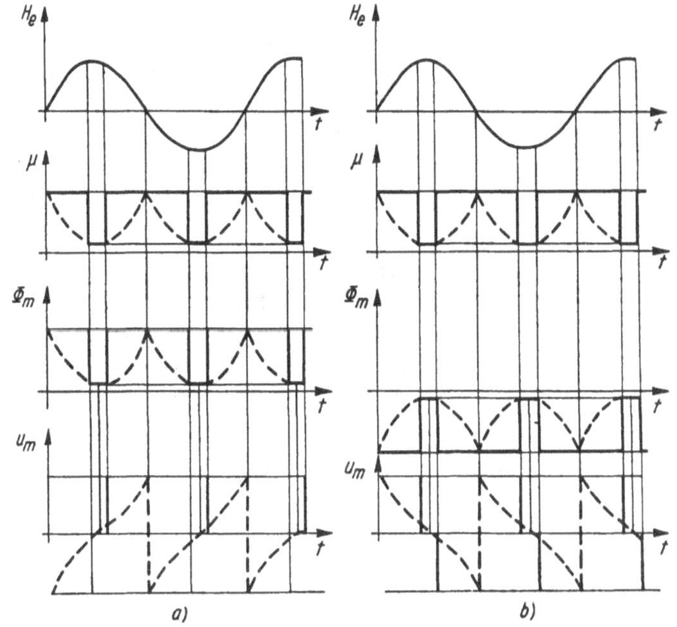

Abb. 54. Zur Funktion des Sondenkopfes. Oben Erregung, darunter Änderung der Permeabilität – unstetig ausgezogen, stetig gestrichelt. Darunter Flußverlauf im Kern und Spannung an der Wicklung links bei positivem, rechts bei negativem Fluß vom Informationsträger

Informationsträger ergeben sich ersichtlich gleich große Spannungen, jedoch mit unterschiedlicher Phasenlage. Abb. 55 zeigt Oszillogramme für positiven und negativen Fluß vom Informationsträger [75]. Oben ist das Erregersignal, in der Mitte die Spannung an den Spulen und unten der Verlauf der ausgefilterten zweiten Harmonischen gezeigt.

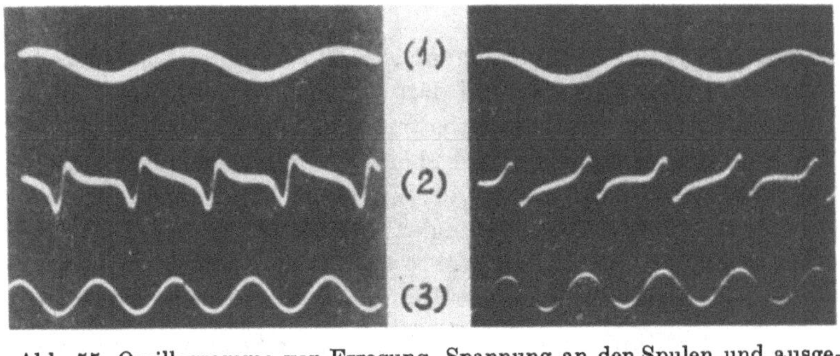

Abb. 55. Oszillogramme von Erregung, Spannung an den Spulen und ausgesiebter erster Oberwelle – rechts bei positiver, links bei negativer Erregung

Betriebsbedingungen

Bei der Anwendung des Sondenkopfes wird meist die erste Oberwelle ausgesiebt und zur Messung benutzt. Für ihre Amplitude ergibt sich ein Verlauf gemäß Abb. 56. Aus ihr kann also nur der Betrag der Magnetisierung, nicht aber ihre Polarität festgestellt werden. Für ein Wechselsignal bedeutet dies eine Gleichrichtung. Um sie zu vermeiden, gibt es zwei Wege:

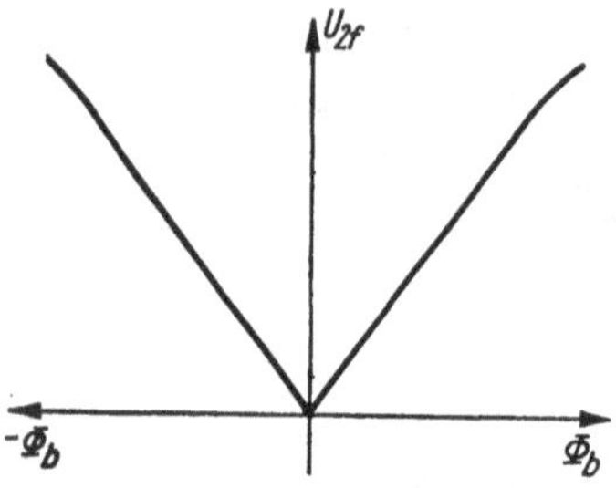

Abb. 56. Spitzenwert der Ausgangsspannung eines Sondenkopfes in Abhängigkeit vom Nutzfluß Φ_b

Mittels eines Gleichfeldes wird der Arbeitspunkt auf eine Flanke verschoben. Automatisch erfolgt dies meist durch störende Gleichfelder, die auch durch eine Abschirmung nicht vollständig zu beseitigen sind. Wird die dadurch bedingte elektrische Gleichspannung kompensiert, so besitzt der Magnetkopf eine lineare und vorzeichenrichtige Charakteristik. Prinzipiell dasselbe wird erreicht, wenn zu der Ausgangsspannung des Kopfes eine Spannung der doppelten Erregerfrequenz vor der Gleichrichtung addiert wird.

Eine bessere Lösung besteht in der phasenempfindlichen Gleichrichtung der Ausgangsspannung des Magnetkopfes. Eine Prinzipschaltung zeigt Abb. 57.

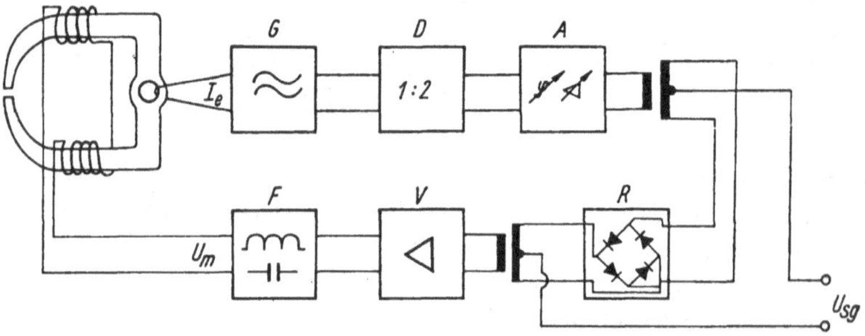

Abb. 57. Prinzipschaltung für einen Sondenkopf

Der Generator *G* erzeugt die Schwingung zur Erregung des Sondenkopfes. Sie muß extrem oberwellenarm sein und darf vor allem keine geradzahligen, insbesondere zweiten Harmonischen enthalten. Sie sollen ja erst im Magnetkopf entstehen und dann als Meßspannung über das Filter *F* dem Verstärker *V* zugeführt werden, Gleichzeitig erzeugt ein Verdoppler *D* die erste Oberwelle der Erregerfrequenz. Sie wird über den Regler *A* mit richtiger Amplitude und Phasenlage dem Ringmodulator *R* zugeführt und dient dort zur phasenempfindlichen Gleichrichtung der Ausgangsspannung des Verstärkers.

Die Erregung des Kopfes muß einen Mindestwert besitzen, damit möglichst der ganze Querschnitt des Eisens gesättigt wird. Als Beispiel für diese Verhältnisse kann Abb. 58 dienen [73]. Eine Signalsteigerung tritt auch mit der Erregerfrequenz auf. Die Grenze für den Erregerstrom und die Erregerfrequenz gibt meist die Erwärmung. Die übliche obere Erregerfrequenz liegt bei 50 bis 100 kHz.

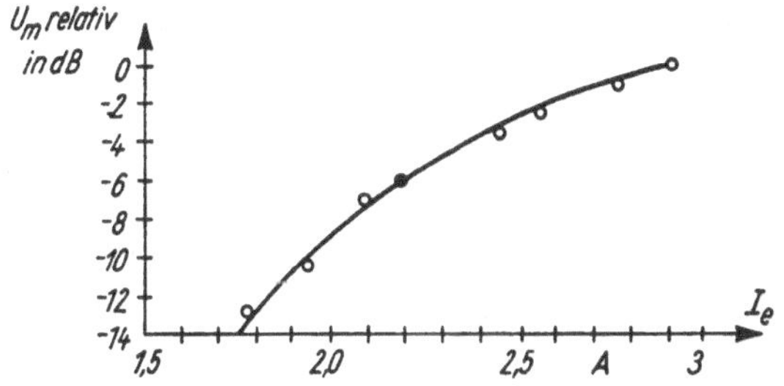

Abb. 58. Abhängigkeit der Ausgangsspannung eines Sondenkopfes von der Erregung

Magnetische Brücke

Die Wirkung der Sondenköpfe von Abb. 53a und b ist auch als magnetische Brücke erklärbar. Abb. 59a zeigt zu diesem Zweck eine etwas abgeänderte Anordnung nach Abb. 53b. Abb. 59b folgt aus einer topologischen Änderung, und Abb. 59c ist das zugehörige elektrische Ersatzschaltbild. Die magnetischen Widerstände *a* bis *f* sind zu OHMschen Widerständen, die magnetischen Erregun-

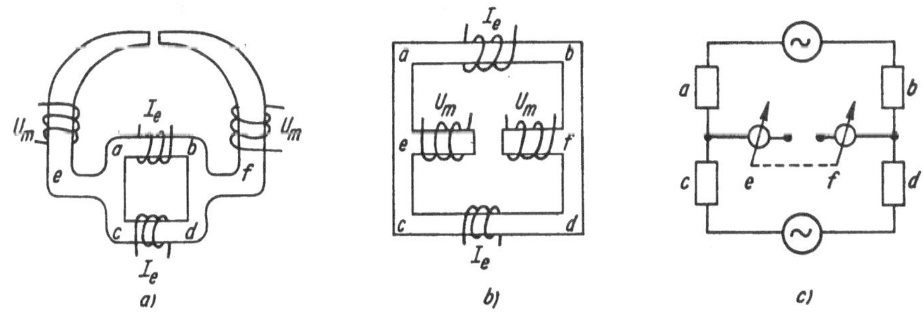

Abb. 59. Topologische Umwandlung eines Sondenkopfes a); in eine magnetische Brücke b) und deren elektrisches Ersatzschaltbild c)

gen zu Spannungsquellen geworden. Die Spannungen der Wicklungen wurden durch Meßinstrumente ersetzt. Eine magnetische Erregung im Spalt entspricht damit einer Spannungseinkopplung zwischen den beiden Instrumenten. In den nichtlinearen Widerständen *a* und *d* addiert sich dabei die Spalt- mit der Hilfserregung. In den nichtlinearen Widerständen *c* und *b* erfolgt eine Subtraktion. Beide Einflüsse verstimmen die Brücke gleichsinnig und bewirken einen Ausschlag der Meßinstrumente.

Mittels der vorangegangenen Betrachtungen kann der Sondenkopf zu einer Anordnung gemäß Abb. 60 vereinfacht werden. Es genügen also die beiden Erregerwicklungen [80].

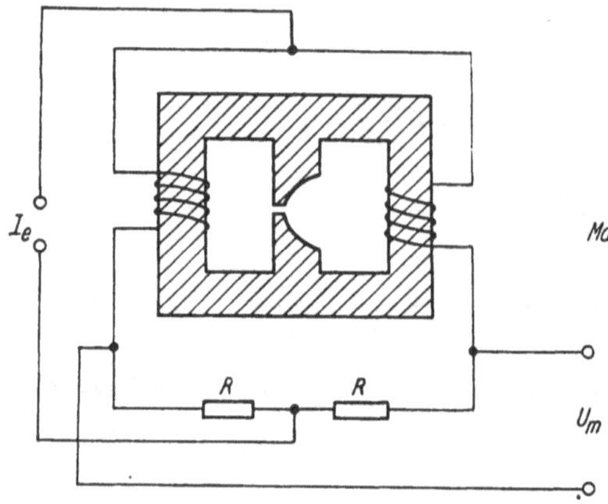

Abb. 60. Vereinfachter Betrieb eines Sondenkopfes

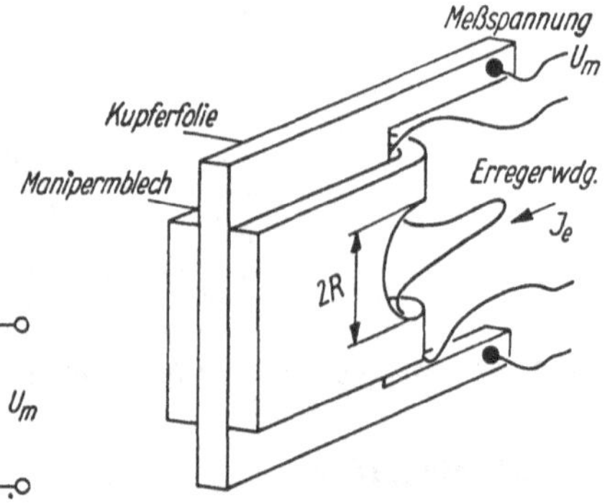

Abb. 60a. Sondenkopf, bei dem die Spalteinlage zugleich die Meßwicklung ist

Kopf für hochdichte Speicherung

Einen speziellen flußempfindlichen Magnetkopf zeigt Abb. 60a [48b]. Er stellt eine Weiterentwicklung des in 4.6.5. beschriebenen Einwindungskopfes dar und ist besonders für die hochdichte Speicherung mit schmalsten Spuren entwickelt. Er besitzt außerdem den Vorteil, daß sich seine Empfindlichkeit und seine anderen Daten kaum mit dem Abschliff ändern. Dadurch ist seine Lebensdauer sehr groß. Weiter ist seine einfache Herstellung äußerst vorteilhaft. Lediglich für die Wiedergabe großer Wellenlängen ist er infolge seines kurzen Spiegels ungeeignet.

Störabstand

In fast allen Fällen liegt der Störabstand von Oberwellensondenköpfen bei 20 bis 40 dB. Für die digitale Wiedergabe reicht dies vollkommen aus, während bei analogen Anwendungen ein größerer Störabstand vorteilhaft wäre. Aus diesem Grunde hat Willaschek theoretisch die einzelnen Einflüsse auf den Störabstand untersucht [80a]. Die theoretische Grenze entsteht dabei durch die Barkhausen-Sprünge im Material. Sie ergibt Werte um 60 dB. Die praktische Grenze wird im wesentlichen durch den Oberwellengehalt des Generators und die Symmetrie des Kopfaufbaues hervorgerufen. Auch störende Gleichfelder und ihre Schwankungen rufen unerwünschte Ausgangsspannungen hervor. Beim induktiven Magnetkopf wirken sich diese Störungen infolge des ω-Ganges nicht aus.

Mehrspuranordnungen

Die Sondenköpfe können auch vorteilhaft als Mehrspurköpfe ausgebildet werden [29], [75], [76]. Hierbei werden meist die Spulen für die Erregung in Reihe geschaltet. In gewissen Fällen kann auch eine gemeinsame Erregung der Systeme erfolgen. Ein Beispiel zeigt Abb. 61.

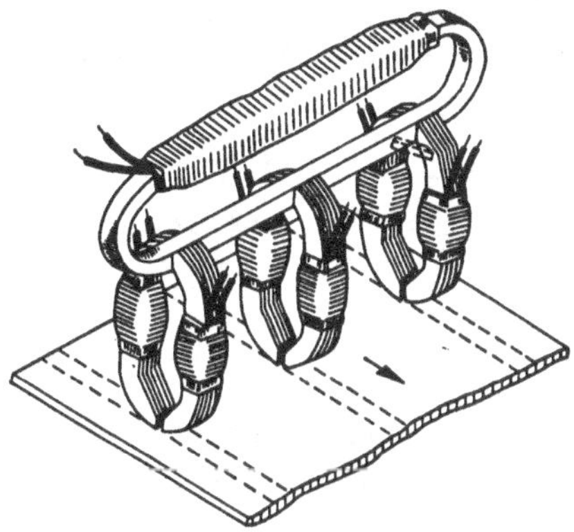

Abb. 61. Sondenkopf in Mehrspurausführung

Allgemeine Eigenschaften

Sondenköpfe besitzen eine große Ausgangsspannung. WILLASCHEK [78] gibt für eine relativ niedrige Erregerfrequenz von 10 kHz Werte von 1 und 5 μV/pWb an. Gegenüber den induktiven Köpfen (Tabelle 6) ist zu berücksichtigen, daß die Induktivität der Köpfe nur 3 und 7 mH betrug und daß die Spannung der flußempfindlichen Köpfe unabhängig von der wiedergegebenen Frequenz ist.

Nachteilig ist der große Aufwand für die verzerrungsarmen und leistungsstarken Generatoren zur Erregung sowie der große Aufwand zur Gewinnung des Signals. Vorteilhaft ist die Möglichkeit, den Sondenkopf unmittelbar zur Aufzeichnung zu benutzen.

4.9.3. HALL-Köpfe

HALL-Effekt

Wird eine Ladung q in einem magnetischen Feld der Induktion $\mathfrak{B}$ mit der Geschwindigkeit $\mathfrak{v}$ bewegt, so wirkt auf diese Ladung die LORENTZ-Kraft

$$\mathfrak{F}_l = q\,(\mathfrak{v} \times \mathfrak{B})\,. \tag{88}$$

Die Kraft steht also senkrecht auf der Richtung des Magnetfeldes und der Bewegung. Sie ist am größten, wenn auch die Bewegungsrichtung und die Richtung

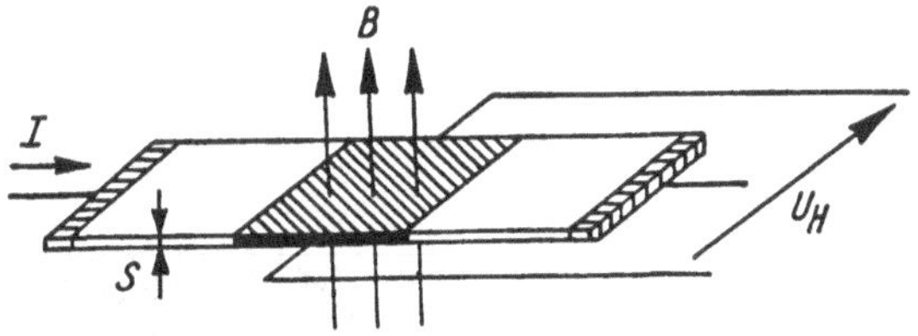

Abb. 62. HALL-Element als magneto-elektrischer Wandler

des Magnetfeldes senkrecht aufeinander stehen. Bei einer Platte entsprechend Abb. 62 mit der Dicke s entsteht dann die Spannung

$$U_H = \frac{1}{s} K_H\, I\, B\,. \tag{89}$$

Die HALL-Konstante K_H ist stark materialabhängig. Für die Anwendung des HALL-Effektes in Magnetköpfen sind große HALL-Leistung (U_H groß; R_H klein) und geringes Eigenrauschen des HALL-Materials zu fordern.

Eigenschaften von HALL-Materialien

Die HALL-Spannung steigt proportional mit dem Erregerstrom I. Wegen der maximalen Belastbarkeit eines HALL-Elementes N_g gilt

$$I_g = \sqrt{\frac{N_g}{R_I}} = \frac{K_G}{\sqrt{\varrho}}. \qquad (90)$$

Die Konstante K_G enthält dabei nur geometrische Abmessungen und die Anordnung des Elementes zur Wärmeabfuhr. Mit Gl. (89) folgt also

$$U_{Hg} = \frac{K_H}{\sqrt{\varrho}} K_{G1} B. \qquad (91)$$

Anderseits beträgt die maximal abgebbare HALL-Leistung

$$N_{Hg} = \frac{U_{Hg}^2}{R_H} = \frac{K_H^2}{\varrho} K_{G2} B^2. \qquad (92)$$

Sie ist also dem Quadrat der Ladungsträgerbeweglichkeit K_H/ϱ proportional. Am günstigsten ist das Indiumantimonid mit 6,5 m²/Vs, während selbst Germanium nur einen Wert von 0,2 m²/Vs besitzt. Das Indiumantimonid ist auch im Rauschen günstig. Ihm fehlen die sogenannten FLICKER-Komponenten völlig. Sie rufen bei anderen Halbleitern den charakterstischen Anstieg mit $1/f$ nach tiefen Frequenzen hervor.

HALL-Element im rückwärtigen Spalt

Den Aufbau von HALL-Köpfen zeigt Abb. 63 [81], [82]. Die linke Ausführung besitzt den üblichen Eisenkern und enthält das HALL-Element im rückwärtigen Spalt. Für einen guten Wirkungsgrad muß dessen magnetischer Widerstand Π_{r2} möglichst klein sein. Mit der Dicke s, der Länge l in Richtung des Erregerstromes und der Breite b in Richtung der HALL-Spannung gilt für ihn

$$\Pi_{r2} = \frac{1}{\mu_{r2}} \frac{s}{l\,b}. \qquad (93)$$

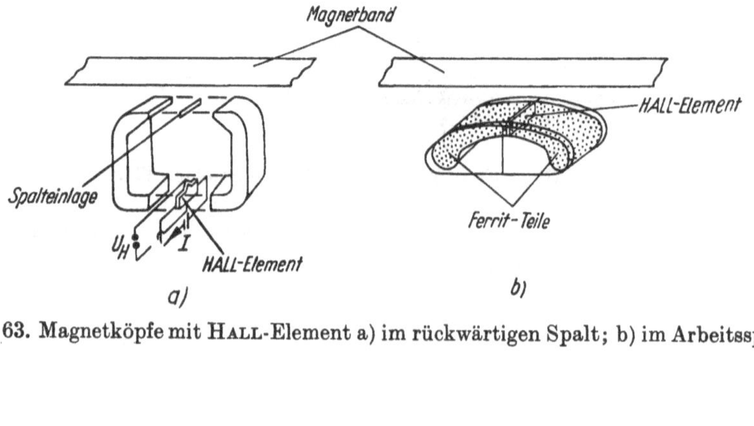

Abb. 63. Magnetköpfe mit HALL-Element a) im rückwärtigen Spalt; b) im Arbeitsspalt

Das HALL-Element sollte hiernach eine möglichst große Fläche einnehmen und sehr dünn sein. Für die Eigenschaften des gesamten Kopfes sind auch die geometrischen Einflüsse des HALL-Elementes zu berücksichtigen. Sie können analog zur Ableitung der Gl. (92) erhalten werden.

Nach den Gesetzen der Wärmeleitung ist die abgeführte Leistung etwa proportional der Oberfläche, und wegen der geringen Abmessung von s gilt

$$N_g \sim l\,b\,. \tag{94}$$

Für den Widerstand der Erregerseite folgt in guter Näherung

$$R_I \approx \frac{l}{\varrho\,b\,s}\,. \tag{95}$$

Entsprechend gilt für den Innenwiderstand der HALL-Spannungsseite

$$R_H \approx \frac{b}{\varrho\,l\,s}\,. \tag{96}$$

Die Induktion im HALL-Element hängt vom Wirkungsgrad des Kernes η_m und von der Fläche ab, auf die sich der Fluß des Kernes verteilt. Folglich gilt zumindest näherungsweise

$$B \sim \frac{\eta_m}{l\,b}\,. \tag{97}$$

Insgesamt ergibt sich daher

$$N_{Hg} \sim \frac{\eta_m^2}{l\,b\,s}\,. \tag{98}$$

Da der Wirkungsgrad mit abnehmendem magnetischen Widerstand Π_{rs} zunimmt, muß also hauptsächlich auf ein sehr dünnes HALL-Element geachtet werden.

HALL-Element als Spalteinlage

Nach Abb. 63b kann auch das HALL-Element unmittelbar in den Arbeitsspalt gelegt werden. Dabei erübrigt sich der geschlossene Eisenkreis. Lediglich zur Feldkonzentration für kurze Wellenlängen und zur Vermeidung von zu starken Spiegelverlusten bei großen Wellenlängen werden die beiden Ferritteile benötigt. Im Prinzip liegt also eine ähnliche Anordnung vor, wie sie bereits bei den digitalen Aufzeichnungsköpfen mit einer Windung (vgl. 4.6.4.) behandelt wurde. Auch in diesem Fall gilt wieder Gl. (98). Sie ist jedoch anders zu interpretieren: l ist jetzt nämlich die festliegende Spurhöhe, und der Wirkungsgrad ist kaum mehr von den geometrischen Abmessungen abhängig. Einzige frei Veränderliche ist die Spalttiefe. Sie ist für eine große Ausgangsspannung des Kopfes so klein wie möglich zu wählen. Für die Wiedergabe kurzer Wellenlängen bringt dies zumindest theoretisch beträchtliche Vorteile. Bei der Fertigung ist jedoch wegen der Kontaktierung die HALL-Element-Dicke nicht beliebig zu verringern.

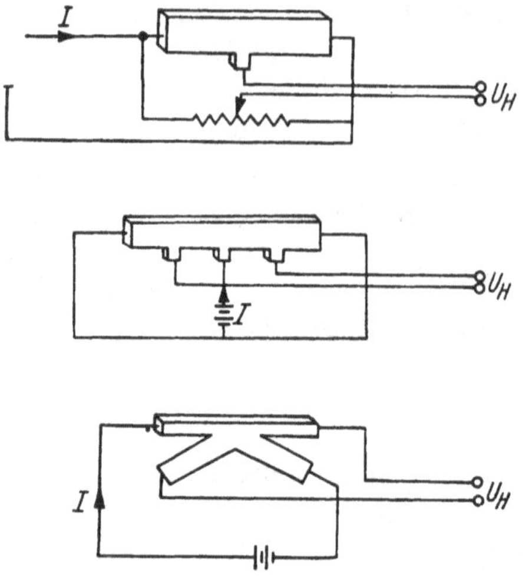

Abb. 64. Aufbau von Hall-Elementen für den Arbeitsspalt

Ein besonderes Problem dieser Kopfanordnung bereitet die Kontaktierung des Hall-Elementes an der Spaltvorderseite. Sie ist leicht dem Kopfverschleiß ausgesetzt oder muß so weit zurückgesetzt werden, daß ein erheblicher Empfindlichkeitsverlust auftritt. Camras beschreibt daher drei Anordnungen ohne vorderen Kontakt (Abb. 64). Bezüglich Rauschen und Empfindlichkeit erwies sich die *K*-förmige Ausführung am günstigsten [82]. Wenn das Hall-Element im Arbeitsspalt angeordnet ist, sind die magnetischen Eigenschaften des Materials von untergeordneter Bedeutung. Deshalb dürften derartige Köpfe auch für sehr hohe Frequenzen anwendbar sein. Der Hall-Effekt selbst existiert bis etwa 10^{10} Hz und dürfte daher niemals als Frequenzgrenze auftreten.

Kuhrt und Mitarbeiter haben bei dieser Anordnung schließlich noch bis zu etwa 1 mm herab einen vernachlässigbaren Einfluß der Spurhöhe festgestellt [81]. Sie führen dies auf zwei Effekte zurück. Beim Hall-Effekt wirkt die Induktion und nicht der magnetische Fluß. Funktionsmäßig ist außerdem nur der in Abb. 62 schraffierte Bereich zwischen den Hall-Elektroden wichtig.

Betriebsdaten

Die Kenndaten zweier serienmäßig gefertigter Hall-Köpfe enthält Tabelle 9. Ihr Wiedergabefaktor liegt in derselben Größenordnung wie bei induktiven

Tabelle 9

Daten der beiden Hall-Köpfe der Firma Siemens & Halske AG

	SBV 535	SBV 536	
Erregerstrom im Betrieb	50	50	mA
Erregerstrom maximal	75	60	mA
Hallseitiger Widerstand	25	25	Ω
Erregerseitiger Widerstand	50	50	Ω
Ohmsche Nullspannung	$\leqq 10$	$\leqq 10$	mV
Magnetisierungsrichtung	transversal	längs	
Leerlaufspannung	40	300	µV
Zugehöriger spezifischer Fluß	60	330	pWb/mm
Spurhöhe	1	1,5	mm
Spaltweite	400	15	µm
Temperaturkoeffizient	−2	−2	%/grd
Wiedergabefaktor	0,67	1,6	µV/pWb

Köpfen. Er wird jedoch mit einem 1000mal kleineren und dazu noch rein OHMschen Widerstand erreicht. Dieser Widerstand ist gleichzeitig günstig für Transistorverstärker. Der Störpegel der Köpfe wird bei einer Bandbreite von 15 kHz zu 0,16 μV angegeben. Ohne das Rauschen des Informationsträgers sind also Störabstände von besser als 60 dB erreichbar.

Für die Wiedergabe von Gleichwerten kann der niederohmige Ausgang ungünstig sein, weil eine große Gleichspannungsverstärkung schwierig stabil zu halten ist. In diesem Fall kann für die Erregung auch Wechselstrom benutzt werden. Die HALL-Spannung ist dann durch das Signal, wie bei den Sondenköpfen, moduliert. Die Stromquellen, sowohl der Gleich- als auch der Wechselstrom im letzteren Fall, müssen sehr frei von Störungen gehalten werden.

4.9.4. Köpfe mit bewegten freien Elektronen

Ablenkung schneller Elektronen

Bewegen sich Elektronen im Vakuum und wirkt auf sie ein Magnetfeld ein, so erfolgt eine Ablenkung gemäß der bei den HALL-Köpfen behandelten LORENTZ-Kraft. Dieses Prinzip wird bei Oszillographen- und Fernsehröhren angewendet, und es liegt nahe, es auf die magnetische Aufzeichnung zu übertragen. Die dazu notwendige Feldkonzentration führt zu einer Spezialanordnung, wie Abb. 65 zeigt [83], [84], [85]. Der magnetische Kreis wird großflächig mit speziellen Polen auf die Leitbleche im Innern der Spezialröhre übertragen. Sie umschließen eng den Elektronenstrahl, bis er auf die beiden Auffangbleche gelangt.

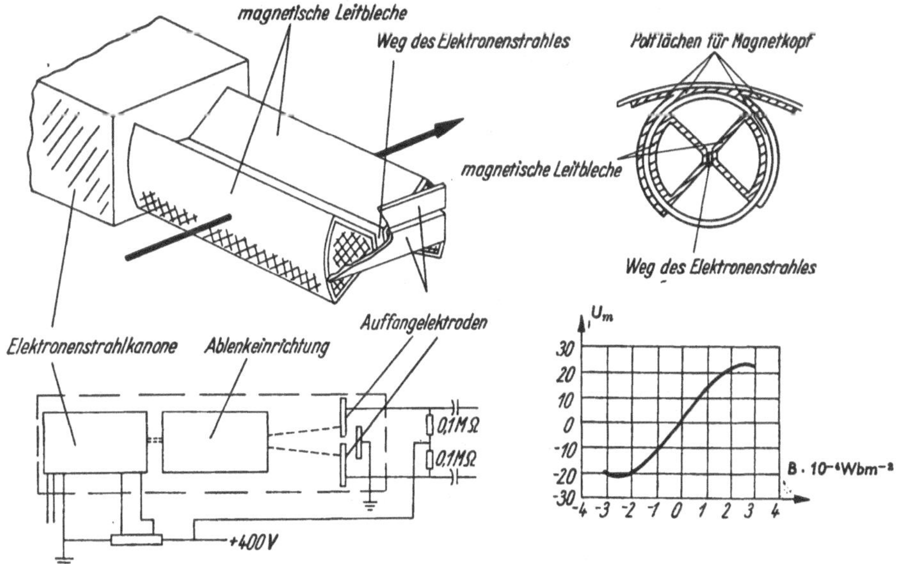

Abb. 65. Anordnung für die magnetische Ablenkung schneller Elektronen und die gemessene Kennlinie

Sie sind so justiert, daß ohne äußere Magnetisierung beide Bleche gleich viel Elektronen erhalten. Durch ein äußeres Magnetfeld wird die Verteilung gesteuert. An den beiden Arbeitswiderständen von 100 kΩ entsteht die symmetrische Ausgangsspannung. Ihr Verlauf ist auch noch für sehr große Feldstärken linear. Bei starker Aussteuerung eines Magnetbandes beträgt sie 0,2 bis 0,3 V. Der Wiedergabefaktor liegt damit bei 100 μV/pWb und ist gegenüber anderen Magnetköpfen, auch bei Berücksichtigung des hohen Innenwiderstandes, sehr groß.

Ablenkung in einer Elektronenwolke

Ein anderes Prinzip benutzt CAMRAS [86], indem er den Elektronenstrahl durch ein Gegenfeld zur Umkehr zwingt. Das Magnetfeld wirkt dabei auf die gebremsten, langsamen Elektronen ein. Durch eine zusätzlich günstige Gestaltung der Röhre entsprechend Abb. 66 gelingt es, ohne magnetische Leitbleche in der Röhre auszukommen. Obwohl die Röhre dadurch einfacher ist, bleibt der Aufwand gegenüber induktiven Köpfen noch sehr groß. Nachteilig ist immer die geringe Lebensdauer einer geheizten Röhre. Günstig ist natürlich der sehr große Frequenzbereich. Er ist nur durch die Elektronenlaufzeit begrenzt. Selbst in diesem ungünstigen Fall (Elektronenwolke) reicht er von 0 bis etwa 10 MHz.

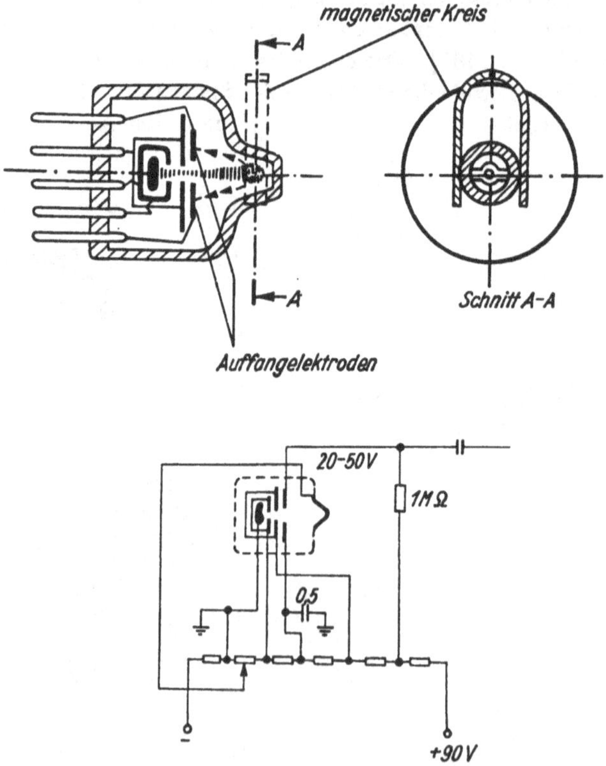

Abb. 66. Aufbau der Elektronenröhre für die Ablenkung in der Elektronenwolke

Relativ gut dürfte auch der Störabstand sein, da er nur durch das Widerstands- und Stromverteilungsrauschen bestimmt wird. Leider fehlen hierzu experimentelle Angaben.

Unmittelbare Ablenkung von Elektronen

Bei der magnetischen Videoaufzeichnung ist die hohe Arbeitsgeschwindigkeit für das Magnetband und die Magnetköpfe von Nachteil. Es erfolgt hierdurch eine starke mechanische Abnutzung. Deshalb hat sich ein größeres Kollektiv bemüht, das magnetische Streufeld der Aufzeichnung direkt zur Ablenkung von Elektronen zu benutzen [87]. Das Magnetband wird dazu ins Vakuum geführt, und senkrecht zur Spurrichtung wird ein Elektronenstrahl streifend über das Magnetband hinwegbewegt (Abb. 67). Bei einer harmonischen Magnetisierung wird die Kante des Elektronenstrahles zykloidenförmig moduliert. Auf einem Leuchtschirm kann dies sichtbar gemacht werden. Die Parameter sind

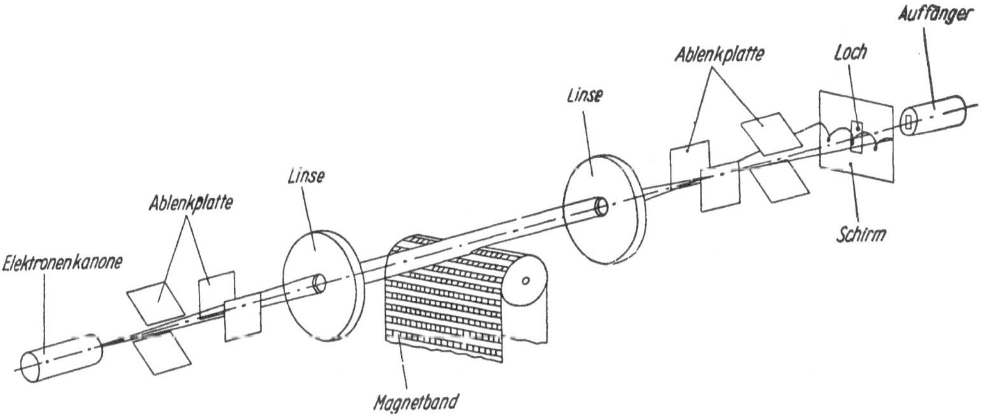

Abb. 67. Schematische Darstellung einer Anordnung zur unmittelbaren Ablenkung von Elektronenstrahlen durch die Magnetisierung eines Magnetbandes

so zu wählen, daß die Zykloiden zur Sinusform entarten, dann entsteht hinter einer Lochblende das verzerrungsfreie Signal der Magnetisierung. Aus diesem Grunde muß das Verhältnis von längster zu kürzester Wellenlänge begrenzt sein. Bei kurzen Wellenlängen setzt der Störabstand durch kleinen Modulationsgrad des Elektronenstrahles und bei großen Wellenlängen die Verzerrung durch Übergang zu den Zykloiden eine Grenze. Die Abtastung der Magnetspur erfolgt durch horizontale Bewegung des Elektronenstrahles über das Band.

Wider Erwarten zeigte sich, daß mit dieser Methode das Auflösungsvermögen nicht zu steigern ist. Bei einer Videoaufzeichnung waren ca. 25 μm mit einem Störabstand von 30 dB erreichbar.

Rasterungen der Videoaufzeichnung

Einen anderen Weg für die Videowiedergabe beschritt Camras [88]. Er ordnet in einer Röhre 250 feine magnetische Drähte an, die das Magnetband in Spurrichtung berühren und die Magnetisierung gerastert in die Röhre leiten. An ihnen wird ein Elektronenstrahl vorbeibewegt, der so die magnetische Aufzeichnung wiedergibt. Abb. 68 zeigt eine entsprechende Anordnung mit Ablenkung des Elektronenstrahles. Es wurde auch eine Anordnung versucht, bei der der Elektronenstrahl reflektiert wird. Die Qualität der Wiedergabe entsprach noch nicht den Erwartungen.

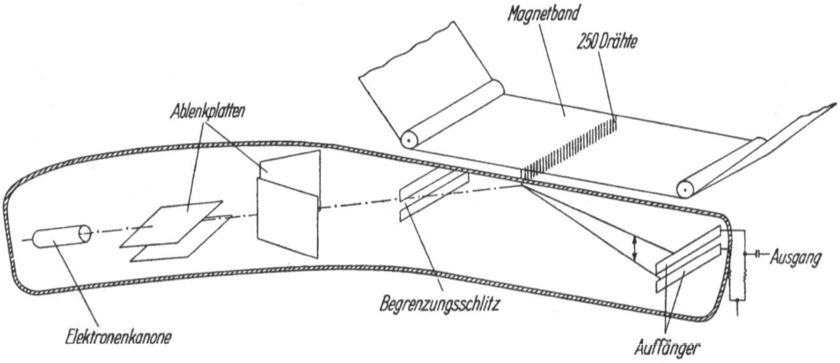

Abb. 68. Anordnung zur gerasterten Abtastung einer Videoaufzeichnung

4.9.5. Magneto-optische Wiedergabe

FARADAY-Effekt und magnetischer KERR-Effekt

Durchdringt ein linear polarisierter Lichtstrahl eine magnetisierte Substanz, so erfolgt eine Drehung seiner Polarisationsebene. Sie ist proportional der Feldstärke im Material und der Weglänge des Strahles durch das Material. Der Proportionalitätsfaktor heißt VERDETsche Konstante. Sie ist stark materialabhängig und wellenlängenabhängig. Auch bei der Reflexion eines polarisierten Lichtstrahles an der Oberfläche von magnetischen Materialien tritt eine Drehung der Polarisationsebene auf. Der erste Fall wird als FARADAY-Effekt, der letzte als magnetischer KERR-Effekt bezeichnet.

Magnetkopf mit Ausnutzung des FARADAY-Effektes

Den Aufbau eines Magnetkopfes mit Anwendung des FARADAY-Effektes hat FRIEND beschrieben [89]. Er ist in Abb. 69 dargestellt. Ein Glas mit hoher VERDETscher Konstanten befindet sich im rückwärtigen Spalt. Es wird so vom Eisenkreis umschlossen, daß ein möglichst geringer magnetischer Widerstand und trotzdem eine hohe Feldstärke im Material entsteht. Die beiden Polarisationsfilter sind nahezu gekreuzt, so daß nur ganz wenig Licht im unmagnetischen Zustand auf den SEV fällt. Je nach Magnetisierung des Bandes wird der Drehwinkel so beeinflußt, daß mehr oder weniger Licht auf den SEV fällt. Trotz des großen Aufwandes gelang nur ein Störabstand von 32 dB. Aus diesem Grunde dürfte dieser Magnetkopf kaum Bedeutung erlangen.

Direkte Wiedergabe mit magneto-optischen Effekten

Kürzlich wies MIYATA nach, daß die magneto-optischen Effekte auch direkt für die Wiedergabe von magnetischen Aufzeichnungen geeignet sind [90]. Der Lichtstrahl durchdringt die Magnetschicht auf einer Platte bzw. wird an deren Oberfläche reflektiert. Obwohl viele Ergebnisse mitgeteilt werden, kann heute

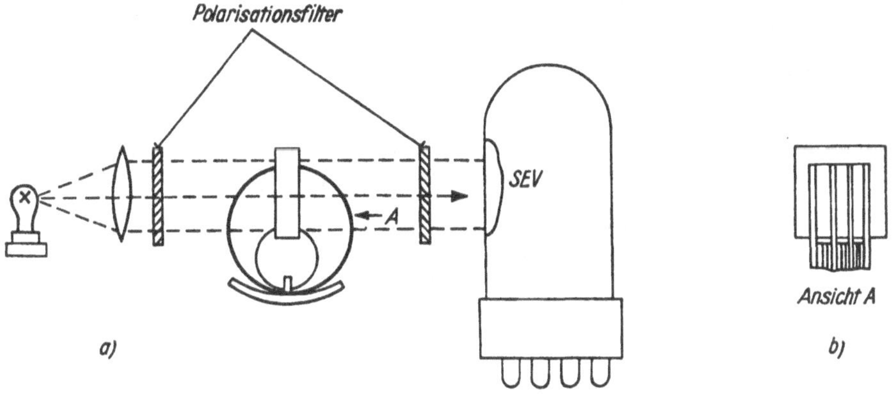

Abb. 69. Magnetkopf mit Anwendung des magnetischen FARADAY-Effektes

noch nicht die Bedeutung dieser Methode abgeschätzt werden. In einer späteren Arbeit [91] gelang es jedoch, bereits beträchtliche Speicherdichten bei digitaler Aufzeichnung wiederzugen.

In dem letzten Jahr ist dieses Gebiet so gewaltig angestiegen, daß hier für die Zukunft ein neuer Zweig der magnetischen Speicherung zu erwarten ist. Auf die vielen inzwischen erschienenen Arbeiten hier einzugehen, erscheint noch verfrüht. Es sei aber bereits auf den ersten Übersichtsartikel hingewiesen [92].

4.10. Literatur

[1] KORNEI, O.: Survey of flux-responsive magnetic reproducing heads, JASA **27** (1955), H. 5, S. 575–580.

[2] RETTINGER, M.: A magnetic record-reproduce head, JSMPTE **64** (1955), H. 10, S. 377–390.

[3] Методика испытания магнитофонов, Труды Всесоюзного Научно-Исследовательского Института Звукозаписи, Вып. 4 (1958), 48—59.

[4] LEILICH, H. O.: Technische Probleme bei der Entwicklung von Magnettrommelspeichern, Elektr. Rdschau **9** (1955), H. 10, S. 365–368.

[5] VAJDA, Z.: Magnófejek (Ung.: Magnetköpfe), Teil II: Finommechanika (Feinmechanik) **2** (1963), H. 12, S. 371–377.

[6] BOZORTH, R. M.: Ferromagnetism, D. Van Nostrand Comp., New York 1959.

[7] NEMESSZEGHY, GY.: Mágneskörök méretezése villamos analogiák alapján (Dimensionierung von Magnetkreisen auf Grund der elektrischen Analogie), Fizikai Szemle (Physikalische Rdschau) **12** (1962), H. 9, S. 286–289.

[8] SIMONYI, K.: Theoretische Elektrotechnik, 2. Aufl., VEB Deutscher Verlag der Wissenschaften, Berlin 1966.

[9] Аршинков, И.: Определяне зуговите вследствие вихрови токове в магнитние глави, Известия на Научно-Изследователския Институт по Кинематография и Радио, София 2 (1959—60), 187—196.

[10] Otto, R.: Der Einfluß metallischer Spaltfolien auf den Scheinwiderstand von Magnetköpfen, Hochfr. u. Elektroakustik **71** (1962), H. 5, S. 181–186.

[11] Rettinger, M.: Magnetic head wear investigation, JSMPTE **64** (1955), H. 4, S. 179 bis 183.

[12] Martin, M. B.: The mechanical considerations of magnetic recording heads, JBIRE **20** (1960), H. 11, S. 877–883.

[13] Egerer, K. A.: Zur Spaltherstellung bei Magnetsystemen zur Aufzeichnung und Wiedergabe von Magnetogrammen, Frequenz **8** (1954), H. 6, S. 180–182.

[14] Kornei, O.: Magnetic head has megacycle range, Electronics **29** (1956), H. 11, S. 172–174.

[15] Peters, C. J.: Fabrication of a magnetic-tape transducer by electroplating and engraving, IRE Trans. on Audio AU-**10** (1962), H. 3, S. 79–83.

[16] Altrichter, E.: Das Magnetband, VEB Verlag Technik, Berlin 1958.

[17] Duinker, S.: Durable high-resolution ferrite transducer heads employing bonding glass spacers, Philips Res. Repts **15** (1960), H. 4, S. 342–367.
Gekürzt: Kunz, C. J. Jr.: Ferrite for audio and video contact recording heads, IRE Trans. on Audio AU–**10** (1962), H. 1, S. 25–27.

[18] Handbuch Weichmagnetische Werkstoffe, Vakuumschmelze Aktiengesellschaft, Hanau 1957.

[19] Siemens Bauelemente, Band 2, Siemens&Halske Aktiengesellschaft, Wernerwerk für Bauelemente.

[20] Ferroxcube 3 und 4, magnetische und elektrische Eigenschaften, Valvo S 050 (März 1959) S. 1–18.

[21] Lucfy, C. W., und Heath, W. T.: Alloy improves magnetic recording, Electronics **28** (1955), H. 6, S. 137–139.

[22] Bogen, W.: Konstruktions- und fertigungstechnische Probleme von Magnetköpfen, radio mentor (1963), H. 2, S. 121–124.

[23] Schmidbauer, O.: Ferrite als Kernmaterial für Magnetköpfe, Funk u. Ton **8** (1954), H. 4, S. 169–173.

[24] Otto, R.: Die Magnettrommel des Siemens-Digitalrechners 2002. Entwicklungsberichte der Siemens&Halske Aktiengesellschaft **22** (Okt. 1959), Sonderheft S. 85–92.

[25] Chynoweth, W. R.: Ferrite heads for recording in the megacycle range, Tele-tech & Electronic Industries **14** (1955), H. 8, S. 82–83, 169, 171–173.

[26] Röss, E., und Moser, F.: Mangan-Zink-Ferrite mit Anfangspermeabilitäten bis über 10000, Frequenz **17** (1963), H. 3, S. 122–123.

[27] Bull, R. A.: A four-track magnetic transducer with replaceable working gaps, JSMPTE **65** (1956), H. 7, S. 373–375.

[28] Mankin, A. H.: Improving response of magnetic playback heads, Electronics **26** (1953), H. 7, S. 150–151.

[29] Edwards, D. B. G., Dunstan, E. M., and Tunis, C. J.: The design of second harmonic detector heads and their application to the reading of digital information and the measurement of low speeds of rotation, Berichte der Konferenz über magnetische Signalspeicherung auf bewegten magnetischen Medien, Akadémiai Kiadó, Budapest 1964, S. 97–134.

[30] Schüller, E.: Die Technik der Magnettongeräte, In: Winckel, F.: Technik der Magnetspeicher, Springer-Verlag, Berlin/Göttingen/Heidelberg 1960, S. 126–171.

[31] Schmidbauer, O.: Beitrag zur Analyse des Aufsprechvorganges beim HF-Magnetophon, Funk und Ton **8** (1954), H. 7, S. 341–360.

[32] Schmidbauer, O.: Vorgang der Magnetton-Aufzeichnung und -Wiedergabe, In: Winckel, F.: Technik der Magnetspeicher, Springer-Verlag, Berlin/Göttingen/Heidelberg 1960, S. 40–100.

[33] HASSELBACH, W.: Die absolute Messung der remanenten Wechselinduktion auf Magnettonbändern, Diplomarbeit an der Universität Frankfurt/Main 1949/50.

[34] DANIEL, E. D., und AXON, P. E.: Absolute Measurement in Magnetic Recording, BBC Engrg Monogr. Nr. 2 (1955).

[35] SCHWARTZ, R., WILPON, S., und COMERCI, F. A.: Absolute measurement of signal strength on magnetic recordings, JSMPTE **64** (1955), H. 1, S. 1–5; Part II: JSMPTE **66** (1957), H. 3, S. 119–122.

[36] COMERCI, F. A.: Absolute measurements of magnetic surface induction, IRE Trans. on Audio AU-10 (1962), H. 3, S. 64–69.

[37] ALTRICHTER, E.: Magnetband und Wandler als Störquellen im Magnetton-Wiedergabekanal, BRF Techn. Mitt. **2**, (1958), H. 3, S. 55–59.

[38] VAJDA, Z.: Equalization and noise problems in the recording and replay channels, Berichte der Konferenz über die magnetische Signalspeicherung auf bewegten magnetischen Medien, Akadémiai Kiadó, Budapest 1964, S. 405–418.

[39] DOMSCH, G. H.: Die Abschirmung magnetischer Felder in der Nachrichtentechnik, VEB Verlag Technik, Berlin 1955.

[40] HOAGLAND, A. S.: Magnetic recording theory: head design, Trans. of AIEE, Pt. I. **75** (1956), H. 11, S. 506–512.

[41] ELDRIDGE, D. F.: Magnetic recording and reproduction of pulses. IRE Trans. on Audio AU-8 (1960), H. 2, S. 45–47.

[42] MULLIGAN, J. H.: A figure of merit for single-pass data recording systems, IRE Trans. on El. Comprs. EC-8 (1959), H. 1, S. 48–54.

[43] CAMRAS, M.: New magnetic recording head, J. SMPTE **58** (1952), H. 1, S. 61–66.

[44] KRONES, F.: Die Theorie des Magnetspeichers, In: WINCKEL, F.: Technik der Magnetspeicher, Springer-Verlag, Berlin/Göttingen/Heidelberg 1960, S. 381–473.

[45] GREINER, J.: Der Einfluß von Störfeldern bei der magnetischen Aufzeichnung, Proceedings 3rd International Congress on Acoustics, Elsevier Publishing Company, Amsterdam 1961, S. 756–757.

[46] KRONES, F.: Das „Agfa Magnetton-Symmetrierband", ein Hilfsmittel zur Überprüfung von Magnettongeräten, Mitt. aus den Forschungslaboratorien der Agfa Leverkusen München, Band III, Dez. 1961.

[47] BROWER, D. F.: A "one-turn" magnetic reading and recording head for computer use, IRE Nat. Conv. Rec. Pt. **4** (1955), S. 95–100.

[48] BARTON, J. C., and STOCKEL, C. T.: A novel type of magnetic recording head. Radio Electronic Engr. **27** (1964), H. 1, S. 11–18.

[48a] WILLASCHEK, K.: Zur Aufzeichnung von Daten auf einen ruhenden magnetischen Informationsträger, Nachrichtentechnik **16** (1966), H. 6, S. 232–236.

[48b] VÖLZ, H., und WILLASCHEK, K.: Ein neuartiger Magnetkopf, insbesondere für hochdichte Speicherung, Nachrichtentechnik **17** (1967), H. 8, S. 306–312.

[49] Арнольд, Р. Р.: Магнитные головки для аппаратуры звукозаписи, Труды Всесоюзного Научно-Исследовательского Института Звукозаписи, Вып. 3 (1958), 98—103.

[50] STEWART, E. W.: Magnetic recording techniques, McGraw Hill, Book Comp., Inc., New York 1958.

[51] SEIFERT, H. P.: Unveröffentlichte Mitteilung.

[52] SNEL, D. A.: Magnetische Tonaufzeichnung, Philips Technische Bibliothek, Eindhoven 1959.

[53] SEDLACEK, K.: Zu einigen Fragen der Erhöhung des Wirkungsgrades des Löscheffektes bei der magnetischen Schallaufzeichnung, Berichte der Konferenz über die magnetische Signalspeicherung auf bewegten magnetischen Medien, Akadémiai Kiadó, Budapest 1964, S. 361–368.

[54] RETTINGER, M.: A-c magnetic erase head, JSMPTE **56**, (1951), H. 4, S. 407–410.

[55] DAVIES, G. L.: Magnetic tape instrumentation, McGraw Hill, Book Comp., Inc., New York 1961.

[56] Weber, P. J.: The tape recorder as an instrumentation device, Ampex Corp. 1959.

[57] Eldridge, D. F.: An application of information theory to recording systems, Berichte der Konferenz über die magnetische Signalspeicherung auf bewegten magnetischen Medien, Akadémiai Kiadó, Budapest 1964, S. 135–142.

[58] Sinott, R., and Sprinkle, M.: An in-line two channel magnetic head of universal application, JAES **5** (1957), H. 2, S. 86–89.

[59] Davies, C. C., Frayne, J. G., and Templin, E. W.: Multichannel magnetic film recording and reproducing unit JSMPTE **58** (1952), H. 2, S. 105–118.

[60] Гиршовичус, С. Х., Гиршовичус, И. Х.: Трехмерное поле магнитной головки, Радиотехника 19 (1964), Вып. 4, 76—79.

[61] Begun, S. J.: Magnetic recording, Murray Hill, New York 1949.

[62] Барбанель, С. Р., з Загоруйко, Н. Г.: О переходных затуханиях при многоканальной магнитной записи. Техника Кино и Телевидения (1961), 3, 45—49.

[63] Latham, W. S.: A full-track stereophonic magnetic recordreproduce head, JAES 8 (1960), H. 3, S. 165–169.

[64] Fischell, R. E., und Mechan, S. J.: Magnetic recording head with d-c response, J. Appl. Phys. **30** (1959), H. 4, S. 246–247.

[65] Völz, H.: Vergleichende Betrachtungen zur magnetischen Speicherung tiefer Frequenzen, Hochfrequenztechn. u. Elektroakustik **75**, (1966), H. 6, S. 212–216.

[66] Anderson, M. E.: Magnetic head reads tape et zero speed, Electronics **32** (März 1959), H. 10, S. 58–60.

[67] Greiner, J.: Feldmessungen nach dem Oberwellenverfahren, Theoretische Betrachtungen, Nachrichtentechnik **9** (1959), H. 7, S. 173–180.

[68] Greiner, J.: Feldmessungen nach dem Oberwellenverfahren, Methodische Untersuchungen, Nachrichtentechnik **10** (1960), H. 3, S. 123–126.

[69] Greiner, J.: Feldmessungen nach dem Oberwellenverfahren, Sieb- und Differenzsonden, Nachrichtentechnik **10** (1960), H. 4, S. 156–162.

[70] Greiner, J.: Feldmessungen nach dem Oberwellenverfahren, Winkelsonden, Nachrichtentechnik **10** (1960), H. 11, S. 495–498.

[71] Greiner, J.: Feldmessungen nach dem Oberwellenverfahren, Spaltsonden, Zeitschr. f. messen, steuern, regeln **4** (1961), H. 10, S. 421–424.

[72] Schurch, E. C., und Schleif, F. R.: A magnetic tape oscillograph for power system analysis, Electr. Engrg **70** (1951), H. 11, S. 993–997.

[73] Daniel, E. D.: A flux-sensitive reproducing head for magnetic recording systems, Proc. IEE 102 B (1955), H. 7, S. 442–446.

[74] Anderson, M. E.: Magnetic modulator playback technique for audio applications, JAES **7** (1959), H. 4, S. 243–245.

[75] Kerr, D., and Quirk, E. J. M.: A magnetic read head with output signal independent of tape speed, JBIRE **20** (1960), H. 10, S. 743–748.

[76] Kornei, O.: U.S. Pat. No. 2, 704, 789 (Die Literaturstelle 55 enthält eine Abschrift).

[77] Willaschek, K.: Abtastung von Magnetogrammen mit Spaltsonden, Berichte der Konferenz über die magnetische Signalspeicherung auf bewegten magnetischen Medien, Akadémiai Kiadó, Budapest 1964, S. 427–434.

[78] Willaschek, K.: Flußempfindlicher Wiedergabekopf in der Magnetspeichertechnik, Zeitschr. f. messen, steuern, regeln 8 (1965), H. 3, S. 95–97.

[79] Schmitz, W. L., und Schmitt, F.: Die Verwendung des Magnetbandgerätes zur Speicherung des Kurvenverlaufes elektrischer Ströme, Forschungsberichte des Wirtschafts- und Verkehrministeriums Nordrhein-Westfalen Nr. 513.

[80] Camras, M.: Some recent developments in magnetic recording, Acustica **4** (1954), H. 1, S. 26–29.

[80a] Willaschek, K.: Zur Empfindlichkeit und Störspannung flußempfindlicher Oberwellenköpfe, messen, steuern, regeln **10** (1967), H. 11, S. 419–424.

[81] Kuhrt, F., Stark, G., und Wolf, F.: Wiedergabe von Magnettonaufzeichnungen mit Hilfe des Halleffektes, Elektr. Rdschau **13** (1959), H. 11, S. 407–408.

[82] Camras, M.: Some experiments with magnetic playback using Hall-effect sensitive elements, IRE Trans. on Audio AU-**10** (1962), H. 3, S. 84–88.

[83] Skellett, A. M., Leveridge, L. E., and Gratian, J. W.: Electron beam head for magnetic tape playback, Electronics **26** (1953), H. 10, S. 168–171.

[84] Gratian, J. W.: Magnetic tape pickup has d-c response, Electronics **27** (1954), H. 9, S. 156–159.

[85] Gratian,J.W.: Investigation of the core structures for the electron-beam reproducing head in magnetic recording, Trans IRE AU-**2** (1954), S. 27–38.

[86] Camras, M.: An electron cloud head for reproduction of tape recordings, JAES **11** (1963), H. 4, S. 354–358.

[87] Freundlich, M. M., Begun, S. J., Breitzer, D. I., Gehman, J. B., and Lewis, J. K.: Experiments on magnetic tape readout with an electron beam, Proc. IRE **49** (1961), H. 2, S. 498–509.

[88] Camras, M.: Experiments with electron scanning for magnetic recording and playback of video, IEEE Trans. Audio AU-**11** (1963), H. 3, S. 93–98.

[89] Friend, A. W.: Magneto-optic transducers, RCA Review **11** (1950), H. 4, S. 482–507.

[90] Miyata, J. J.: Optical read-out digital magnetic recording, Trans Amer. IEE, Bd. 80 (1961), H. 53, S. 53–58.

[91] Lentz, T., und Miyata, J.: Magneto-optical readout of magnetic recordings, Electronics **34** (Sept. 1961), S. 36–40.

[92] Weiss, H.: Die Bedeutung magneto-optischer Methoden bei der Speicherung von Signalen, Hochfrequenztechn. u. Elektroakustik **76** (1967), H. 5, S. 175–181.

[93] Daniel, E. D., Axon, P. E. und Frost, W. T.: A survey of factors limiting the performance of magnetic recording systems, Proc. IEE **104 B** (1957), H. 14, S. 158–168.

[94] Neumann, H.: New structural design for magnetic heads, Siemens Review (1957), H. 1, S. 21–24.

SACHVERZEICHNIS

FSC
www.fsc.org
MIX
Papier | Fördert
gute Waldnutzung
FSC® C083411

Kolibri 360 GmbH
Ferdinand-Jühlke-Straße 7
99095 Erfurt, Deutschland
produktsicherheit@kolibri360.de